并行、分布式与云计算

刘　鹏　纪明宇　王海涛　主编

U0222648

哈尔滨工业大学出版社

内 容 提 要

随着数据量的爆炸式增长,计算能力的重要性不断提升。并行、分布式与云计算等计算模式作为海量数据处理必不可少的支撑技术日益受到人们的关注。

本书是一本完整讲述并行、分布式与云计算基本理论及其应用的教材。本书首先概述了计算模式的发展历程及相关概念;随后在并行计算部分阐述了常见并行计算机的体系结构以及 MPI、OpenMP、CUDA 等并行编程模型;接着在分布式计算部分阐述了分布式通信基础以及一致性、共识、分布式存储的相关理论和算法,并以 ZooKeeper 为例介绍了分布式系统的实践项目;最后在云计算部分阐述了云架构以及架构中各个层次的核心功能,云计算中的关键技术和挑战,展望了云计算技术的未来发展。通过本书的学习,读者可以掌握并行、分布式与云计算的相关概念,理解并掌握该领域的主流技术,了解相关的研究的方向,为从事并行与分布式应用开发以及云计算研究打下一定的基础。

本书适合作为高年级本科生、研究生分布式系统或分布式系统与云计算课程教材,同时也适合互联网行业或其他从事分布式系统云计算实践的工程人员、行业专业人士以及相关学科的研究者作参考书。

图书在版编目(CIP)数据

并行、分布式与云计算/刘鹏,纪明宇,王海涛主编.—哈尔滨:哈尔滨工业大学出版社,2023.8(2024.9 重印)
　　ISBN 978 - 7 - 5767 - 1040 - 3

　　Ⅰ.①分… Ⅱ.①刘… ②纪… ③王… Ⅲ.①分布式算法 ②云计算 Ⅳ.①TP301.6 ②TP393.027

　　中国国家版本馆 CIP 数据核字(2023)第 165626 号

策划编辑　刘　瑶
责任编辑　刘　瑶
出版发行　哈尔滨工业大学出版社
社　　址　哈尔滨市南岗区复华四道街 10 号　邮编 150006
传　　真　0451-86414749
网　　址　http://hitpress.hit.edu.cn
印　　刷　哈尔滨市颉升高印刷有限公司
开　　本　787 mm×1 096 mm　1/16　印张 16.5　字数 391 千字
版　　次　2023 年 8 月第 1 版　2024 年 9 月第 2 次印刷
书　　号　ISBN 978 - 7 - 5767 - 1040 - 3
定　　价　99.00 元

(如因印装质量问题影响阅读,我社负责调换)

前　言

随着信息技术的飞速发展,各行各业都积累了海量数据,为大数据的发展提供了基础条件。大数据技术的主要目标是利用自动化手段从这些数据中分析、挖掘出有用的信息和知识来指导管理、生产等实践活动。实现这个目标离不开算法与算力的支持。算法是大数据处理的核心,它能够帮助计算机理解和处理复杂的数据。算力则是算法得以实现的支撑条件,没有充足的算力支撑,无论多么优秀的算法也难以应用。大数据相关专业的人才培养正是围绕着数据、算法、算力开展,包括数据的获取、预处理方法,深度学习、机器学习等数据分析、挖掘算法,以及并行计算、分布式计算、云计算等算力提供的基本技术。本书关注的就是算力部分。

实际上,算力是近些年计算机领域最火的概念之一。国家也相继出台"东数西算"等重要算力发展战略,大力支持算力基础设施发展,算力已经成为新基建,甚至与 GDP 增长密切相关。所谓算力,字面意思就是计算机的计算能力。更具体地说,算力是对海量信息数据进行处理,实现目标结果输出的计算能力。例如,当前最火的人工智能聊天机器人 Chat GPT,其本质上就是超大神经网络模型,但无论该模型多么先进,没有强大的算力支持就不可能实现模型训练。据估算,运行 Chat GPT 至少需要 1 万枚英伟达(NVIDIA)的 A100 芯片,如此大的算力是早些年无法想象的,甚至在当今的智能化背景下能够实现 Chat GPT 训练的企业也少之又少。由此可见,算力的重要性。

本书从计算机专业角度讲解算力相关的基本概念,重点介绍并行计算、分布式计算与云计算 3 种算力提供的基本技术。全书可以分为 3 个部分,即并行计算、分布式计算及云计算,通过将理论与实践相结合的方式,帮助读者更深入地理解相关原理。

第 1 章作为整体概述,介绍高性能计算、高吞吐量计算等领域的相关概念、理论及关键技术。

第 2 章作为并行计算部分,主要介绍常见的并行计算机体系结构、访存模型,重点介绍基于共享内存的并行编程 OpenMP、基于消息传递的并行编程 MPI 以及基于 CUDA 的 GPU 并行编程。

第 3 章主要介绍分布式系统的通信技术,包括底层 TCP/IP、Socket 等底层网络原理,远程过程调用(RPC)的设计思想和原理,并介绍基于远程方法调用(RMI)和 gRPC 的远程调用实践。

第 4 章主要介绍分布式系统中的一致性问题,包括一致性的产生、一致性级别,CAP、BASE 等一致性经典理论,以及二阶段、三阶段等一致性算法。

第 5 章主要介绍分布式系统中的共识问题,以经典的拜占庭将军问题为例引出共识问题,并着重介绍 Paxos、Raft 等经典的共识算法。

第 6 章主要以 ZooKeeper 分布式协调服务为例介绍实际的分布式系统,包括 ZooKeeper 的数据结构、权限,客户端的基本使用,ZAB 共识算法原理及其应用场景,将分布式理论与实际项目相结合。

第 7 章主要介绍分布式存储的相关概念及算法,包括一致性哈希等经典的数据分区算法,以及基于 Quorum 的数据冗余机制等。

第 8 章主要介绍云计算的定义、特征、分类、体系架构,以及虚拟化技术、云计算网络、实践 OpenStack 等内容。

本书旨在为大数据等相关专业学生提供并行、分布式、云计算等领域的常用理论与实践基础。限于篇幅及课时数,本书以"基础""重要""常用"为原则,节选了并行、分布式、云计算的少部分基础内容,为学生后续的学习和工作打好基础,更深入的理论及实践还需进一步学习。

本书由刘鹏(东北林业大学)、纪明宇(东北林业大学)、王海涛(黑龙江财经学院)任主编,其中第 1 章、第 2 章、第 3 章由刘鹏编写并负责全书的统稿和修改,第 4 章、第 5 章、第 7 章由纪明宇编写,第 6 章、第 8 章由王海涛编写。

本书的出版编写得到了东北林业大学计算机与控制工程学院领导和数据科学与大数据技术专业的大力支持,同时感谢东北林业大学计算机与控制工程学院 925 实验室的宋亚翔、魏宁和王亚冬等同学在书稿校正等方面的辛勤工作。

由于编者水平有限,加之时间仓促,书中疏漏在所难免,欢迎各位专家、读者批评指正。

编　者
2023 年 8 月

目　　录

第 1 章　计算模式概述

随着信息技术的发展普及,海量数据、超高负载、高吞吐量等计算需求对计算机的计算能力要求越来越高。人工智能的快速发展,纵然离不开各行各业积累的海量数据以及深度学习等算法的发展优化,更离不开能够承载这些数据、算法的计算能力。为了满足高计算负载和大数据应用的发展,计算机系统架构不断演进,计算模式不断推陈出新。本章将主要介绍计算模式的发展历程、重要概念,并辨析几种常见计算模式。

1.1　计算平台的变革

自从计算机诞生起,在负载和海量数据的驱动下,计算模式不断发生变革。这些发展变革在很大程度上受益于互联网的发展,通过互联网能够利用原本独立的计算机构建具有更强计算能力且易扩展的高性能计算系统和高吞吐量计算系统。如今,每天都有数十亿人使用互联网,一部分人通过网络连接并使用互联网上的超级计算机进行高计算量需求的科学计算,而更多的人则是通过网络访问部署在大规模数据中心的各类网络服务。前者通常访问的目标是 HTC 系统,而后者访问的目标则是 HPC 系统。可以说,基于互联网的可扩展计算模式提供了如今各类应用的算力支撑。

1.1.1　计算平台的变化

计算机技术经历了五代的发展,每一代持续 10～20 年。连续的两代之间会有 10 年左右的交叠。例如,从 1950 年到 1970 年,用于满足大公司和政府组织计算需求的是少数大型机,包括 IBM 360 和 CDC 6400。从 1960 年到 1980 年,在小公司和大学,低成本的微型计算机(如 DECPDP 11 和 VAX 系列)变得流行起来。从 1970 年到 1990 年,使用 VLSI 微处理器的个人计算机到处可见。从 1980 年到 2000 年,在有线和无线应用中出现了海量的便携式计算机和通用型设备。从 1990 年到 2010 年,隐藏在集群、网格或互联网云背后的 HPC(high-performance computing)和 HTC(high-throughput computing)系统应用不断增长、扩散。自 2000 年以来,移动终端应用类型逐渐丰富,数量更是迎来爆炸式增长,即使终端本身计算、存储能力得到大幅提升,但移动终端应用更多地依赖于基于网络的 HPC 和 HTC 服务,对算力基础设施提出了更高的要求。

1. 高性能计算

多年以来,HPC 系统强调系统的原生速度性能。HPC 系统的速度已经从 20 世纪 90 年代初每秒十亿次浮点运算(Gflops)增长到 2022 年的每秒千万亿次浮点运算(Pflops)。这个增长来自于科学、工程、制造业的需求驱动。例如,世界计算机系统 500 强评测采用的是 Linpack 基准结果中的浮点运算速度。然而,超级计算机用户数量不到全部计算机用户的 10%。大多数计算机用户使用台式计算机,或者在开发互联网搜索和市场驱动计算任务时使用大型服务器。

2. 高吞吐量计算

面向市场的高端计算系统的发展在策略上正发生从 HPC 范式到 HTC 范式的转变。HTC 范式更关注高通量计算。高通量计算主要应用于被百万以上用户同时使用的互联网搜索和 Web 服务,性能目标因此转移到测量高吞吐量或单位时间内任务完成数量。HTC 范式不仅需要提高批处理任务速度,在很多数据和企业计算中心还要考虑突发问题开销、能量节约、安全和可靠性。

3. 计算平台的发展趋势

回顾计算机技术的发展历程,整体趋势是共享网络中的资源和互联网上的海量数据,逐步摆脱对大型服务器、存储的依赖。图 1.1 展示了 HPC 和 HTC 系统的演化历程。在 HPC 方面,超级计算机[大规模并行处理器(massively parallel processors,MPP)]逐渐地被协同计算机集群所替代,不再有共享计算资源的要求限制。集群通常是物理上处在近距离范围且彼此连接的计算节点的集合。在 HTC 方面,对等(peer-to-peer,P2P)网络起源于分布式文件共享和内容分发应用。一个 P2P 系统以完全分布式的方式建立在众多客户机之上。P2P、云计算和 Web 服务平台更关注 HTC 应用,而非 HPC 应用。集群和 P2P 技术促进了计算网格和数据网格的发展。

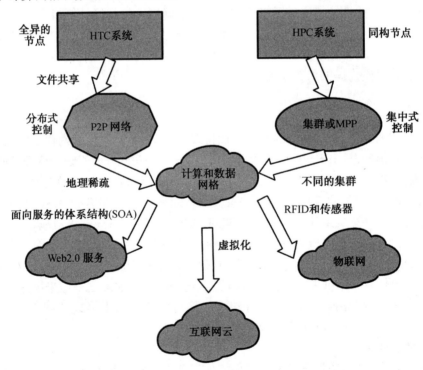

图 1.1　HPC 和 HTC 系统的演化历程

随着互联网应用的驱动,计算机的发展目标已从最初追求科学计算性能的高性能计算,逐渐扩展到满足海量互联网服务请求的高吞吐量计算。而在技术层面,实现高吞吐量计算、高性能计算的计算机系统已不再是狭义的单台计算机,而是基于网络的集群计算机。实际上,从 1969 年引入互联网开始,许多人已经重新定义"计算机"这个词。1984 年,Sun Microsystems 公司的 John Gage 更是提出了"网络就是计算机"的口号。2008 年,加利福尼亚大学伯克利分校的 David Patterson 认为:"数据中心就是计算机。这种以服务的方式将软件提供给数百万用户与之前的分发软件让用户在自己的 PC 机上运行有着明显的不同。"最近,墨尔本大学的 Rajkumar Buyya 言简意赅地说:"云就是计算机。"

1.1.2　并行粒度的变化

为了实现高性能计算和高吞吐量计算,并行计算、分布式计算等计算模式不断出现。这些计算模式的核心思想是将大作业拆分成若干独立的小作业并行完成。而随着网络的发展,计算平台逐渐从单机走向基于网络的集群化,并行度也随之发生变化。

60 年前,当硬件庞大而昂贵时,大多数计算机采用位串行方式。在这样的场景中,位级并行(bit-level parallelism,BLP)将位串行处理过程逐渐转变成字级处理。之后,用户经历了从 4 位微处理器到 8 位、16 位、32 位、64 位 CPU 的逐渐变化。这引领我们进行下一波的改进,即指令级并行(instruction-level parallelism,ILP),处理器同时执行多条指令而不是一个时刻执行一条指令。在过去的 30 年间,我们已经通过指令流水线、超标量计算、VLIW(超长指令字)体系结构、多线程实践了 ILP。ILP 需要分支预测、动态规划、投机预测、提高运行效率的编译支持。

数据级并行(data-level parallelism,DLP)的流行源于 SIMD(single instruction,multip data,单指令多数据)和使用向量与数组指令类型的向量机。DLP 需要更多的硬件支持和编译器辅助来实现。自从多核处理器和片上多处理器(chip multiProcessor,CMP)引入后,我们进行了任务级并行(task-level parallelism,TLP)的一些探索。一个现代处理器已经满足所有前述并行类型。事实上,BLP、ILP 和 DLP 已经在硬件及编译器层面得到很好的支持。然而在多核片上多处理器高效执行时在编程和代码复杂化上遇到的困难,说明 TLP 还不是非常成功。随着并行处理向分布式处理的转移,我们将预测未来计算粒度逐渐向作业级并行(job-level parallelism,JLP)方向发展。并行力度逐渐变大,但可以说,大粒度并行是建立在细粒度并行之上的。

1.2　计算机关键技术的发展

可扩展计算的发展离不开相应的计算机硬件、软件和网络技术的支撑。本节将主要回顾这些影响并行、分布式计算系统性能的关键技术。

1.2.1 多核 CPU 和多线程技术

1. 先进的 CPU

由英特尔(Intel)创始人之一戈登·摩尔(Gordon Moore)提出的摩尔定律揭示了信息技术进步的速度。其内容为:当价格不变时,集成电路上可容纳的晶体管数目,约每隔18个月便会增加1倍,性能也将提升1倍。换言之,每一美元所能买到的计算机性能,将每隔18个月翻2倍以上。

如今,先进的 CPU 或微处理器芯片采取双核、四核、六核或更多处理核心的多核体系结构。这些处理器在 ILP 和 TLP 级别开拓并行。处理器速度的增长从 1978 年 VAX780 的 1 MIPS 到 2002 年 Intel Pentium 4 的 1 800 MIPS,上至 2008 年 Sun Niagara 的 22 000 MIPS 的峰值。2020 年英特尔十代酷睿 i9-10885H 能够超过 50 000 MIPS。40 多年中,处理器时钟速率从 Intel 286 的 10 MHz 提升到酷睿 i9 的 3 GHz。

然而由于基于 CMOS(complementary metal oxide semiconductor,互补金属氧化物半导体)芯片能量上的限制,时钟速率已经达到了极限。摩尔定律逐渐失效,目前极少数的 CPU 芯片达到了 5 GHz 以上的时钟速率。换句话说,除非芯片技术有所突破,否则时钟速率将不会再有提高。这个限制主要归因于高频或高电压下额外热量的生成。ILP 在现代处理器中已经得到充分开拓。ILP 机制包括多路超标量体系结构、动态分支预测、猜测执行等方法。这些 ILP 技术要求硬件和编译器支持。另外,DLP 和 TLP 在图形处理单元(graphics processing unit,GPU)上被充分探索,其中 CPU 采用成百上千的简单核心的众核体系结构。

目前,多核 CPU 和众核 GPU 都可以在不同量级上处理多指令线程。图 1.2 展示了一个标准的多核处理器体系结构。每个核心本质上是一个拥有私有 Cache(L1 Cache)的处理器。多核与被所有核心共享的 L2 Cache 布置在同一块芯片上。未来,多 CMP 甚至是 L3 Cache 可以被放在同一块 CPU 芯片上。许多高端处理器都配备多核和多线程 CPU,包括 Intel i7、Xeon、AMDOpteron、Sun Niagara、IBM Power 6 和 X cell 处理器。每个核心也可以是多线程的。例如,Niagara Ⅱ 是 8 核的且每个核心可处理 8 个线程。这意味着在 Niagara 上最大化的 ILP 和 TLP 数可以达到 64($8 \times 8 = 64$)。

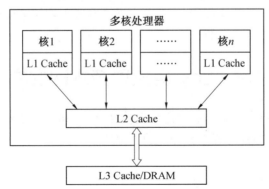

图 1.2　标准的多核处理器体系结构

2. 多核 CPU 和众核 GPU

多核 CPU 将从数十个核心增长到数百个甚至更多个核心。但由于内存墙问题,CPU 已经达到大规模 DLP 开拓的极限。这也触发了有数百或更多轻量级核心的众核 GPU 的开发。IA-32 和 IA-64 指令集体系结构都被应用于商业 CPU。现在,x86 处理器已经被扩展用于 HPC 和 HTC 系统的一些高端服务器和处理器。

在 Top 500 系统中,许多 RISC 处理器已经被替换为多核 x86 处理器和众核 GPU。这个趋势表明在数据中心和超级计算机上,x86 升级将占支配地位。GPU 也被用于大规模集群来建造 MPP 超级计算机。未来,处理器制造业也渴望开发异构或同构的可同时承载重量级 GPU 核心和轻量级 GPU 核心的片上多处理器芯片。

3. 多线程技术

如图 1.3 所示,分发 5 个独立指令线程到下面 5 类处理器的 4 条数据流水路径(功能单元),从左到右为 4 路超标量处理器、细粒度多线程处理器、粗粒度多线程处理器、双核 CMP、同步多线程(simultaneous ulti-threaded,SMT)处理器。超标量处理器是带有 4 个功能单元的单线程处理器。3 个多线程处理器都是 4 路多线程的,复用 4 条功能数据路径。在双核处理器中,两个处理核心都是单线程的 2 路超标量处理器。

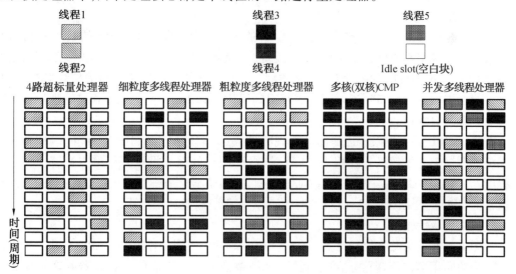

图 1.3　现代处理器的 5 种微体系结构,通过多核和多线程支持 ILP 和 TLP

不同线程的指令通过特定的 5 个独立线程指令的影子模式来区分。典型的指令调度模式也再次体现出来。只有同一个线程的指令才能在一个超标量处理器上执行。细粒度多线程在每个周期切换不同线程上指令的执行。粗粒度多线程在切换到下一个线程前在相当多的指令周期内执行同一个线程的多条指令。多核 CMP 分别从不同的线程执行指令。SMT 允许在一个时钟周期同时调度不同线程的指令。

这些执行模式近似地模拟一个普通程序。空方块对应在一个特定的处理器时钟周期内某一指令数据路径没有可执行的指令。空格单元越多,说明调度效率越低。很难达到每个处理器周期 ILP 最大化或 TLP 最大化。这里的意图是让读者理解现代处理器的 5 种微体系结构的典型指令调度模式。

1.2.2　大规模和超大规模 GPU 计算

GPU 是图形协处理器或挂载在计算机显卡上的加速器。GPU 将 CPU 从视频编辑应用繁重的图形任务中解脱出来。世界上第一个 GPU(GeForce 256)是由 NVIDIA 于 1999 年推向市场。这些 GPU 芯片每秒至少可以完成 1 000 万个多边形绘制,目前,几乎市场上的每台计算机都在使用这种芯片。一些 GPU 特性也被集成到了某些 CPU 上。传统的 CPU 只由几个核构成。例如,Intel i7-12800HX 处理器有 16 个核。然而,一个现代 GPU 芯片集成了至少数百个处理核心。

GPU 有一个慢速执行多并发线程的大规模并行吞吐体系结构,而不是在一个通常的微处理器上快速地执行一个单独的长线程。现在,并行 CPU 和 GPU 集群相对使用限制并行的 CPU 已经获得了许多关注。CPU 上的通用目的的计算,简称为 GPGPU,已经在 HPC 领域出现。NVIDIA 的 CUDA 模型就是用于在 HPC 中加入 GPGPU。NVIDIA 主要有 3 个系列的显卡,即 GeForce、Quadro 和 Tesla。其中 GeForce 面向游戏,Quadro 面向 3D 设计、专业图像和 CAD 等,Tesla 面向科学计算。深度学习等领域常用的 V100、A100 都属于 Tesla 系列。

1. GPU 如何工作

早期的 GPU 的功能是作为附属于 CPU 的协处理器。今天,NVIDIA 的 GPU 已经升级到单芯片集成 128 个核心。而且,GPU 上每个核心能够处理 8 个指令线程。也就是说,在一个 GPU 上最多可同时执行 1 024 个线程。相对于仅能处理几个线程的传统 CPU,这是真正的大规模并行。CPU 通过高速缓存得到优化,而 GPU 的优化则是直接管理片上内存释放更高的吞吐量。

现代 GPU 并不仅限于加速图形和视频编码,它们还应用于 HPC 系统的多核和多线程级别大规模并行超级计算机上。GPU 被设计用于处理大批量并行浮点运算。在某种程度上,GPU 让 CPU 摆脱了所有数据密集型计算,而不只是那些与视频处理相关的计算。通常的 GPU 广泛用于手机、游戏终端、嵌入式系统、PC 机和服务器。

2. GPU 编程模型

图 1.4 所示为并行执行浮点操作时 CPU 和 GPU 协同工作模型。CPU 是并行拓展能力有限的通用多核处理器。它是由数百个简单处理核心组成的多处理器的众核体系结构,每个核心可执行一个或多个线程。从本质上说,CPU 的浮点核心计算任务极大地被众核 GPU 承担。CPU 指示 GPU 进行海量数据处理。主板上主存和片上 GPU 内存之间的带宽必须匹配。

3. GPU 节能

斯坦福大学的 Bill Dally 认为能量和海量并行是未来 GPU 相对于 CPU 的主要优势。以现有技术和计算机体系结构推测,运行一个百亿亿次系统,每个核心需要 60 Gflops/W 能量。能量约束了我们在一个 CPU 或 GPU 芯片上所能进行的搭载。Dally 估计出 CPU 芯片每条指令大约消耗 2 nJ 能量,而 GPU 芯片则是每条指令消耗 200 pJ 能量,是 CPU 的 1/10。CPU 针对高速缓存(cache)和内存延迟进行优化,而 GPU 是针对片上内存外部管理的吞吐量进行优化。2010 年,GPU 能量的核心级别是 5 Gflops/W,比 CPU 的每核心级

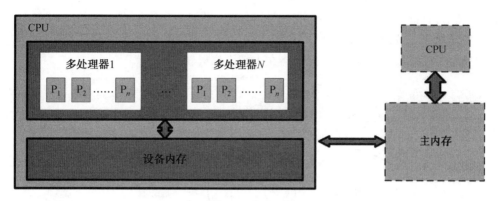

图 1.4　GPU 与 CPU 协同工作模型

别1 Gflops/W 少,这可能会限制未来超级计算机的规模。然而,GPU 将终结 CPU 的这种局限。数据运动支配着能量消耗。这需要优化应用的存储层次和裁剪内存。我们需要促进自感知(self-aware)操作系统和运行时支持,并针对基于 GPU 的 MPP 构建位置感知编译器和自动调节器。这表明能量和软件是未来并行和分布式计算系统的真正挑战。

1.2.3　内存、外存和广域网

1. 内存

DRAM 芯片自诞生之日起,其容量快速增长,从 1976 年的 16 KB 到 2011 年的64 GB。这显示了内存芯片在容量上已经历了每 3 年 4 倍的增长。内存访问时间没有提高太多。

事实上,由于处理器越来越快,内存墙问题变得越来越糟糕。在硬盘方面,容量从1981 年的 260 MB 增长到 2010 年的 250 GB。2022 年,希捷银河 Exos X20 和希捷酷狼 IronWolf Pro 硬盘容量已达到了 20 TB。这表明在容量上内存每 8 年约有 10 倍的增长。磁盘阵列容量的增长在接下来的几年将会更快。更快的处理器速度和更大的内存容量导致处理器和内存之间的差距更大。内存墙将会成为限制 CPU 性能的更为严重的问题。

2. 硬盘和存储技术

2011 年以来,磁盘和磁盘阵列容量已经超过了 3 TB。闪存和固态硬盘(solid-state drive,SSD)的飞速增长也影响着未来的 HPC 和 HTC 系统。固态硬盘的损坏率并不高,通常 SSD 每个块能处理 300 000 ~ 1 000 000 个写操作周期。所以,即使是在高写使用率的情况下,SSD 也能维持几年时间。闪存和固态硬盘将会以惊人的速度提升。

能量消耗、冷却和包装将会限制大系统的发展。功耗关于时钟频率呈线性增长,关于片上电压呈二次方增长。时钟速率不能无限地增长,降低供电电压是非常需要的。Jim Gray 在南加州大学的一次受邀访谈中曾说:“磁带已经不复存在,现在磁盘就是磁带,闪存就是磁盘,内存就是 Cache。”这清晰地描绘了未来的磁盘和存储技术。2022 年,在存储市场上用 SSD 代替稳定的磁盘阵列仍然过于昂贵。

3. 系统互联

小集群中的节点大多通过以太网交换机和局域网(local area network,LAN)互联。如图 1.5 所示,LAN 通常用于连接客户机和大型服务器。存储区域网络(storage area network,SAN)连接服务器和网络存储(如磁盘阵列)。网络附加存储(network attached storage,NAS)直接连接客户机到磁盘阵列。这 3 种类型的网络经常出现在采用商业网络组件的大集群中。如果没有大的分布式存储被共享,小集群则可以采用多端口交换机加铜缆连接终端机器。这 3 种类型的网络在市场上都可获得。

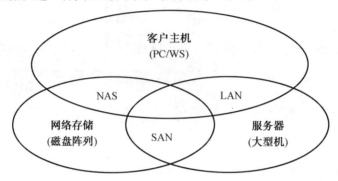

图 1.5　3 种互联网络

从 1979 年的 10 Mbps① 到 1999 年的 1 Gbps,到 2011 年的 40～100 Gbps。2021 年,日本创造了 319 Tbps 的世界最快网速纪录。根据 Berman、Fox 和 Hey 所著书中的记载,1 000 GMbit/s、1 000 GMbit/s、100 GMbit/s、10 GMbit/s 和 1 Gbit/s 带宽的网络连接分别用于国际、国家、组织、光纤桌面和铜缆桌面的连接。

网络性能每年增长 2 倍,快于摩尔定律在 CPU 上每 18 个月翻一番的速度。这意味着在将来更多的计算机将会被并发地使用。高带宽网络提高了建设大规模分布式系统的能力。IDC 2010 报告预测无限带宽和以太网会成为 HPC 领域两个主要互联选择。大部分数据中心都使用千兆位以太网作为服务器集群之间的互联。

1.2.4　虚拟机和虚拟化中间件

通常的计算机只有一个单操作系统镜像。这提供了应用软件紧耦合于指定的硬件平台的刚性体系结构。一些软件虽然在一台机器上运行良好,但却可能无法在另一个固定操作系统下具有不同指令集的平台上执行。针对未充分利用的资源、应用灵活性、软件可管理性、存在于物理机的安全问题,虚拟机提供了新的解决方案。

目前,建立大规模集群、网格和云,我们需要以虚拟的方式访问大量的计算、存储和网络化资源,集群化这些资源,并希望提供一个单独的系统镜像。特别地,一个规定资源的云必须动态地依靠处理器、内存和 I/O 设备的虚拟化。下面介绍虚拟资源的基本概念(如虚拟机、虚拟存储和虚拟网络以及虚拟软件或中间件)。图 1.6 给出了 3 种虚拟机体系结构及其与物理机的比较。

1. 虚拟机

在图 1.6 中,主机配置了物理硬件,如图中底部所示。图 1.6(a)所示为一个 x86 体系结构台式计算机运行已安装的 Windows 操作系统。虚拟机可以处在任何硬件系统之上。虚拟机由客户端操作系统管理虚拟资源运行指定的应用。在虚拟机和主机平台之

---

① 　100 Mbps＝12.5 MB/s。

间,需要配置一个叫做虚拟机监视器(virtual machine monitor,VMM)的中间层。图1.6(b)所示为一个本地虚拟机,运行在特权模式,被称为 hypervisor 的虚拟机监视器安装。例如,x86 体系结构硬件运行一个 Windows 操作系统。客户端操作系统可以是 Linux 操作系统,hypervisor 是剑桥大学开发的 XEN 系统。这种管理方法也称裸机虚拟机,因为 hypervisor 直接管理原生硬件(CPU、内存和 I/O)。另一个体系结构是主机虚拟机,如图 1.6(c)所示。这里 VMM 运行在非特权模式下,主机操作系统不需要修改。虚拟机也可在双模式下实现,如图 1.6(d)所示。VMM 一部分运行在用户级,另一部分运行在特权级。在这种情况下,主机操作系统可能需要在某些范围内进行修改。双模式虚拟机可以实现给定硬件系统的接口。

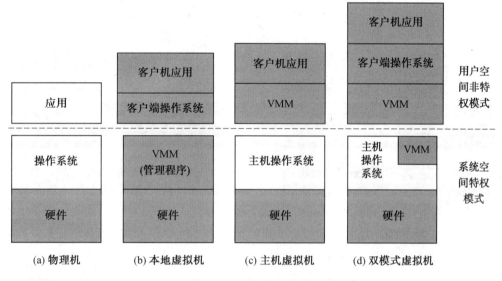

图 1.6　3 种虚拟机体系结构及其与物理机的比较

VMM 提供虚拟机摘要给客户端操作系统。在全虚拟化中,VMM 提供了与物理机相同的虚拟机摘要,以至于一个标准的操作系统(如 Windows 2000 或 Linux)可以像在物理机上一样运行。

(1)虚拟机可以在硬件机器上复用,如图 1.7(a)所示。

(2)虚拟机可以挂起并保存在一个稳定存储器上,如图 1.7(b)所示。

(3)挂起的虚拟机可以在一个新的硬件平台上恢复或者供应,如图 1.7(c)所示。

(4)虚拟机可以从一个硬件平台迁移到另一个硬件平台上,如图 1.7(d)所示。

这些虚拟机操作使得虚拟机可以提供给任何可用硬件平台,也使分布式应用执行的接口更灵活。此外,虚拟机有效地提高了服务器资源的利用率。多服务器功能可以在相同的硬件平台上统一获得更高的系统效率。虚拟机系统的开发,消除了服务器的扩张,用户可以透明地共享硬件。通过这种方法,VMware 称服务器的利用率可以从现在的 5% ~15% 提高到 60% ~80% 。

2. 虚拟机基础设施

由于虚拟基础架构提供与物理资源相同的 IT 功能,可使用软件实现,因此 IT 团队可

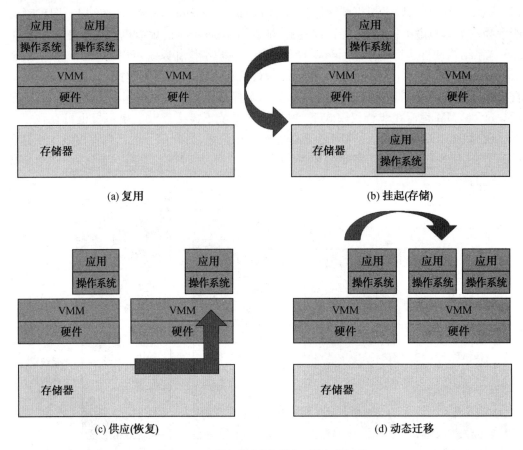

图 1.7　虚拟机的复用、挂起、供应和迁移

以根据企业的不同需求快速跨多个系统分配这些虚拟资源。通过将物理硬件与操作系统分离,虚拟基础架构可以帮助组织简化服务器管理,提高生产力、可扩展性,成本节约。具体优势如下:

（1）简化服务器管理。

从消费者需求的季节性高峰到意外的经济衰退,组织需要快速响应。简化的服务器管理可以确保 IT 团队在需要时启动或关闭虚拟机,并根据实时需求重新配置资源。此外,许多管理控制台提供仪表板、自动警报和报告,以便 IT 团队可以立即响应服务器性能问题。

（2）提高生产力。

更快地配置应用程序和资源,使 IT 团队能够更快地响应用户对新工具和技术的需求。它可提高 IT 团队的生产力、效率和敏捷性,并在没有硬件采购延迟的情况下增强体验。

（3）可扩展性。

虚拟基础架构允许组织通过提高或相应地缩减 CPU 利用率,来快速响应不断变化的客户需求和市场趋势。

（4）成本节约。

通过整合服务器，虚拟化可降低与电力、物理安全、托管、服务器开发等变量相关的资本和运营成本。

1.3　计算架构的发展

HPC 和 HTC 系统的实现，在架构层面可以分为集中式架构和分布式架构。由于网络技术的飞速发展，解决了分布式系统的关键瓶颈，因此分布式系统成为当前实现 HPC、HTC 系统的标准架构。本节将从计算架构层面回顾集中式系统与分布式系统的主要特征。

1.3.1　集中式系统

集中式系统完全依赖于一台大型中心计算机的处理能力，这台中心计算机称为主机（host 或 mainframe），与中心计算机相连的终端设备具有各不相同、非常低的计算能力。实际上大多数终端完全不具有处理能力，仅作为输入输出设备使用。

自 20 世纪 60 年代大型主机研制成功以后，凭借其超强的计算和 I/O 处理能力以及在稳定性和安全性方面的卓越表现，在很长一段时间内，大型主机引领了计算机行业以及商业计算领域的发展。在大型主机的研发上最知名的当属 IBM，其主导研发的革命性产品 System/360 系列大型主机，是计算机发展史上的一个里程碑，与波音 707 和福特 T 型车齐名，被誉为 20 世纪最重要的三大商业成就，并一度成为大型主机的代名词。从那时起，IT 界进入了大型主机时代。

伴随着大型主机时代的到来，集中式系统也成为主流。由于大型主机卓越的性能和良好的稳定性，其在单机处理能力方面的优势非常明显，使得 IT 系统快速进入了集中处理阶段，其对应的计算机系统称为集中式系统。集中式系统最大的特点就是部署结构简单。由于集中式系统往往基于底层性能卓越的大型主机，因此无须考虑如何对服务进行多个节点的部署，也就不用考虑多个节点之间的分布式协作问题。但自 20 世纪 80 年代以来，计算机系统向网络化和微型化的发展日趋明显，传统的集中式处理模式越来越不能适应人们的需求。集中式系统的不足如下：

（1）学习成本高。

大型主机的人才培养成本非常之高。通常一台大型主机汇集了大量精密的计算机组件，操作非常复杂，这对运维人员掌握其技术细节提出了非常高的要求。

（2）价格高。

大型主机也是非常昂贵的。通常一台配置较好的 IBM 大型主机，其售价可能在上百万美元甚至更高。

（3）单点故障。

集中式系统具有明显的单点问题。大型主机虽然在性能和稳定性方面表现卓越，但这并不代表其永远不会出现故障。一旦一台大型主机出现故障，那么整个系统将处于不可用状态，其后果相当严重。

(4)扩展困难。

随着业务的不断发展,用户访问量迅速提高,计算机系统的规模也在不断扩大,在单一大型主机上进行系统扩容往往比较困难。

由于上述不足,随着 PC 机性能的不断提升和网络技术的快速普及,大型主机的市场份额变得越来越小,很多企业开始放弃原来的大型主机,而改用小型机和普通 PC 服务器来搭建分布式计算机系统。其中最为典型的就是阿里巴巴集团的"去 IOE"运动。从2008 年开始,阿里巴巴的各项业务都进入了井喷式发展阶段,这对后台 IT 系统的计算与存储能力提出了非常高的要求,一味地针对小型机和高端存储进行不断扩容,无疑会产生巨大的成本。同时,集中式系统架构体系也存在诸多单点问题,无法满足互联网应用爆炸式的发展需求。因此,为了解决业务快速发展给 IT 系统带来的巨大挑战,从 2009 年开始,阿里集团启动了"去 IOE"计划,其电商系统开始正式迈入分布式系统时代。

1.3.2　分布式系统

与集中式系统相反,在分布式系统中,多个通过网络互联的计算机都具有一定的计算能力,它们之间通过网络互相传递数据,实现信息共享,协作共同完成一个处理任务。

分布式系统的理论出现于 20 世纪 70 年代,而随着社交网络、移动互联网、电子商务等技术的不断发展,互联网的使用者贡献了越来越多的数据。为了处理这些数据,每个互联网公司在后端都有一套成熟的分布式系统用于数据的存储、计算及价值提取。谷歌(Google)是全球最大的互联网公司,也是在分布式技术上相对成熟的公司,其公开的Google 分布式文件系统 GFS、分布式计算系统 MapReduce、分布式表格系统 BigTable 都成为业界竞相模仿的对象。此外,Google 的全球数据库 Spanner 更是能够支持分布在世界各地上百个数据中心的上百万台服务器。Google 的核心技术正式处理这些海量数据的分布式系统。与 Google 类似,亚马逊、微软、阿里巴巴、百度、腾讯的核心技术也是其后端基于分布式系统的数据处理。

1. 分布式系统特征

《分布式系统:概念与设计》(*Distributed Systems:Concepts and Design*)的作者乔治·库鲁里斯(George Coulouris),曾经对分布式系统下了一个简单的定义:你会知道系统当中的某台计算机崩溃或停止运行,但是你的软件却永远不会。这句话虽然简单,但是却道出了分布式系统的关键特性。分布式系统的特性包括容错性、高可扩展性、开放性、并发处理能力和透明性。

(1)容错性。

人们不可能制造出永不出现故障的机器,更加难以编写永不出错的软件。因此,在互联网上运行的应用和服务都有可能出现故障,但用户在很多时候都不能发现这些服务中断的情况。在大规模分布式系统中,检测和避免所有可能发生的故障(包括硬件故障、软件故障或不可抗力,如停电等)往往是不太现实的。因此,在设计分布式系统的过程中,就会把容错性作为开发系统的首要目标之一。这样,一旦分布式系统中某个节点发生故障,利用容错机制即可避免整套系统服务不可用。

（2）高可扩展性。

高可扩展性是指系统能够在运行过程中自由地对系统内部节点或现有功能进行扩充,而不影响现有服务的运行。简单地说,分布式系统的出现是为了解决单个计算机无法完成的计算、存储任务。那么当任务规模增加时,必然就需要添加更多的节点,这就是可扩展性。传统的横向扩展方式,通过不断提升计算机配置来扩展系统的计算、存储能力,这样做将带来很高的成本。分布式系统则支持横向扩展,可以通过增加普通服务的数量来提高系统整体的处理能力。

（3）开放性。

分布式系统的开放性决定了一个系统是否具备自我扩展以及与其他系统集成的能力。可以通过对外提供开放应用程序编程接口的方式来提高分布式系统的开放性,提供哪些接口及如何提供决定了所开发系统的开放程度,以及与现有系统和其他系统集成、扩展的能力。有很多开源产品在这方面做得非常好,一方面是因为开源的特性导致系统的开放程度很高;另一方面是因为现代软件在开发过程中都十分重视开放应用编程接口,以求与更多系统进行集成。当然,只有开放编程接口还不够,如果提供的接口能够遵循某种协议,那么势必会进一步增加系统的开放性,为未来发展带来更多的可能性。

（4）并发处理能力。

分布式系统引发的一个问题就是并发导致的一致性该如何处理? 在分布式系统中,假设节点 A 和节点 B 同时操作一条数据仓库的记录,那么数据仓库中的最终结果是由节点 A 操作产生的,还是由节点 B 操作产生的呢? 这样来看,并发请求处理对对象的操作可能相互冲突,产生不一致的结果,设计的分布式系统必须确保对象的操作在并发环境中能够安全使用。因此,对象的并发或同步操作必须确保数据的一致性。除一致性外,人们还希望可以一直对系统进行读写,这就是所谓的可用性。

（5）透明性。

在分布式系统内部,可能有成千上万个节点在同时工作,对用户的一个请求进行处理,最终得出结果。系统内部细节应该对用户保持一定程度的透明,可以为资源提供统一资源定位符（URL）来访问分布式系统,但用户对分布式系统内部的组件是无从了解的。对用户而言,分布式系统就是一个整体,而不是多个为服务节点构成的集合。

2. 分布式系统的关键问题

分布式系统虽然相较于集中式系统而言具有一定优势,但同时也存在一些不得不考虑的问题,包括但不限于:

（1）网络传输的三态性。

构建分布式系统依赖网络通信,而网络通信表现为一个复杂且不可控的过程。相比于单机系统中函数式调用的失败或者成功,网络通信会出现“三态”的概念,即成功、失败与超时。由于网络异常,消息没有成功发送到接收方,而是在发送过程就发生了丢失现象;或者接收方处理后,在响应给发送方的过程中发生消息丢失现象,这些问题都会增加通信的代价。如何使通信的代价降到用户可以忍耐的层次,是分布式系统设计的重要目标。

（2）异构性。

分布式系统由于基于不同的网络、操作系统、软件实现技术体系，必须要考虑一种通用的服务集成和交互方式来屏蔽异构系统之间的差异。异构系统之间的不同处理方式会对系统设计和开发带来难度与挑战。

（3）负载均衡。

在集中式系统中，各部件的任务明确。但是分布式系统是多机协同工作的系统，为了提高系统的整体效率和吞吐量，必须考虑最大限度地发挥每个节点的作用。负载均衡是保证系统运行效率的关键技术。

（4）数据一致性。

在分布式系统中，数据被分散或者复制到不同的机器上，如何保证各台主机之间的数据一致性将成为一个难点。因为网络的异常会导致分布式系统中只有部分节点能够正常通信，所以形成了网络分区（network partition）。

（5）服务的可用性。

分布式系统中的任何服务器都有可能出现故障，且各种故障不尽相同。而运行在服务器上的服务也可能出现各种异常情况，服务之间出现故障的时机也会相互独立。通常，分布式系统要设计成允许出现部分故障而不影响整个系统的正常使用。

3. 分布式系统的性能度量

在一个分布式系统中，其性能与许多因素相关。系统吞吐量经常用 MIPS、Tflops（每秒 T 浮点运算次数）或 TPS（transactions per second，每秒事务数）测量。其他度量包括作业响应时间和网络延迟，一个比较好的互联网络是低延迟和高带宽的。提升性能的重要途径之一是减少系统开销，开销通常归因于操作系统启动时间、编译时间、I/O 数据速率和运行时支持系统消耗。其他性能相关度量包括互联网和 Web 服务的 QoS，系统可用性和可靠性，以及系统抵抗网络攻击的安全弹性。

（1）计算加速比。

考虑单处理器执行给定程序共需时间 T min。现在假定该方案已并行或划分到集群的许多处理节点上执行。假设必须串行执行的代码部分为 α，称为串行瓶颈。因此，$(1-\alpha)$ 的代码可以由 n 个处理器并行执行。总执行时间是 $\alpha T' + (1-\alpha)/n$，其中第一项是单处理器上串行执行的时间，第二项是 n 个处理节点并行执行的时间。

这里忽略了所有的系统或通信开销。下面的加速分析中也没有包括 I/O 时间或异常处理时间。Amdahl 定律指出，n 处理器系统相对单一处理器的加速因子表示为

$$加速比 = s = T/[\alpha T + (1-\alpha)T/n] = 1/[\alpha + (1-\alpha)/n]$$

只有当串行瓶颈 α 降到零或代码完全并行时，才能达到最大加速比 n。由于集群变得足够大，即 $n \to \infty$，S 接近 $1/\alpha$，因此加速与约束的上限是独立于集群大小 n 的。串行瓶颈是不能并行化的代码部分。例如，如果 $\alpha = 0.25$ 或者 $1-\alpha = 0.75$，即使使用数百个处理器，最大加速比也为 4。Amdahl 定律告诉我们，应该使串行瓶颈尽可能小。在这种情况下，仅增加集群的规模可能不会得到好的加速。

在 Amdahl 定律中，假定串行和并行执行固定问题规模或数据集的程序需要等量负载，这被称为固定负载加速比。n 个处理器执行一个固定负载，并行处理的系统效率定

义为

$$E = s/n = 1/(\alpha n + 1 - \alpha)$$

系统效率通常非常低,尤其是当集群规模非常大时。在 $n = 256$ 个节点的集群上执行上述程序,显然,极低效率 $E = 1/(0.25 \times 256 + 0.75) = 1.5\%$。这是因为只有几个处理器(比如 4 个处理器)在工作,而大多数节点空转。

当使用一个大规模集群时,为了实现更高的效率,我们必须考虑扩大问题规模来匹配集群的能力。这促使 John Gustafson(1988 年)提出了下面的加速比定律,简称扩展负载加速比。设 w 是给定程序的负载。当使用 n 个处理器系统时,用户将负载扩展为 $W' = \alpha W + (1 - \alpha) nW$,这里只有并行部分负载在第二项中扩展 n 倍。这个扩展负载 W' 基本上是单个处理器上的串行执行时间。并行扩展负载 W' 在 n 个处理器上的执行时间由扩展负载加速比定义为

$$S' = W'/W = [\alpha W + (1 - \alpha) nW]/W' = \alpha + (1 - \alpha) n$$

这个加速比称为 Gustafson 定律。通过固定并行处理时间在级别 w,可以得到如下的效率表达式:

$$E' = S'/n = \alpha/n + (1 - \alpha)$$

对于扩展负载,使用 256 个节点的集群可以使前面程序使用效率提高为 $E' = 0.25/256 + 0.75 = 0.751$。在不同的负载条件下,应该灵活选用 Amdahl 定律和 Gustafson 定律。对于固定负载,应采用 Amdahl 定律。为了解决扩展规模的问题,应采用 Gustafson 定律。

(2)容错和系统可用性。

HA(高可用性)是所有分布式系统的期望。如果系统有一个长的平均故障时间(mean time to failure,MTTF)和短的平均修复时间(mean time to repair,MTTR),那么这个系统是高度可用的。系统可用性形式化定义如下:

$$\text{系统可用性} = \text{MTTF}/(\text{MTTF} + \text{MTTR})$$

影响系统可用性的因素有很多,所有的硬件、软件和网络组件都有可能会出错。影响整个系统运行的故障称为单点故障,因此一个可靠的计算系统设计应没有单点故障。增加硬件冗余,提高元件的可靠性和设计可测性,将有助于提高系统的可用性和可靠性。图 1.8 预测了通过增加处理器核心数来扩大系统规模对系统可用性的影响。

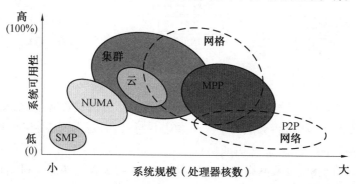

图 1.8　增大处理器核心数量来扩大系统规模对系统可用性的影响

在一般情况下,随着分布式系统规模的增加,系统可用性会因更高的故障概率和隔离故障的难度而降低。SMP 和 MPP 在单操作系统下的集中式资源是非常脆弱的。由于使用多操作系统,NUMA 机器的可用性大大提高。大多数集群是通过故障转移功能来获得高可用性的。与此同时,私有云由虚拟化数据中心创造出来,因此,云有一个类似主机集群的可用性预测。网格作为层次化的集群是可视化的。网格因故障隔离而有更高的可用性。因此,集群、云和网格随着系统规模的增加,可用性降低。一个 P2P 文件共享网络具有最高的客户机聚合,然而,它独立运行,可用性很低,甚至很多对等节点退出或同时失败。

(3)网络威胁与数据完整性。

网络病毒的广泛传播影响了许多用户。这些病毒通过破坏路由器和服务器进行传播,使商业、政府和服务蒙受数十亿美元的损失。图1.9 归纳了各种病毒袭击方式及其可能对用户造成的影响。由图1.9 可知,信息泄露对保密性造成损失,用户变更、木马和欺诈服务会破坏数据的完整性,拒绝服务(denial of service,DoS)会破坏系统运行和互联网连接。

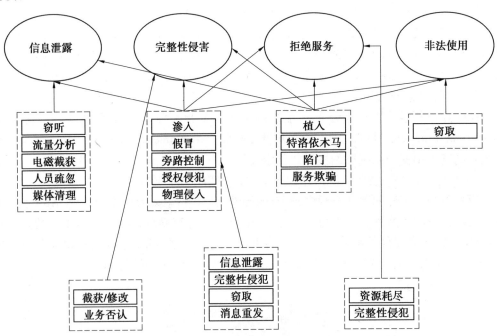

图1.9　各种病毒袭击方式及其可能对用户造成的影响

缺少认证或授权会导致袭击者非法使用计算资源。开放式资源(如数据中心、P2P 网络以及网格和云基础设施)将会成为下一个袭击目标。所以用户需要保护集群、网格、云和 P2P 系统;否则,用户不应该使用或信任它们进行外包的工作。系统遭到恶意地入侵可能会破坏重要的主机,以及网络和存储资源。路由、网关及分布式主机出现网络异常会阻碍这些公共资源计算服务的认可度。

保密性、完整性和可用性是多数网络服务提供商及云用户经常考虑的安全需求。提供商对云用户安全控制的责任按 SaaS、PaaS 和 IaaS 的顺序逐渐减小。总之,SaaS 模式依赖于云提供商来保证所有安全功能的运行。另一种极端情况则是 IaaS 模式,要求用户承担几乎所有的安全运行,而将可用性交由提供商。PaaS 模式依靠提供商维护数据的完整性和可用性,但保密性和隐私控制由用户承担。

系统防御技术是保障分布式系统安全的重要屏障。在此之前已经出现过三代网络防御技术。第一代技术设计了阻止或避免入侵的工具,这类工具通常将自己显示为访问控制令牌、密文系统等。但入侵者仍然可以渗入安全系统,因为安全调度进程中常有漏洞。第二代技术可以很快发现入侵并进行修补。这些技术包括防火墙、入侵检测系统(IDSes)、PKI 服务、信誉系统等。第三代技术对入侵能做出更多的智能回应。

4. 分布式系统中的节能

传统并行和分布式计算系统的首要目标是高性能与高吞吐量,同时还需要考虑一些性能可靠性(如容错性和安全性)。然而这些系统面临新的挑战,包括节能、负载和资源外包。这些新兴问题的重要性不仅在于它们本身,而且还关系到大型计算系统的稳定性。下面将探讨服务器和分布式系统中的能源消耗问题。

并行和分布式计算系统中的能源消耗引起了资金、环境及系统性能方面的多种问题。例如,地球模拟器和每秒千万亿次浮点运算是以 12 MW 和 100 MW 为能源峰值的系统。如果按每兆瓦 100 美元计算,那么它们在峰值期间运行的能源成本分别是 1 200 美元/h 和 10 000 美元/h,这超出了许多系统运营者的预算承受范围。除了能源成本外,冷却是另一个不得不提的问题,因为高温会对电子元件造成负面影响。电路温度的上升不但使线路超出正常范围,还会缩短元件的寿命。分布式系统的节能可以从空转服务器和运行服务器两个层面开展。

(1)空转服务器的能源消耗。

若要运行一个数据中心,公司不得不花费大量金钱来购买硬件、软件、运营支持,以及每年消耗的能源。因此,公司应该仔细考虑它们所安装的数据中心是否在一个合理的水平上,特别是在效用方面。据估计,以前在公司里全天候服务器在运行时有约 15% 并没有被利用(即处于闲置状态)。

(2)运行服务器的节能。

除了节省未使用和未充分利用的服务器的能源外,还需要用合适的技术减少分布式系统中运行服务器的能源消耗,同时要把对它们性能的影响降到最低。分布式计算平台的能源管理问题可以分为 4 层,即应用层、中间件层、资源层和网络层。

①应用层。大部分商业、工程和金融领域的用户应用都倾向于提升系统的速度或质量。通过引入能量感知应用,在不损害性能的前提下设计复杂的多层次、多领域能源管理应用成为挑战。面向这个目标的第一步是要探索出性能和能源消耗之间的关系。事实上,应用程序的能源消耗在很大程度上取决于需要执行的应用和存储单元(或内存)的数量。这两个因素(计算和存储)是相关的,影响任务完成的时间。

②中间件层。中间件层充当了应用层和资源层之间的桥梁。它提供了资源代理、通信服务、任务分析器、任务调度器、安全访问、可靠性控制和信息服务能力。它也负责采用高效节能技术,特别是任务调度。调度旨在最小化完工时间,即一组任务的执行时间。分

布式计算系统需要一种新的代价函数涵盖完工时间和能源消耗。

③资源层。资源层由计算节点和存储单元的资源组成,通常与硬件设备和操作系统进行交互。因此,它负责控制分布式计算系统中的所有分布式资源,制定一些可以更高效管理硬件和操作系统电源的机制。它们中大多数采用硬件方法,尤其是针对处理器的方法。

动态电能管理(dynamic power management,DPM)和动态电压频率缩放(dynamic voltage-frequency scaling,DVFS)是两种纳入计算机硬件系统中的新方法。在DPM中,硬件设备(如CPU)可以从空闲模式切换到一个或多个低电能模式。在DVFS技术中,节能是基于CMOS功耗与频率、供应电压有直接关系这一事实来实现的。执行时间和功耗是通过在不同频率和电压之间进行切换来控制的。

④网络层。路由、传输数据包和确保资源层的网络服务是分布式计算系统中网络层的主要责任。同样,构建节能网络的主要挑战是决定如何来度量、预测和建立一个能耗与性能之间的平衡。节能网络设计的两个挑战是:模型应该全面地表达网络,比如,应充分考虑时间、空间和能源之间的相互作用;需要探索新的节能路由算法及新的节能协议来对抗网络攻击。

由于信息资源推动经济和社会发展,数据中心作为信息存储和处理以及服务提供所在,正变得越来越重要。数据中心已成为核心基础设施,就像电网和运输系统。传统的数据中心正遭受着高建设和运营成本、复杂的资源管理、低可用性、低安全性和低可靠性,以及巨大的能源消耗。在下一代数据中心设计上采用新技术是非常必要的。

(3)DVFS节能方法。

DVFS节能方法能够利用因任务交互而导致的松弛时间(空闲时间)。具体来说,利用与任务相关的松弛时间以一个低电压、频率执行任务。CMOS电路中能耗与电压、频率之间的关系为

$$\begin{cases} E = C_{\text{eff}} f V_t^2 \\ f = K \dfrac{(V-V_t)^2}{V} \end{cases}$$

式中,V、C、K和V_t分别代表电压、电路交换能力、技术相关因素和阈值电压;t是任务在时钟频率f下的执行时间。通过降低电压和频率,设备能耗也能够减少。

DVFS的思想就是在负载松弛时间降低频率和电压。低功率模式之间的过渡延迟非常小,因此可以在运行模式之间进行切换来节约能源。存储单元必须和计算节点交互来平衡功耗。

1.4 集群设计原则

计算机集群(computer cluster)由相互联系的个体计算机聚集组成,这些计算机之间相互联系并且共同工作,对于用户来说,计算机集群如同一个独立完整的计算资源池。集群化实现作业级的大规模并行,并通过独立操作实现高可用性。计算机集群和大规模并行处理器(MPP)的优点包括可扩展性能、高可用性、容错、模块化增长和使用商用组件。

这些特征能够维持硬件、软件和网络组件所经历的快速变化。集群计算兴起于 20 世纪 90 年代中期,当时传统的大型机和向量超级计算机已被证实在高性能计算中具有较低的成本效益。

2010 年发布的 Top 500 超级计算机中 85% 是由同构节点构建的计算机集群或者 MPP。计算机集群依赖于当今建立在数据中心之上的超级计算机、计算网格和互联网云。现今,大量计算机的应用变得日益重要。大部分 Top 500 超级计算机被用于科学和工程中的高性能计算。高吞吐量集群服务器在商业和 Web 服务应用中也被更为广泛地使用。

1.4.1　集群发展趋势

计算机集群化已由高端大型计算机的相互联接转变为使用大量的 x86 引擎。计算机集群化由大型计算机(如 IBM Sysplex 和 SGI Origin 3000)之间的连接发展而来。其目的是满足协同组计算的需求,并为关键企业级应用提供更高的可用性。随后,集群化的发展更多面向网络中的大量小型计算机,例如,DEC 的 VMS 集群化是由共享同一套磁盘/磁带控制器的多个 VAX 互联组成。Tandem 的 Himalaya 是为容错在线事务处理(online transaction processing,OLTP)应用而设计的商业集群。

在 20 世纪 90 年代早期建立基于 UNIX 工作站集群,其中具有代表性的是 BerkelyNOW(network of workstations)和基于 AIX 的 IBM SP2 服务器集群。2000 年以后,集群发展趋势变为 RISC 或 x86 个人计算机引擎的集群化。集群产品目前已出现在集成系统、软件工具、可用基础设施和操作系统扩展中。集群化的发展趋势与计算机工业的削减趋势相一致。对较小节点集群的支持将使得集群配置的销售额以模块化增量递增。从 IBM、DEC、Sun 和 SGI 到 Compaq 和 Dell,计算机工业的发展使得采用低成本服务器或 x86 台式计算机实现具有成本效益、可扩展性和高可用性特征的集群化。

集群化已成为计算机体系结构中的热门研究方向。快速通信、作业调度、SSI 和 HA 是集群研究的活跃话题。现代集群正朝着高性能集群的方向发展。

1.4.2　集群设计宗旨

集群具有 6 个正交特性,即可扩展性、封装、控制、同构性、可编程性和安全性。

(1)可扩展性。

计算机集群化是基于模块化增长的概念。将几百个单处理器节点的集群扩展为 10 000 个核节点的超级集群不是一个简单任务。这是由于可扩展性被一些因素限制,如多核心芯片设计关键技术、集群拓扑结构、封装方式、电力消耗和冷控制技术应用。在上述因素的影响下,若目标依然是实现可扩展性能,则还必须考虑其他的一些限制因素,如内存墙、磁盘 I/O 瓶颈和容许时延等。

(2)封装。

集群节点可以被封装成紧凑(compact)或者松散(slack)的形式。在一个紧凑集群中,节点被紧密布置在一个房间内的一个或多个货架上,且节点不附外设(如显示器、键盘、鼠标等)。在一个松散集群中,节点连接到它们平常的外设(如完整的 SMP、工作站和 PC 机),并且节点可能位于不同的房间、不同的建筑,甚至偏远地区。封装直接影响通信线路的长度,因此需要选择合适的互联技术。通常紧凑集群利用专有的高带宽、低延迟的通信网络,而松散集群节点一般由标准的局域网或广域网连接。

(3)控制。

集群能够以集中或分散的形式被控制或管理。紧凑集群通常集中控制,而松散集群可以采取另一种方式。在集中式集群中,中心管理者拥有控制、管理和操作所有节点的权力。在分散式集群中,节点有各自的拥有者。例如,考虑某个部门由互联台式工作站组成的集群,其中每个工作站分别被某个职员拥有。拥有者可以在任何时间重新配置、更新,甚至关闭工作站。单点控制的缺陷,导致系统很难管理这样一个集群。它同样需要进程调度、负载迁移、检查点、记账和其他类似任务的特殊技术。

(4)同构性。

同构集群采用来自相同平台的节点,即节点具有相同处理器体系结构和相同操作系统。通常情况下,这些节点都来自同一提供商。异构集群使用来自不同平台的节点。互操作性是异构集群的一个非常重要的问题。例如,进程迁移通常需要满足负载均衡或可用性。在同构集群中,二进制进程镜像可以迁移到另一个节点并能够继续执行。这在异构集群中是不允许的,因为当进程迁移到不同平台的节点上时,二进制代码不继续执行。

(5)可编程性。

集群系统应提供足够的接口、工具和框架,使开发人员或系统管理员能够编写脚本、程序或配置来定制、管理和控制集群的行为。这种设计使集群不仅是一个固定的硬件和软件资源的集合,还是一个可以根据用户需求进行灵活调整和优化的平台。集群的可编程性为开发人员提供了更大的灵活性和控制权,使得他们能够根据具体需求定制和优化集群的行为,实现更加高效、可靠和可扩展的集群系统。

(6)安全性。

集群内通信可以是开放的或封闭的。开放集群节点间的通信路径对外界显示,外界机器可采用标准协议(如 TCP/IP)访问通信路径,从而访问单独节点。这种集群容易实现,但有如下几个缺点:

①由于开放,集群内通信变得不安全,除非通信子系统提供附加的功能来确保其隐私和安全。

②外界通信可能以不可预测的形式干扰集群内通信。例如,过多流量可能干扰生产作业。标准通信协议往往具有巨大的开销。

③在封闭集群中,集群内通信与外界相隔离,从而缓解了上述问题。其不利条件是目前还没有高效、封闭的集群内通信标准。因此,大多数商业或学术集群按照各自的协议实现高速通信。

1.4.3 集群设计问题

本节将对各种集群和 MPP 进行分类,然后确定集群和 MPP 系统中的主要设计问题,包括物理集群和虚拟集群。这些集群经常出现在计算网格、国家实验室、商业数据中心、超级计算机网站和虚拟云平台中。

1. 可扩展性能

资源扩展(集群节点、内存容量、I/O 带宽等)使性能呈比例增长。当然,基于应用需求或者成本效益考虑,扩大和减少的能力都是必需的。集群化因为其可扩展性得以发展,在任何集群或 MPP 计算机系统应用中都不应忽视可扩展性。

2. 单系统镜像

采用以太网连接的工作站集合不一定就是一个集群。集群是一个独立的系统。例如,假设一个工作站拥有一个 300 Mflops/s 的处理器、512 MB 内存和 4 GB 硬盘,并且能够支持 50 位活跃用户和 1 000 个进程。100 个这样的工作站组成的集群能否看作单一的系统,即相当于拥有一个 30 Gflops/s 处理器、50 GB 内存和 400 GB 的磁盘,并能支持 5 000 位活跃用户和 100 000 个进程的巨大工作站或大规模站? 这是一个吸引人的目标,但是难以实现。SSI 技术旨在达成这个目标。

3. 可用性支持

集群能够利用处理器、内存、磁盘、I/O 设备、网络和操作系统镜像的大量冗余提供低成本、高可用性的性能。然而,要实现这一潜力,可用性技术是必需的。我们将在介绍 DEC 集群(10.4 节)和 IBM SP2(10.3 节)如何尝试实现高可用性时,具体说明这些技术。

4. 集群作业管理

集群尝试使用传统工作站或 PC 机节点实现高系统利用率,而这些资源通常是不能被很好利用的。作业管理软件需要提供批量、负载均衡和并行处理等功能。

5. 节点间通信

集群由于具有更高的节点复杂度,故不能被封装得如 MPP 节点一样的简洁。集群内节点之间的物理网线长度比 MPP 长,这在集中式集群中也是成立的。长网线会导致更大的互联网络延迟。更重要的是,长网线会产生可靠性、时钟偏差和交叉会话等更多问题。这些问题要求使用可靠和安全的通信协议,而这会增加开销。集群通常使用 TCP/IP 等标准协议的商用网络(如以太网)。

1.4.4　集群分类

基于应用需求,集群可以分为以下 3 类:

(1)计算集群。

计算集群主要用于单一大规模作业的集体计算。例如,用于天气状况数值模拟的集群。计算集群不需要处理很多的 I/O 操作,如数据库服务等。当单一计算作业需要集群中节点之间的频繁通信时,该集群必须共享一个专用网络,因此这些节点大多是同构和紧耦合的。这种类型的集群也被称为贝奥武夫集群。

当集群需要在少量重负载节点间通信时,其本质就是计算网格。紧耦合计算集群用于超级计算应用。计算集群应用中间件,如消息传递接口(message-passing interface,MPI)或并行虚拟机(parallel virtual machine,PVM),将程序传递到更广的集群。

(2)高可用性集群。

高可用性集群用于容错和实现服务的高可用性。高可用性集群中有很多冗余节点以容忍故障或失效。最简单的高可用性集群只有两个可以互相转移的节点。当然,高冗余可以提供更高的可用性。可用性集群的设计应避免所有单点失效。很多商业高可用性集群能够使用不同的操作系统。

（3）负载均衡集群。

负载均衡集群是使集群中所有节点的负载均衡而达到更高的资源利用。所有节点如同单个虚拟机（virtual machine，VM），共享任务或功能。来自用户的请求被分发至集群的所有计算机节点，这样就可以在不同机器之间平衡负载，从而达到更高的资源利用或性能。为了在所有集群节点间迁移作业或进程来实现动态负载均衡，中间件是必需的。

1.4.5　Top 500 超级计算机分析

每隔 6 个月，会在超大数据集上运行 Linpack 基准测试程序评测出世界 Top 500 超级计算机，此排名每年会发生一些变化。2022 年 5 月 30 日，在德国汉堡举行的 ISC 2022 公布了第 59 届的全球超算 Top 500 榜单，位于美国橡树岭国家实验室（ORNL）的新型超级计算机 Frontier 以绝对优势，成功超越日本的 Fugaku，成为全球最强超级计算机，同时也是全球首个真正的百亿亿次超级计算机。中国的"神威·太湖之光"和"天河二号"排名分别下滑至第六位和第九位，但我国超算实际已经远超已公布的计算速度。本节将分析超级计算机在体系结构、速度、操作系统和应用方面的历史演变。

1. 体系结构演变

这些年 Top 500 超级计算机在体系结构演变方面很有趣。在 1993 年，250 个系统是 SMP 体系结构的，并且这些 SMP 系统在 2002 年 6 月以后都不再使用。大多数 SMP 采用共享内存和 I/O 设备的结构。在 1993 年，MPP 有 120 个系统，到 2000 年时，MPP 达到峰值 350 个系统，而到 2010 年又减少到不足 100 个系统。单指令多数据（SIMD）机器在 1997 年消失，而集群体系结构在 1999 年开始出现。现在，集群在 Top 500 超级计算机中处于绝对支配地位。

2022 年，Top 500 计算机体系结构包括集群（491 个系统）和 MPP（61 个系统）。这两类系统的基本区别源于构建系统的组件。集群通常采用市场上的商用硬件、软件和网络组件。而 MPP 采用定制的计算节点、插件、模块和机壳，它们之间的互联被特定封装。MPP 要求高带宽低延迟、更好的能效和高可靠性。在考虑成本的前提下，集群为了满足性能扩展，而允许模块化增长。MPP 因为其成本高，故而出现得较少。一般来说，每个国家只有很少的 MPP 超级计算机。

2. 速度提升

图 1.10 给出了 1993—2023 年 Top 500 超级计算机的测量性能。Y 轴按照 Mflop、Gflops、Fflops、Pflops、Eflops 表示持续速度性能。中间曲线绘制了 30 年来超级计算机的性能，峰值性能从 58.7 Gflops 增长到 1 679.82 Pflops，速度增长了超过 3 000 万倍，平均每年增速 100 万倍。底部曲线对应于第 500 位计算机的速度，由 1993 年的 0.42 Gflops 增长到 2023 年的 53 084.16 Tflops。顶部曲线描述了同一时期这 500CK 计算机的速度之和。在 2023 年，500 台计算机的总体速度之和达到 7.0 Eflop/s。

3. 操作系统趋势

根据 TOP 500.org 在 2023 年 6 月发布的数据，所有 500 强超级计算机均使用 Linux

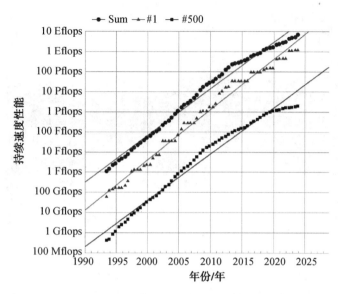

图 1.10　1993—2023 年 Top 500 超级计算机的测量性能

家族的操作系统。实际上,2017 年 6 月发布的榜单中仅有 2 台使用 Unix 操作系统的超级计算机,之后就再没有非 Linux 操作系统的超级计算机上榜。而 Mixed、BSD Based 甚至 Windows、MacOS 也都曾经作为超算操作系统登上超算 Top 500 榜单,但以它们为操作系统的超算早已难登榜单,Windows 、MacOS 则分别在 2015 年 7 月、2008 年 11 月以后再未上榜。从具体的操作系统发行版本上来看,2023 年 6 月,使用原始 Linux 的超级计算机数量为 235 台,而采用基于 Linux 内核自主研发的操作系统数量为 167 个,使用 CentOS 的为 62 个,使用 Carry Linux Environment 的为 4 个,使用 Bullx SCS 的为 8 个,而使用 Suse Linux 的则为 4 个。相比于过去,更多的超级计算机选择趋向于自主开发操作系统来适配软硬件环境。

4. 我国的超算中心

(1)"神威·太湖之光"。

发布于 2016 年 6 月的"神威·太湖之光"(图 1.11)由我国并行计算机工程技术研究中心研制,落户于国家超级计算无锡中心,由清华大学负责运营。"神威·太湖之光"整机采用高密度运算超节点和高流量可扩展复合网络架构,实现全系统高效可扩展与并行运行;采用层次包容、分级自治的软硬协同容错体系,实现整机系统的高可用;运用面向典型应用和机器结构的编译优化、自适应精细平衡调度等技术,实现应用软件的高效运行。"神威·太湖之光"的系统峰值性能达 12.5 亿亿次,持续性能达 9.3 亿亿次,性能功耗比每瓦特60.5亿次,2016—2017 年,连续 4 次获评世界第一。国家超级计算无锡中心主任杨广文做了一个形象的比喻:它 1 min 的计算能力,需要全球 72 亿人同时用计算器不间断地计算 32 年。

(2)"天河二号"。

"天河二号"(图 1.12)是由国防科学技术大学研制的超级计算机系统,以峰值计算速度每秒 5.49×10^{16} 次、持续计算速度每秒 3.39×10^{16} 双精度浮点运算的优异性能位居榜

图 1.11 "神威·太湖之光"

首,成为 2013 年全球最快超级计算机。2014 年 11 月 17 日公布的全球超级计算机 500 强榜单中,中国"天河二号"以比第二名美国"泰坦"快近一倍的速度连续第四次获得冠军。"天河二号"由 16 000 个节点组成,每个节点有 2 个基于 Ivy Bridge-E Xeon E5 2692 处理器和 3 个 Xeon Phi,累计共有 32 000 个 Ivy Bridge 处理器和 48 000 个 Xeon Phi,总计有312 万个计算核心。

图 1.12 "天河二号"

1.4.6 集群的体系结构

1. 基本集群体系结构

图 1.13 显示了建立在个人计算机或工作站上的计算机集群的基本体系结构。该图展示了一个由商用组件构建的简单计算机集群,并且集群完全支持必需的单系统镜像特征和高可用性。处理节点均为商用工作站、个人计算机或服务器。这些商用节点能够很方便地替换或升级为新一代硬件。节点的操作系统支持多用户、多任务和多线程应用程序。节点由一个或多个快速商用网络连接,这些网络使用标准通信协议,并且速度比当前

以太网 TCP/IP 速度高两个数量级。

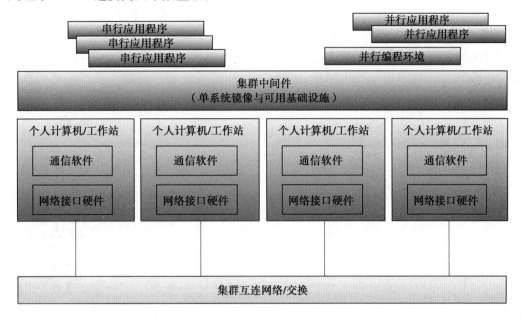

图 1.13　计算机集群的基本体系结构

网卡连接到节点的标准 I/O 总线（如 PCI）。当处理器或操作系统发生改变时，只需要改变驱动软件即可。我们希望在节点平台之上建立一个与平台无关的集群操作系统。但这种集群操作系统并不可以商用，我们可以在用户空间部署一些集群中间件来黏合所有的节点平台。中间件能够提供高可用的服务。单系统镜像层提供单一入口、单一文件层次、单一控制点和单一作业管理系统。单内存可由编译库或运行库辅助实现。单进程空间并不是必需的。

一般来说，理想中的集群包含 3 个子系统。首先，传统的数据库和 OLTP 监视器为用户提供一个使用集群的桌面环境。在运行串行用户程序之外，集群使用 PVM、MPI 和 OpenMP，同时支持基于标准语言和通信库的并行程序。编程环境还包括调试、仿形（profiling）、监测等工具。用户界面子系统需要综合 Web 界面和 Windows GUI 的优点。集群还应该提供不同编程环境、作业管理工具、超文本的用户友好链接和搜索支持，使得用户可以在计算集群中很容易获得帮助。

2. 集群资源共享

小节点集群的发展将提高计算机销量，同时集群化也可增进可用性等。这两个集群化目标并不一定是冲突的。部分高可用性集群使用硬件冗余来扩展性能。集群节点的连接可以采用图 1.14 所示的方式。大多数集群采用不共享体系结构，这些集群中的节点通过 I/O 总线连接。共享磁盘体系结构有利于商业应用中小规模可用集群。当一个节点失效时，其他节点可以接管。

图 1.14（a）所示的不共享结构通过以太网等局域网简单连接两个或更多的自主计算机。图 1.14（b）所示为共享磁盘集群。这类结构是大多数商业集群所需要的，可以在节点失效的情况下实现恢复。共享磁盘能存储检查点文件或关键系统镜像，从而提高集群

的可用性。如果没有共享磁盘,就无法在集群中实现检查点机制、回滚恢复、失效备援和故障恢复。图 1.14(c)所示的共享内存集群实现起来十分困难。节点由可扩展一致性接口(scalable coherence interface,SCI)连接,SCI 通过 NIC 模块连接每个节点的内存总线。在其他两种结构中,它们之间是通过 I/O 总线连接的,内存总线的工作频率高于 I/O 总线的工作频率。

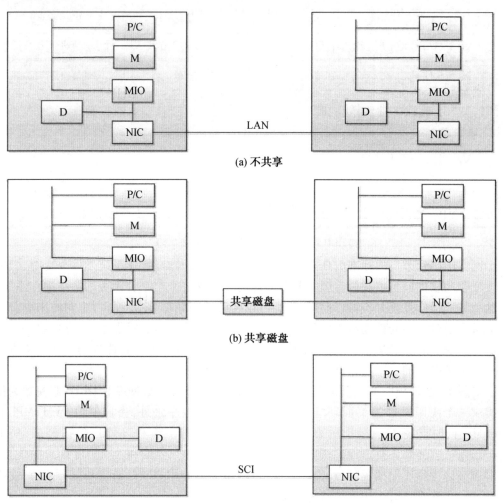

(a) 不共享

(b) 共享磁盘

(c) 共享内存

图 1.14　集群节点连接的 3 种方式

图 1.14 中,P/C 为处理器和缓存;M 为内存;D 为磁盘;NIC 为网卡;MIO 为内存 I/O 桥。

目前还没有广为接受的内存总线标准,但是有 I/O 总线的标准,常用的标准为 PCI I/O 总线标准。因此,如果使用网卡连接更快的以太网与 PCI 总线,应当保证该网卡可用于使用 PCI 作为 I/O 总线的其他系统。I/O 总线相较于内存总线发展得非常缓慢。考虑一个使用 PCI 总线连接的集群,当处理器升级时,互联与网卡并不需要改变,只要新系统仍然使用 PCI。在一个共享内存的集群中,改变处理器意味着需要重新设计节点板和网卡。

3. 节点结构和 MPP 封装

在构建大规模集群或者 MPP 系统时,集群节点分为两类,即计算节点和服务节点。计算节点主要用于大规模搜索或并行浮点计算。服务节点可以使用不同的处理器来处理 I/O、文件访问和系统监控。在 MPP 集群中,计算节点占系统成本的主要部分,因为在单个大型集群系统中,计算节点的个数可能是服务节点的 1 000 倍。

例如 2010 年,大多数 MPP 采取同构体系结构,连接大量相同的计算节点。Cray XT5 Jaguar 系统由 224 162 个 AMD Opteron 处理器组成,其中每个处理器有 6 个核。Tianhe-1A 采用混合节点设计,每个计算节点有 2 个 Xeon CPU 和 2 个 AMD GPU。GPU 可以用特殊浮点加速器替代。同构节点设计使得编程和系统维护变得容易。

4. 集群系统互联

以太网连接的速度为 1 Gbps,同时最快的 InfiniBand 连接可以达到 30 Gbps。Myrinet 和 Quadrics 的性能在以上两者之间。MPI 延迟表示远程消息传递的状态。这 4 种技术能够实现任意的网络拓扑结构,包括纵横交换、胖树和环状网络。InfiniBand 的连接速度最快,但是费用也最高。以太网仍是最经济、有效的选择。

5. 硬件、软件、中间件及操作系统扩展的支持

实际上,集群中 SSI 和 HA 的目标并不是免费。它们必须有相应的硬件、软件、中间件以及操作系统扩展的支持。硬件设计和操作系统扩展中的改变需由制造商完成,这对普通用户可能费用过高,而且对编程水平要求较高。因此,应用层上中间件支持的实现费用是最少的。如图 1.15 所示,在一个典型的 Linux 集群系统中,中间件、操作系统扩展和硬件支持需要达成高可用性。

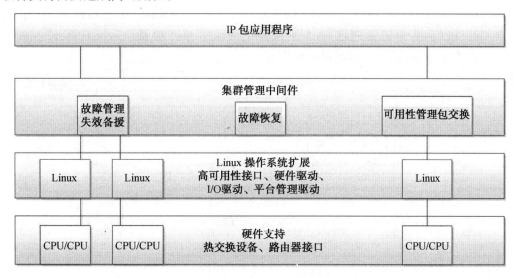

图 1.15　支撑 CPU 和 GPU 集群的大规模并行与高可用的中间件、Linux 扩展和硬件

接近用户程序端时,中间件封装在集群管理层执行,该操作可用于故障管理,并支持失效备援和故障恢复。我们可以使用失效检测、恢复及包交换实现高可用性。如图 1.15 中间位置所示,我们需要修改 Linux 操作系统来支持高可用性,同时需要特定的驱动支持

高可用性、I/O 总线和硬件设备。如图 1.15 底部所示,我们需要特定的硬件来支持热交换设备和提供路由器接口。

1.4.7 大规模 GPU 集群

商用 GPU 是数据并行计算的高性能加速器。现代 GPU 芯片的每个芯片包含上百个处理器。基于 2010 年报告,每个 CPU 芯片可以进行 1 Tflops 单精度(single precision,SP)计算和超过 80 Gflops 双精度(double precision,DP)计算。目前,优化高性能计算的 GPU 包括 4 GB 的板上内存,并有持续 100 GB/s 以上内存带宽的能力。GPU 集群的构建采用了大量的 CPU 芯片,在一些 Top 500 系统中,CPU 集群已经证实能够达到 Pflops 级别的性能。大多数 GPU 集群由同构 GPU 构建,这些 GPU 具有相同的硬件类型、制造和模型。GPU 集群的软件包括操作系统、GPU 驱动和集群化 API,如 MPI。

GPU 集群的高性能主要归功于其大规模并行多核结构、多线程浮点算术中的高吞吐量及使用大型片上缓存,显著减少了大量数据移动的时间。换句话说,GPU 集群比传统的 CPU 集群具有更好的成本效益。GPU 集群不仅在速度性能上有巨大飞跃,而且显著降低了对空间、能源和冷却的要求。GPU 集群相较于 CPU 集群,能够在使用较少操作系统镜像的情况下正常工作。GPU 集群在电力、环境和管理复杂性方面的降低使其在未来高性能计算应用中非常具有吸引力。

1. GPU 芯片设计

图 1.16 展示了一种未来的 GPU 芯片构架,该体系结构被建议用于为百万兆级计算服务构建的 NVIDIA Echelon GPU 集群。Echelon 项目由 NVIDIA 的 Bill Dally 领导,并在普适高性能计算(ubiquitous high-performance computing,UHPC)计划中得到美国国防部高级研究计划局(DARPA)的部分资助。GPU 中单个芯片包含 1 024 个流核和 8 个延迟优化类 CPU 核(称为延迟处理器)。8 个流核组成流多核处理器(tream multi-processor,SM),128 个多核处理器组成 Echelon GPU 芯片。

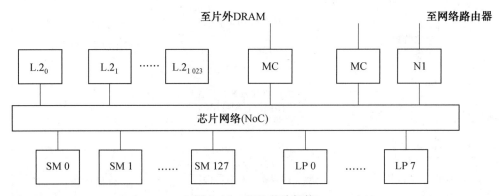

图 1.16 GPU 芯片架构

每个多核处理器被设计为含有 8 个处理器核,可以达到 160 Gflops 的峰值速度。每个芯片包含 128 个流多核处理器,可以达到 20.48 Tflops 的峰值速度。这些节点通过芯片网络(network on chip,NoC)连接到 1 024 个静态随机存储器(L2 caches),每个缓存为 256 KB。内存控制器(memory controller,MC)用来连接芯片外动态随机存储器(DRAM)和网络接口(network interface,NI),扩展了 GPU 集群的层次规模。在编写本节内容时,Echelon 只是一个研究项目。经过 Bill Dally 的允许,我们出于学术目的展示了该设计,阐明如何探索众核 GPU 技术以达成未来 CPU 技术中的百万兆级计算,从而实现未来全面的百万兆级计算。

2. GPU 集群组件

GPU 集群通常是一个异构系统,包含 3 个主要组件,即 CPU 主机节点、GPU 节点和它们之间的集群互联。GPU 节点由通用目的 GPU 组成,被称为 GPGPU,以完成数值计算。主机节点控制程序的执行,集群互联控制节点之间的通信。为了保证其性能,多核 GPU 需要提供充足的高带宽网络和内存数据流。主机内存应该被优化,从而能匹配 GPU 芯片上的缓存带宽。使用图 1.16 所示的 GPU 芯片作为组成块,并由层次结构网络互联。

3. Echelon GPU 集群体系结构

整个 Echelon 系统由 N 个机柜组成,分别标记为 $C_1,C_2,\cdots,C_N$。每个机柜有 16 个计算模块,分别标记为 $M_0,M_1,\cdots,M_{15}$。每个计算模块由 8 个 GPU 节点构成,分别标记为 $N_0,N_1,\cdots,N_7$。每个 GPU 节点是最内层的块,标记为 PC(细节见图 1.16)。每个计算模块可以达到 160 Tflops 和 2 TB 内存上 12.8 TB/s 的性能。单个机柜可容纳 128 个 GPU 节点或 16 000 个处理器核。因此,每个机柜可以提供 32 TB 内存上 2.6 Pflops 的性能及 205 TB/s 的带宽,这 N 个机柜通过光纤蜻蜓网络互联。

为了达到 Eflops 级别的性能,至少需要使用 $N=400$ 个机柜。换句话说,百万兆级系统需要在 400 个机柜中有 327 680 个处理器核。Echelon 系统获得自感知操作系统和运行时系统的支持,同时由于其被设计为保护局部性,因此支持编译器和自动调节器。目前,NVIDIA Fermi(GF110)芯片已包含 512 个流处理器,比 Echelon 设计的速度大约快 25 倍。

4. CUDA 编程

CUDA(compute unified device architecture,计算统一设备体系结构)由 NVIDIA 开发,提供并行计算体系结构。CUDA 是 NVIDIA GPU 中的计算引擎,允许开发者通过标准程序语言访问。程序员可以使用 NVIDIA 扩展和受限的 CUDA C。CUDA C 通过 PathScale Open64 C 编译器编译,可以在大量 GPU 核上并行执行。

5. CUDA 编程接口

CUDA 体系结构共享一系列计算接口,其有两个竞争者,即 Khronos Group 的开放计算语言(open computing language)和微软的直接计算(direct compute)。第三方包装也适用于 Python、Perl、FORTRAN、Java、Ruby、Lua、MATLAB 和 IDL 的使用。CUDA 已用于加速计算生物学、密码学等领域中一个数量级以上的非图形应用。一个很好的例子是 BOINC 分布式计算客户端。CUDA 同时提供了低级 API 和更高级 API。G8X 系列之后的所有 NVIDIA GPU 都采用了 CUD 中的 GeForce、Quadro 和 Tesla 系列。NVIDIA 声明,由于二进制兼容性,为 GeForce 8 系列所做的程序开发无须任何改动,就可以继续用于所有未来 NVIDIA 显卡上。以下是一个使用 CUDA 的例子,它使用 CUDA GPCPU 作为基本部分,实现了多核和多线程处理器集群上的大规模并行开发。

/＊SAXPY 是矩阵乘法中频繁执行的操作。它本质上使用重复乘法和加法操作来产生两个长向量的点积。下列 saxpy_serial 程序采用了标准 C 代码。该代码只适用于单处理器核的串行执行。＊/

```
Void saxpy_serial( int n,float a,float  * x,float  * )
{
    for( int i=0;i<n;++i)
        y[ i ] = a * x[ i ]+y[ i ]
}
// Invoke the serial SAXPY kernel
saxpy_serial( n,2.0,x,y)
```

/＊下列 saxpy_parallel 程序使用 CUDAC 代码编写,可以在 CPU 芯片的多处理器核上的 256 个线程/块中并行执行。需要注意的是,n 个块由 n 个处理器核控制,其中 n 可以数以百计＊/

```
_global_void saxpy_parallel( int n,float a,  float  * x,float  * y)
{
    Int i=blockIndex. x * blockDim. x + threadIndex. x;
    if( i<n)  y[ i ] = a * x[ i ]+y[ i ]
}
// Invoke the parallel SAXPY kernel with 256 threads/blocks
int nblocks = ( n+255)/256;
saxpy_parallel <<< nblocks,256 >>> ( n,2.0,x,y)
```

1.4.8 计算机集群的关键技术

集群设计应具有可扩展性和可用性,本节将介绍通用目的计算机和协作计算机集群的单系统镜像、冗余高可用性、容错集群配置与回滚恢复。

1. 单系统镜像

单系统镜像是关于单一系统、单一控制、对称性和透明性的描述,而不是指驻留在 SMP 或者工作站的内存中的操作系统镜像的单一复制。具体特征如下:

(1)单一系统。用户将整个集群作为一个多处理器系统。用户可以选择"使用 5 个处理器执行应用程序",这不同于分布式系统。

(2)单一控制。逻辑上,一个终端用户或系统用户在一个地方只能通过单一的接口使用服务,例如,用户提交一批作业至队列;系统管理员经由一个控制点配置集群的所有硬件和软件组件。

(3)对称性。用户可以从任意节点使用集群服务。换句话说,除了受到访问权限保护的部分,所有集群服务和功能对于所有节点及所有用户是对称的。

(4)位置透明性。用户并不了解什么位置的物流设备提供了服务。例如,用户可以使用磁带驱动器连接到任意集群节点,就像连接到本地节点一样。

使用单系统镜像的主要目的是可以使用、控制和维护一个集群,它如同一个工作站。"单"这个字在"单一系统镜像"中有时候等同于"总体"或者"中央"。例如,全局文件系统意味着单一文件层级,用户可以通过任意节点访问系统。单点控制允许操作者监控和配置集群系统。

虽然有单一系统的设想,但是集群服务或功能往往是通过多种组件的协作以分布式的方式实现的。单系统镜像技术的一个主要需求是同时提供了分布式执行的性能优势和单一镜像的易用性。

从进程 P 的角度,集群中的节点可以分为 3 种类型。进程 P 的原始节点(home node)是创建进程 P 的节点。进程 P 的本地节点是进程 P 目前所在的节点。对于进程 P 来说,所有其余节点均为远程节点。可以根据不同的需求配置集群节点。主机节点通过 Telnet、rlogin,甚至 FTP 和 HTTP 为用户登录提供服务。计算节点执行计算作业。I/O 节点响应 I/O 请求,如果一个集群拥有共享磁盘和磁带单元,那么它们通常在物理上连接到 I/O 节点。

每个进程都有一个原始节点,这在进程的整个生命周期中是固定的。在任意时间,只有一个本地节点,该节点可以是主机节点,也可以不是主机节点。当进程迁移时,其本地节点和远程节点可能发生变化。一个节点可以同时提供多种功能。例如,一个节点在同一时间内可以是主机节点、I/O 节点和计算节点。单系统镜像的描述可以分为几个层次,其中 3 层描述如下。值得注意的是,这些层次可能相互重叠。

(1)应用软件层。应用软件层的两个例子是并行 Web 服务器和各种并行数据库。用户通过应用程序来使用单系统镜像,甚至没有意识到它正在使用的是一个集群。这种方法需要为集群修改工作站或 SMP 的应用程序。

(2)硬件或内核层。在理想情况下,单系统镜像应该由操作系统或硬件提供。遗憾的是,目前这还没有得到实现。此外,在异构集群上提供单系统镜像是极其困难的,因为大多数硬件体系结构和操作系统是专有的,所以只能被制造商使用。

(3)中间件层。最可行的方法是在操作系统内核之上建立单系统镜像层。这种方法是有发展前景的,因为它与平台无关,并且不需要修改应用程序。许多集群作业管理系统已经采用了这种方法。

集群中的每台计算机有自己的操作系统镜像。由于所有节点计算机独立操作,因此一个集群可以显示出多个系统镜像。决定如何在集群中合并多个系统镜像,这与在社区中调节许多特征到单一特征一样困难。由于不同程度的资源共享,多个系统可以被整合,从而在不同计算机上操作。

2. 冗余高可用性

当设计鲁棒的高可用系统时,3 个术语经常一起使用,即可靠性、可用性和可服务性(reliability,availability,and serviceability,RAS)。可用性是最有意义的概念,因为它综合了可靠性和可服务性的概念,具体定义如下:

①可靠性根据系统不发生故障的运行时间衡量。

②可用性表示系统对用户可用的时间百分比,即系统正常运行的时间百分比。

③可服务性与服务系统的容易程度相关,包括硬件和软件的维护、修复、升级等。

RAS需求由实际的市场需求决定。Find/SVP调研总结了世界1 000强企业中的下列情形:计算机平均每年发生9次故障,平均每次故障时间为4 h,平均每小时损失的收入是82 500美元。由于故障过程中可能造成的巨大损失,许多公司都在努力提供24/365可用的系统,即该系统每天24 h,每年365 d都是可用的。

(1)可用性和失效率。

计算机系统通常在发生故障前会运行一段时间。故障被修复后,系统恢复正常运行,然后不断重复这个运行-修复周期。系统可靠性由平均失效时间(MTTF)衡量,该时间指的是系统(或系统部件)发生故障前正常运行的平均时间。可服务性的度量标准是平均修复时间(MTTR),该时间为发生故障后修复系统及还原工作状态的平均时间。系统可用性定义为

$$可用性 = MTTF/(MTTF+MTTR)$$

(2)计划停机和意外失效。

学习RAS时,我们称任意使得系统不能正常执行的事件为失效(failure)。具体包括:

①意外失效。意外失效指由于操作系统崩溃、硬件失效、网络中断、人为操作失误及断电等而引起的系统失效。所有这些被简单地称为失效,系统必须修复这些失效。

②计划停机。系统没有被损坏,但是周期性终止正常运行,以进行升级、重构和维护。系统也可能在周末或假日关闭。图1.17中,MTTR是关于这类失效的计划停机时间。

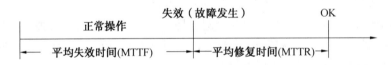

图1.17　计算机系统的执行-修复周期

表1.1显示了几种具有代表性的系统可用性值。例如,传统工作站具有99%的可用性,意味着其建立和运行的时间占总时间的99%,或者每年只停机3.6 d。可用性的乐观定义并不考虑计划停机时间,这可能是有实际意义的。例如,许多超级计算机设置为每周几小时的计划停机时间,而电话系统却不能忍受每年几分钟的停机时间。

表1.1　具有代表性的系统可用性值

系统类型	可用性/%	每年停机时间
传统工作站	99	3.6 d
高可用性系统	99.9	8.5 h
故障可恢复系统	99.99	1 h
容错系统	99.999	5 min

(3)暂时失效和永久性失效。

很多失效是暂时的,它们短暂出现然后消失。处理这类失效不需要更换任何组件。一个标准的方法是回滚系统至已知状态,然后重新开始。例如,我们通过重启计算机来恢复诸如键盘或窗口不响应等暂时性失效。永久性失效不能通过重启来修复,必须维修或

更换某些硬件或软件组件。例如,如果系统硬盘坏了,尽管重启也不能恢复正常工作。

(4)部分失效和整体失效。

使得整个系统不可用的失效称为整体失效。如果系统在一个较低的水平仍可以运行,那么只影响部分系统的失效称为部分失效。提高可用性的关键方法是移除单点失效,使得失效尽可能是部分失效,因为硬件或软件组件的单点失效会影响到整个系统。

例如:SMP 和计算机集群的单点失效:

在 SMP[图 1.18(a)]中,共享内存、操作系统镜像和内存总线均为单一失效点。另外,处理器并不是单一失效点。在一个工作站集群[图 1.18(b)]中,位于每个工作站的多操作系统镜像通过以太网互联。这避免了 SMP 中操作系统可能造成的单点失效。然而,以太网却成为单失效点,如图 1.18(c)所示,双网络集群增加了高速网络,两条通信路径消除了此单点失效。

当图 1.18(b)和图 1.18(c)中的某个节点失效时,不仅该节点上的应用均失效,而且节点数据也无法使用,直至节点被修复。图 1.18(d)中的共享磁盘集群为该情况提供了一种补救方案。系统在共享磁盘上存储连续数据,并且检查点周期性地存储中间结果。如果一个 WS 节点失效,该共享磁盘中的数据并不会丢失。

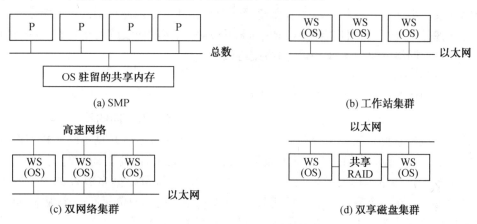

图 1.18　SMP 和 3 种集群中的单点失效(SPF)

(5)冗余技术。

考虑图 1.18(d)中的集群,假设只有一个节点失效,系统的其余部分(如互联和共享 RAID 磁盘)是 100% 可用的。当一个节点失效时,该节点的工作量不需要额外时间便可转移到另一个节点上。我们提出下列问题:如果忽略计划停机时间,集群的可用性如何? 如果集群需要 1 h/周的维护时间,可用性又如何? 如果每周关闭 1 h,每次只关闭一个节点,集群可用性又如何?

从表 1.1 可知,工作站的可用性高达 99%。两个节点都停机的时间仅占 0.01%。因此,可用性为 99.99%。目前的故障恢复系统每年只有 1 h 的停机时间。计划停机时间为 52 h/年,即 $52/(365\times24)=0.005\ 9$,总停机时间是 $0.59\%+0.01\%=0.6\%$。集群的可用性为 99.4%。当忽略一个节点被维护时,另一个节点可能失效,其可用性是 99.99%。

提高系统的可用性有两种方法:增加 MTTF 或减少 MTTR。增加 MTTF 等同于增加系统的可靠性。计算机工业致力于研发可靠系统,目前工作站 MTTF 的范围从数百到数千小时不等。然而,进一步提高 MTTF 是非常困难和昂贵的。于是,集群提供了一种基于减少系统 MTTR 的高可用性解决方法。一个多节点集群比工作站具有较低的 MTTF(因而具有较低的可靠性),然而,其失效可以被快速解决,因此可提供较高的可用性。

(6)隔离冗余。

提高任何一个系统可用性的关键技术是利用冗余组件。当一个组件(主组件)失效时,该组件提供的服务可由另一个组件(备份组件)接管。此外,主组件和备份组件应该相互隔离,这意味着它们不会因为相同的原因而失效。集群通过电能供应、风扇、处理器、内存、磁盘、I/O 设备、网络和操作系统镜像等的冗余,提供了高可用性。在一个设计优良的集群中,冗余也是相互隔离的。隔离冗余具有以下优点:

①考虑隔离冗余的组件不会发生单点失效,因此该组件的失效不会导致整个系统失效。

②失效的组件可以在系统其余部分正常工作时被修复。

③主组件和备份组件可以彼此相互检测及调试。

IBM SP2 通信子系统是一个很好的隔离冗余设计的例子。所有节点由以太网与高性能交换两个网络连接在一起。每个节点使用两个独立网卡分别连接到这些网络上。通信协议两种,即标准协议和用户空间(user space,US)协议,每种协议均可运行在另一种网络上。如果任一网络或协议失效,另一网络或协议可接替。

(7)N 版本编程。

构造关键任务软件系统的通用冗余方法称为 N 版本编程。软件由 N 个独立的队列执行,这些队列甚至不知道彼此的存在。不同的队列要求使用不同的算法、编程语言、环境工具甚至执行软件。在一个容错系统中,这 N 个版本同时运行并且不断比较它们的结果。如果结果不一致,则系统提示发生故障。由于隔离冗余,因此在同一时间内,某一故障导致大多数 N 版本编程失效是几乎不可能的。所以系统可根据多数表决产生的正确结果继续工作。在一个高可用非关键任务系统中,在某一时间只需运行一个版本,每个版本内置自动检测功能。当某个版本失效时,另一个版本能够接管其任务。

3. 容错集群配置

集群解决方案的目标是为 2 个服务器节点提供 3 个不同级别的可用性支持,即热备份、主动接管和容错。这里将考虑恢复时间、回滚特征和节点主动性。恢复时间越短,集群的可用性越高。回滚指的是一个恢复节点在修复和维护后回归正常执行的能力。主动性指的是该节点在正常运行中是否用于活跃任务。

(1)热备份服务器集群。

在一个热备份集群中,一般情况下只有主要节点积极完成所有有用的工作。备份节点启动(热)和运行一些监控程序来发送与接收心跳信号以检测主要节点的状态,但并不积极运行其余有价值的工作。主要节点必须备份所有数据至共享磁盘存储,该存储可被备份节点访问。备份节点需要二次复制的数据。

(2)主动接管集群。

在这个方案中,多个服务器节点的体系结构是对称的。两个服务器都是主要的,用于正常完成有价值的任务。两个服务器节点通常都支持故障切换和恢复。当一个节点失效时,用户应用程序转移至集群中的其他可用节点。由于实施故障切换需要时间,用户可能会遇到一些延迟或者丢失在最后检查点前未保存的部分数据。

（3）故障切换集群。

故障切换可能是目前商业应用集群所需的最重要特征。当一个组件失效时,该技术允许剩余系统接管之前由失效组件提供的服务。故障切换机制必须提供一些功能,如失效诊断、失效通知和失效恢复。失效诊断是指失效以及导致该失效的故障组件位置的检测。一种常用的技术是集群节点发送心跳消息给对方,如果系统没有接收到某个节点的心跳消息,那么可以判定节点或者网络连接失效。

失效恢复是指接管故障组件负载所必需的动作。恢复技术有两种类型:

①向后恢复。在向后恢复中,集群上运行的进程持续地存储一致性状态（称为检查点）到稳定的存储。失效之后,系统被重新配置以隔离故障组件、恢复之前的检查点,以及恢复正常的操作,这称为回滚。

向后恢复与应用无关,相对便携、容易实现,已被广泛使用。然而,回滚意味着浪费了之前执行的结果。在实时系统中,如果执行时间是至关重要的,那么回滚时间是无法容忍的,应该使用向前恢复机制。在这种机制下,系统并不回滚至失效前的检查点。相反,系统利用失效诊断信息重建一个有效的系统状态,并继续执行。

②向前恢复。向前恢复是与应用相关的,并且可能需要额外的硬件。

4. 检查点和恢复技术

检查点和恢复这两种技术必须共同发展,才能提高集群系统的可用性。下面将从检查点的基本概念入手进行介绍。某个进程周期性地保存执行程序的状态至稳定存储器,系统在失效后能够根据这些信息得以恢复。每个被保存的程序状态称为检查点。包含被保存状态的磁盘文件称为检查点文件。虽然目前所有的检查点软件在磁盘中保存程序状态,但是使用节点内存替代稳定存储器来提高性能还处在研究阶段。

检查点技术不仅对可用性有帮助,同时对程序调试、进程迁移和负载均衡也是有用的。许多作业管理系统和一些操作系统支持某种程度上的检查点。Web 资源包含众多检查点相关的 Web 网站,还包括一些公共领域软件,如 Condor 和 Libckpt。这里将讨论检查点软件的设计者和用户重点关注的问题。首先考虑串行和并行程序的共同问题,接下来将单独讨论并行程序的相关问题。

（1）内核、库和应用级。

第一种方式为检查点可以由操作系统在内核级实现,操作系统在内核级透明地设立检查点并重新开始进程。这对用户来说是理想的。然而,对于并行程序,大多数操作系统并不支持检查点。在用户空间,以一种较不透明的方式链接用户代码和检查点库。第二种方式为检查点和重启操作由运行时环境所支撑。这种方法使用广泛,因为它不需要修改用户程序。

一个主要问题是目前大多数检查点库是静态的,这就意味着应用程序的源代码（或对象代码）必须是可得到的。如果应用程序是可执行代码的形式,它则不能正常工作。第三种方法需要用户（或编译器）在应用程序中插入检查点函数。因此,应用程序必须被修改,透明度也就不能保证了。然而,它的优点是用户可以指定在哪个位置设立检查点。这有利于减小检查点的开销,因为检查点会消耗一定的时间和存储。

（2）检查点开销。

在一个程序的执行过程中,它的状态可能保存很多次,这被表示为保存检查点所需时间。存储开销指的是检查点需要的额外内存和磁盘空间。时间和存储开销取决于检查点文件的大小。开销可能是巨大的,尤其当应用程序需要一个大的内存空间时。现在已经出现了很多降低这些开销的技术。

（3）选择最优检查点时间间隔。

两个检查点之间的时间间隔称为检查点间隔。时间间隔增大,可以降低检查点的时间开销,这意味着失效后需要更长的计算时间。Wong 和 Franklin 推导出图 1.19 所示最优检查点间隔的表达式:

$$最优检查点间隔 = \frac{\sqrt{\text{MTTF} \times t_c}}{h}$$

式中,MTTF 是系统的平均失效时间,反映了保存一个检查点的时间开销;h 是在系统故障前的检查点时间间隔内,进行正常计算的平均百分比;参数 h 处于某个限定范围内。系统恢复之后,需要花费(h×检查点时间间隔)的时间来重新计算。

图 1.19　最优检查点间隔

（4）增量检查点。

相对于每个检查点保存全状态,增量检查点机制只保存与之前检查点相比发生改变的状态,但必须关注之前的检查点文件。在全状态检查点中,只需在磁盘上维护一个检查点文件,之后的检查点文件可以简单地覆盖此文件。在增量检查点中,之前的文件仍需要被维护,因为一个状态可能横跨许多文件,所以总存储需求较大。

（5）分支检查点。

大多数检查点机制是阻塞的,因为当设置检查点时,正常的计算被停止。如果有足够的内存,可以通过内存中程序状态的复制唤起另一个异步线程,同时执行检查点程序,以减少检查点的开销。一个简单的方法是使用 UNIX fork（ ）系统调用计算重复检查点。分支子进程复制父进程的地址空间并设置检查点,与此同时,父进程继续执行。由于检查点程序是磁盘 I/O 密集的,重叠操作可以实现,进一步的优化可使用写时优化机制。

（6）用户指导检查点。

如果用户插入代码（如库或系统调用）告知系统何时保存、保存什么以及不保存什么,检查点开销有时能够大幅度降低。检查点的准确内容应该是什么? 它应该包含足够的信息帮助系统恢复。进程状态包括其数据状态和控制状态。在 UNIX 进程中,这些状态存储在其地址空间,包括文本（代码）、数据、堆栈段和进程描述符。保存和恢复全状态的代价是昂贵的,有时甚至是不可能的。

　　例如,进程 ID 及其父进程 ID 是不可恢复的,在许多应用中它们也不需要被保存。大多数检查点系统只保存部分状态。例如,通常不保存代码段,因为在多数应用程序中它不发生改变。

　　什么类型的应用能够被设置检查点呢? 目前检查点机制需要程序是多机通用的,精确的定义在不同的方案中有所不同。在最低程度上,通用程序应该不需要不可恢复的状态信息,例如进程的 ID 数值。

　　(7)并行程序检查点。

　　通常并行程序的状态远多于串行程序的状态,因为它包括独立进程的状态集合及网络通信状态。并行同时也会带来多种时间和一致性问题。

　　(8)一致快照。

　　如果一个进程在检查点处没有接收到消息,而这个消息并没有由其他进程发出,那么全局性快照是一致的。在图 1.20 中,相当于没有从右至左穿过快照线的箭头。因此,快照 a 是一致的,原因是箭头 x 为从左向右的。但是快照 c 是不一致的,原因是箭头 y 为从右到左的。为了确保一致性,在两个检查点之间不应该有任何锯齿路径(zigzay path)。例如,检查点 u 和 s 不属于一致性的全局快照。更苛刻的一致性要求没有箭头穿过快照,这样只有快照 b 是一致的。

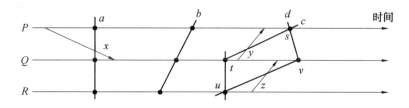

图 1.20　并行程序中的一致检查点和非一致检查点

　　(9)协作检查点和独立检查点。

　　并行程序的检查点机制可分为协作检查点和独立检查点两种类型。在协作检查点(也称一致检查点)中,并行程序被冻结,并且所有进程在同一时间设置检查点。在独立检查点中,进程彼此独立设置检查点。这两种类型可以通过不同方式相结合。协作检查点难以实现,并且需要巨大的开销。独立检查点则具有较小的开销,可以利用串行程序现有的检查点机制。

1.5　计算模式的演进

计算系统在由集中式走向分布式的过程中,产生了一系列新的计算模式。

1. 并行计算

　　并行计算(parallel computing)是相对于串行计算来说的,它的最初设计目标是满足高性能计算(HPC)的需求,针对大型计算机提升计算性能。其基本思想是将被求解问题分解成若干个部分,用多个处理器来并行地求解每个部分,并协同得到问题的最终解。并行计算强调多处理器之间的并行,所有处理器或紧耦合于中心共享内存或松耦合于分布式内存。并行计算的实现多是在集中式大型计算机内部基于多核 CPU、众核 GPU 等处理部件的指令级、线程级并行。而随着网络的发展,并行计算设计已经延伸到基于网络互联的由若干独立计算机构成的集群之间的任务级并行。

2. 分布式计算

分布式计算是相对于集中式计算而言的,它基于分布式系统实现,设计目标更多是针对高吞吐量计算(HTC)的需求,承载更多计算和存储负载。其基本思想是将一个程序分成多个部分,并将其分布在通过网络连接起来的多台计算机上并运行。分布式系统强调的是由众多自治的计算机组成,各自拥有私有内存,通过计算机网络通信,以消息传递的方式完成信息交换。分布式计算的实现可以基于大型数据中心的成百上千台服务器,甚至也可以基于分布在世界各地的服务器。因此,分布式计算是一个很大的范畴,广义上包含很多熟悉的计算模式,如网格计算、P2P 计算、云计算等。

并行计算常被用来与分布式计算相比较。它们在设计目标、计算粒度、关键技术等方面有所不同。但随着网络的发展,二者之间的界限已经越来越模糊,分布在多台计算机的任务实质上也是在并行执行的。

3. 网格计算

网格计算出现于 20 世纪 90 年代。它是伴随着互联网而迅速发展起来的、专门针对复杂科学计算的新型计算模式。这种计算模式利用互联网把分散在不同地理位置的计算机组织成一台"虚拟的超级计算机",每台参与计算的计算机就是一个节点,而整个计算是由成千上万个节点组成的一堆网格,所以这种计算方式称为网格计算。为了进行一项计算,网格计算首先把要数据分割成若干片段,然后将这些片段分发给分布的每台计算机。每台计算机执行它所分配到的任务片段,待任务结束后将计算结果返回给计算任务的总控节点。

网格计算是超级计算机和集群计算的延伸,其核心是试图解决一个巨大的单一计算问题,这就限制了其应用场景。事实上,在非科研领域,只有有限的用户需要用到巨型的计算资源。网格计算在进入 21 世纪后一度变得很热门,各大 IT 企业也都进行了许多投入和尝试,但是却一直没有找到合适的使用场景。最终,网格计算在学术领域取得了很多进展,制定和开发了一系列标准及软件平台,但是在商业领域却没有被普及。

4. 云计算

从技术角度看,云计算是并行计算、网格计算和分布式计算相结合的产物。但其强大的真正原因在于它不仅是一种技术,更提供了服务模式。它使得用户能够像使用水电一样,随时随地按需获取所需的服务,而这种服务可以是 IT 基础设施、软件、平台,也可以是其他服务,真正解决了中小企业或个人的燃眉之急。云计算以较低成本,让所有人能够使用并行计算、分布式计算带来的高性能计算和高吞吐量计算。云计算具有以下 5 个基本特征:

(1)按需自助服务。

消费者可以单方面地按需自动获取计算能力,如服务器时间和网络存储,从而免去了与每个服务提供者进行交互的过程。

（2）广泛的网络访问。

网络中提供许多可用功能,可通过各种统一的标准机制从多样化的瘦客户端或者胖客户端平台获取(如移动电话、笔记本电脑或 PDA 掌上电脑)。

（3）共享的资源池。

服务提供者将计算资源汇集到资源池中,通过多租户模式共享给多个消费者,根据消费者的需求对不同的物理资源和虚拟资源进行动态分配或重分配。资源的所在地具有保密性,消费者通常不知道资源的确切位置,也无力控制资源的分配,但是可以较精确地指定某个国家、省或数据中心。资源类型包括存储、处理、内存、带宽和虚拟机等。

（4）快速弹性能力。

云系统能够快速而灵活地提供各种功能以实现扩展,并且可以快速释放资源来实现收缩。对消费者来说,可用的功能是应有尽有的,并且可以在任何时间进行任意数量的购买。

（5）刻度量的服务。

云系统利用一种计量功能(通常是通过一个付费使用的业务模式)来自动调控和优化资源利用,根据不同的服务类型按照合适的度量指标(如存储大小、处理速度、带宽和活跃用户账户)进行计量。云系统监控、控制和报告资源的使用情况,提升服务提供者和服务消费者的透明度。

5. 边缘计算

云计算内部通过分布式计算、并行计算完成用户的计算、存储等服务,但随着移动终端数量的增加,用户适量迎来爆炸式增长,给云端的数据中心和网络带来了很大的访问压力。边缘计算则作为云计算的补充技术应运而生,云计算像是集中式大脑,使用足够强大的数据中心处理一切事物,而边缘计算则类似于章鱼的小爪子,每个爪子就是一个小型机房,靠近具体的实物。边缘计算更靠近设备端,更靠近用户。那么边缘计算的优势就显而易见,具体如下:

（1）速度快。

边缘计算分布式以及靠近设备端的特性注定它实时处理的优势,所以它能够更好地支撑本地业务实时处理与执行。

（2）效率高。

边缘计算直接对终端设备的数据进行过滤和分析,节能省时效率还高。

（3）缓解网络压力。边缘计算减缓数据爆炸和网络流量的压力,用边缘节点进行数据处理,减少从设备到云端的数据流量。

（4）更智能。

AI+边缘计算组合不止于计算,智能化特点明显。另外,云计算+边缘计算组合的成本只有单独使用云计算的 39%。

6. 算力网络

算力网络是近些年非常火的概念,目前已成为国家的战略方向。它的目标是像使用电网一样随时接入随时使用。实现途径是将云数据中心、边缘服务器,甚至终端设备打通构建一张大的算力网络。

随着边缘计算节点的部署,新的问题开始出现。边缘计算与云计算的差异之处在于边缘计算的价值来自于其临近用户终端,因此在考虑多级算力协同的同时,需要结合用户的位置与接入资源池的方式综合给出解决方案。因此业界提出了"算力网络"的概念,试图基于无处不在的网络连接,将多级算力资源进行整合,实现云、边、网高效协同,提高算力资源的利用效率。

(1)算力网络的目标。

①用户体验的一致性。网络可以感知无处不在的计算和服务,但用户无须关心网络中计算资源的位置和部署状态,而由网络和计算协同调度来保证用户的一致体验。

②服务灵活动态部署。网络基于用户的服务等级协议(service level agreement,SLA)需求,综合考虑实时的网络、算力、存储等多维资源状况,通过网络灵活匹配、动态调度,将业务流量动态调度至最优节点,让网络支持提供动态的服务来保证用户体验。

(2)关键技术。

①算力度量与建模。实现算力网络部署首先需要考虑异构算力的度量,通过统一的量纲表述异构算力资源信息,为算力资源与需求感知、算力资源交易以及算力资源部署调度提供底层技术基础。

算力资源具有泛在与异构的特性。从部署位置来看,算力资源被广泛地部署在端侧、边缘侧与云侧。从硬件架构上看,算力资源存在 CPU、GPU、FPGA 与 AISC 等类型。除此之外,还有更多层级的颗粒度,如虚拟机、容器等。从应用来看,使用不同算法的业务所涉及的数据及算法类型不同,所使用的算力资源类型也不尽相同。

②算力资源信息分发与收集。在统一的异构算力度量基准下,算力网络需要对网络中算力节点的算力资源进行收集。根据信息收集方式,算力资源信息可以分为集中式、分布式与混合式等。

③算力服务与交易。算力网络不仅需要将算力资源信息通过网络控制面进行通告分发,同时还要具备算力交易功能、关联算力交易、网络订购等服务,从而使用户无须关心底层算力资源的差异性与部署情况,结合网络情况调用合适的算力资源。

④资源部署与调度。在交易平台确定业务部署位置之后,需要资源池为用户划分相应的资源并建立网络连接。算力网络在资源调度方面有集中式管理编排与分布式路由层两种方案。集中式管理编排基于软件定义网络(software defined network,SDN)架构进行算力网络调度,可以充分利用其分离控制平面与数据平面、开放、可编程的特点。控制平面与数据平面的分离有助于底层网络设施资源的抽象以及管理视图的集中,可加速新网络业务的开发和业务创新。分布式路由层方案基于承载网的分布式算力网络控制,通过对现有的 IP 网络路由协议(如 BGP 协议)进行扩展,并结合网络情况,将不同用户的应用调度到合适的资源节点进行处理。

习　题

1. 简述 HPC 与 HTC 的定义及二者之间的不同之处。
2. 讨论 GPU 计算相较于 CPU 计算的优势和劣势。

3.2023 年,全球 Top 500 超级计算机中,使用最广泛的体系结构与操作系统分别是哪种? 全球计算机中最快的计算速度是多少?

4.在超算体系架构中,MPP 与集群的区别是什么?

5.什么是单点故障? 如何解决单点故障?

6.什么是系统可靠性、可用性与可服务性? 三者之间的关系是什么?

7.请简述以下两对计算模式的异同点。

(1)并行计算与分布式计算。

(2)云计算与边缘计算。

第2章 并行计算编程基础

伴随着大数据和高吞吐量应用的驱动,并行计算迅速发展。相比于串行计算,它的主要优势如下:首先,对于那些要求快速计算的应用问题,单处理机由于器件受物理速度的限制而无法满足要求,所以使用多台处理机联合求解势在必行;其次,对于那些大型、复杂的科学工程计算问题,为了提高计算精度,往往需要加密计算网格,而细网格的计算也意味着大计算量,它通常需要在并行机上实现;最后,对于那些实时性要求很高的应用问题,传统的串行处理往往难以满足实时性的需要而必须在并行机上用并行算法求解。特别是在当今,当常规的处理器性能无法跟上 Moore 定律(Moore's Law)时,采用并行方式就成为提高速度的主要手段。

2.1 并行计算机体系结构

因为任何实用并行算法都要使用某种并行程序设计语言,将算法编程实现在某台并行机上而求解具体应用问题,所以并行计算机是并行算法的硬件平台。本节将简单讨论并行计算机的系统结构。

2.1.1 计算机系统结构分类

计算机系统结构可以按照应用领域不同而分类。一般来说,计算机都是按照通用系统进行设计的,但用户在编写应用程序时都带有专用性质。为解决这个问题,一般采用下列方法:灵活改变系统配置、按照特殊环境的要求采用不同的物理安装、提供多种不同的操作系统,以适应批处理、分时、实时等不同需要。计算机系统按用途可分为科学计算、事物处理、实时控制、家用等计算机;按处理机的个数和种类,又可分为单处理机、多处理机、关联处理机、超标量处理机、超流水线处理机、多机系统等。在并性计算领域,常用的分类是 Flynn 分类法。Flynn 分类法的分类依据是指令流和数据流的不同组织方式。该分类方法的几个关键术语如下:

①指令流(instruction stream):机器执行的指令序列。

②数据流(data stream):指令流调动的数据序列,包括输入数据和中间结果。

③多倍性(multiplicity):在系统最受限制的部件上处于同一执行阶段的指令或数据的最大可能个数。按照指令流和数据流不同的组织方式,计算机系统可分为单指令流单数据流(SISD)、单指令流多数据流(SIMD)、多指令流单数据流(MISD)及多指令流多数据流(MIMD)4 类。

(1)SISD。

SISD 机器是一种传统的串行计算机,它的硬件不支持任何形式的并行计算,所有的指令都是串行执行,并且在某个时钟周期内,CPU 只能处理一个数据流。因此这种机器

42

被称为单指令流单数据流机器。早期的计算机都是 SISD 机器,如 IBM PC 机、早期的巨型机和许多 8 位的家用机等。流水线方式的单处理机有时也被当作 SISD。如图 2.1(a)所示,其中 CU 表示控制部件,PU 表示处理部件,MM 表示存储模块器,IS 表示指令流,DS 表示数据流。

(2)SIMD——阵列处理机或并行处理机。

SIMD 是采用一个指令流处理多个数据流,如图 2.1(b)所示。这类机器在数字信号处理、图像处理以及多媒体信息处理等领域非常有效。Intel 处理器实现的 MMXTM、SSE(streaming SIMD extensions)、SSE2 及 SSE3 扩展指令集,都能在单个时钟周期内处理多个数据单元。也就是说,我们现在用的单核计算机基本上都属于 SIMD 机器。

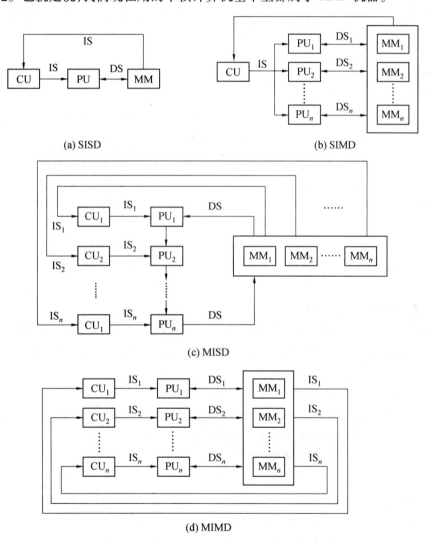

(a) SISD

(b) SIMD

(c) MISD

(d) MIMD

图 2.1　计算机系统结构按照指令流和数据流不同的组织方式

（3）MISD——采用流水结构的计算机。

MISD 是采用多个指令流来处理单个数据流,如图 2.1（c）所示。由于在实际情况中,采用多指令流处理多数据流才是更有效的方法,因此 MISD 只是作为理论模型出现的,没有投入到实际应用之中。

（4）MIMD——多处理机。

传统的顺序执行的计算机在同一时刻只能执行一条指令（即只有一个控制流）、处理一个数据（即只有一个数据流）,因此被称为单指令流单数据流计算机。而对于大多数并行计算机而言,多个处理单元都是根据不同的控制流程执行不同的操作,处理不同的数据,因此,它们被称为多指令流多数据流（MIMD）计算机。

MIMD 机器可以同时执行多个指令流,这些指令流分别对不同的数据流进行操作。多核计算平台就属于 MIMD 的范畴,例如 Intel 和 AMD 的双核处理器等都属于 MIMD。其结构如图 2.1（d）所示。

2.1.2　并行计算机体系结构

目前流行的高性能并行计算机系统结构通常可以分成以下 5 类:并行向量处理机（parallel vector processor,PVP）、对称式共享存储器多处理机（symmetric multiprocessor,SMP）、分布式共享存储器多处理机（distributed shared memory,DSM）、大规模并行处理机（massively parallel processor,MPP）及机群计算机（cluster of workstation,COW）。其结构分别如图 2.2 所示,其中 B（bridge）是存储总线和 I/O 总线之间的接口,DIR（cache directory）是高速缓存目录,IOB（I/O Bus）是 I/O 总线,LD（local disk）是本地磁盘,MB（memory bus）是存储器总线,NIC（network interface circuitry）是网络接口电路,P/C（microprocessor and cache）是微处理器和高速缓存,SM（shared memory）是共享存储器。目前绝大多数并行机均由商品硬件构成,而 PVP 计算机的部件很多都是定制（custom-made）的。

1. 并行向量处理机（PVP）

典型的并行向量处理机的结构如图 2.2（a）所示。Cray C-90、Cray T-90、NEC SX4和我国的"银河 1 号"等都是 PVP。这样的系统中包含了少量的高性能、专门设计定制的向量处理器（VP）,每个向量处理器至少具有 1 Gflops/s 的处理能力。系统中使用了专门设计的高带宽交叉开关网络,将 VP 连向共享存储模块,存储器可以每秒兆字节的速度向处理器提供数据。这样的机器通常不使用高速缓存,而是使用大量的向量寄存器和指令缓冲器。这种结构的缺点是交叉开关的成本高,适用于定制化的场景。

2. 对称式共享存储器多处理机（SMP）

对称式共享存储器多处理机的结构如图 2.2（b）所示。IBM R50、SGI Power Challenge、DEC Alpha 服务器 8400 和我国"曙光 Ⅰ 号"等都是这种类型的机器。SMP 系统使用商品微处理器（具有片上或外置高速缓存）,它们经由高速总线（或交叉开关）连向共享存储器。这种机器主要应用于商务,如数据库、在线事务处理系统和数据仓库等。因为系统是对称的,所以每个处理器可等同地访问共享存储器、I/O 设备和操作系统服务。正是对称,开拓了较高的并行度;也正是共享存储,限制了系统中的处理器不能太多（一般少于 64 个）,同时总线和交叉开关互联一旦做成也难以扩展。另外,由于 SMP 支持对共

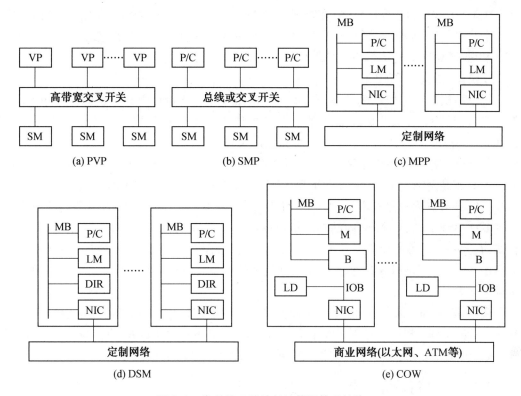

图 2.2　常见的 5 种并行计算机体系结构

享数据和私有数据的 Cache 缓存,可能带来 Cache 的一致性问题。

3. 大规模并行处理机(MPP)

大规模并行处理机结构如图 2.2(c)所示。Intel Paragon IBM SP2 Intel TFLOPS 和我国的"曙光-1000"等都是这种类型的机器。MPP 一般是指超大型(very large-scale)计算机系统,它具有如下特性:

①处理节点使用商用微处理器,而且每个节点可以有多个微处理器。

②具有较好的可扩放性,能扩展成具有成百上千个处理器。

③系统中采用分布非共享的存储器,各节点有自己的地址空间。

④采用专门设计和定制的高性能互联网络。

⑤采用消息传递的通信机制。

⑥它是一种异步 MIMD,程序由多个进程组成,突破了共享内存的模式,每个处理器具有私有地址空间,所以进程之间采用消息传递机制协同。

MPP 主要应用于科学计算、工程模拟和信号处理等以计算为主的领域。它的缺点是改变了编程方式,一台机器上编程只能看到自己的地址空间,访问其他核和 LM 需要时钟同步。

4. 分布式共享存储器多处理机(DSM)

分布式共享存储多处理机结构如图 2.2(d)所示。Stanford DASH、Cray T3D 和 SGI/Cray Origin 2000 等属于此类结构。高速缓存目录(DIR)用以支持分布高速缓存的一致性。DSM 和 SMP 的主要区别是,在物理上 DSM 分布在各节点中的局部存储中,从而形成了一个共享的存储器。对用户而言,系统硬件和软件提供了一个单地址的编程空间。DSM 相较于 MPP 的优势是更容易编程。

5. 机群计算机(COW)

工作站机群结构如图 2.2(e)所示。Berkeley NOW、Alpha Farm、Digital Trucluster 等都是 COW 结构。在有些情况下,机群往往是低成本的变形的 MPP。COW 的重要界线和特征如下:①COW 的每个节点都是一个完整的工作站(不包括监视器、键盘、鼠标等),这样的节点有时称为无头工作站,一个节点也可以是一台 PCsm 或 SMP;②各节点通过一种低成本的商品网络(如以太网、FDDI 和 ATM 开关等)互联(有的商用机群也使用定做的网络);③各节点内总是有本地磁盘,而 MPP 节点内却没有;④节点内的网络接口是松耦合到 I/O 总线上的,而 MPP 内的网络接口是连到处理节点的存储总线上的,因而是紧耦合式的;⑤一个完整的操作系统驻留在每个节点中,而 MPP 中通常只是几个微核,COW 的操作系统是工作站 UNIX,加上一个附加的软件层以支持单一系统映像、并行度、通信和负载平衡等。

现今,MPP 和 COW 之间的界线越来越模糊。例如 IBM SP2,虽然可被视为 MPP,但它却有一个机群结构。机群相对于 MPP 性价比较高,所以在发展可扩放并行计算机方面呼声很高。如上所述,现今超算 Top 500 排行中,绝大多数计算机采用机群架构。

2.1.3　并行计算机存储访问模型

下面从系统访问存储器的模式来讨论多处理机和多计算机系统的存储访问模型,它和前面所讨论的结构模型是实际并行计算机系统结构的两个方面。

1. 均匀存储访问模型

均匀存储访问(uniform memory access,UMA)模型(图 2.3)的特点是:①物理存储器被所有处理器均匀共享;②所有处理器访问任何存储字取相同的时间(此即"均匀存储访问"名称的由来);③每台处理器可带私有高速缓存;④外围设备也可以一定形式共享。这种系统由于高度共享资源而称为紧耦合系统(tightly cou-pled system)。当所有处理器都能等同地访问所有 I/O 设备、能同样地运行执行程序(如操作系统内核和 I/O 服务程

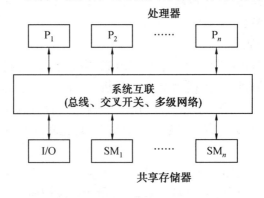

图 2.3　UMA 模型

序等)时称为对称多处理机(SMP);如果只有一台或一组处理器(称为主处理器),它能执行操作系统并能操纵 I/O,而其余的处理器无 I/O 能力(称为从处理器),只在主处理器的监控之下执行用户代码,这时称为非对称多处理机。一般而言,UMA 模型结构适于通用或分时应用。

2. 非均匀存储访问模型

非均匀存储访问(nonuniform memory access,NUMA)模型(图 2.4)的特点是:①被共享的存储器在物理上是分布在所有的处理器中的,其所有本地存储器的集合组成了全局地址空间;②处理器访问存储器的时间是不一样的,访问本地存储器(LM)或群内共享存储器(CSM)较快,而访问外地的存储器或全局共享存储器(GSM)较慢(此即"非均匀存储访问"名称的由来);③每台处理器照例可带私有高速缓存,且外设也可以某种形式共享。

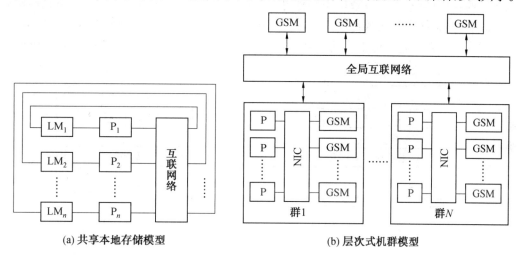

图 2.4　NUMA 模型

3. 全高速缓存访问模型

全高速缓存访问(cache-only memory access,COMA)模型(图 2.5)是 NUMA 的一种特例。其特点是:①各处理器节点中没有存储层次结构,全部高速缓存组成了全局地址空间;②利用分布的高速缓存目录进行远程高速缓存的访问;③COMA 模型中的高速缓存容量一般都大于二级高速缓存容量;④使用 COMA 模型时,数据开始时可任意分配,因为在运行时它最终会被迁移到要用到它们的地方。这种结构的机器实例有瑞典计算机科学研究所的 DDM 和 Kendall Square Research 公司的 KSRI 等。

4. 高速缓存一致性非均匀存储访问模型

高速缓存一致性非均匀存储访问(coherent cache nonuniform memory access,CC-NUMA)模型的特点是:①绝大多数商用 CC-NUMA 多处理机系统都使用基于目录的高速缓存一致性协议;②它在保留 SMP 结构易于编程的优点的同时,也改善了常规 SMP 的可扩放性问题;③CC-NUMA 实际上是一个分布共享存储的 DSM 多处理机系统;④程序员无须明确地在节点上分配数据,系统的硬件和软件开始时自动为各节点分配数据,在运行期间,由于高速缓存的一致性,硬件会自动将数据迁移至要用到它的地方。总之,基于 CC-NUMA 模型所发明的一些技术在开拓数据局部性和增强系统的可扩性方面很有效。

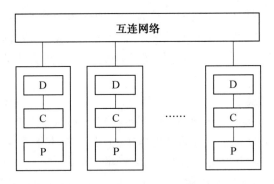

图 2.5　COMA 模型

在不少商业应用中,大多数数据访问都可限制在本地节点内,而网络上的通信不是传输数据,而是为高速缓存的无效性所用。图 2.6 给出了 CC-NUMA 多处理机模型,其中 RC 表示远程高速缓存。它实际上是将一些 SMP 机器作为一个单节点且彼此连接起来所形成的一个较大的系统。

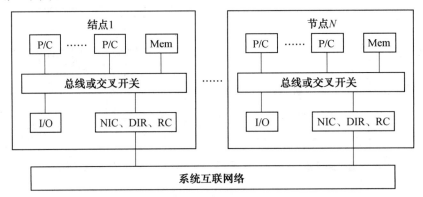

图 2.6　CC-NUMA 模型

5. 非远程存储访问模型

非远程存储访问模型(no-remote memory access,NORMA)模型的特点是:①所有存储器都是私有的;②绝大多数 NUMA 都不支持远程存储器的访问;③在 DSM 中,NORMA 模型就消失了。在一个分布存储的多处理机系统中,如果所有的存储器都是私有的,仅能由其自己的处理器访问时就称为 NORMA。图 2.7 给出了基于消息传递的多计算机一般模型,该系统由多个计算节点通过消息传递互联网络连接而成,每个节点都是一台由处理器、本地存储器和/或 I/O 外设组成的自治计算机。

表 2.1 总结了各种并行计算机体系结构采用的互联网络、通信机制、地址空间、系统存储器及访存模型。

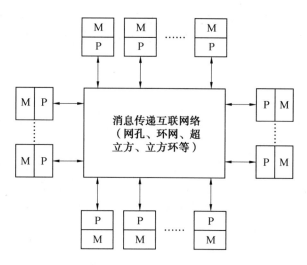

图 2.7　基于消息传递的多计算机一般模型

表 2.1　各种并行计算机体系结构采用的互联网络、通信机制、地址空间、系统存储器、访存模型

属性	PVP	SMP	MPP	DSM	机群
结构类型	MIMD	MIMD	MIMD	MIMD	MIMD
处理器类型	专用定制	商用	商用	商用	商用
互联网络	定制交叉开关	总线、交叉开关	定制网络	定制网络	商用网络（以太网、ATM）
通信机制	共享变量	共享变量	消息传递	共享变量	消息传递
地址空间	单地址空间	单地址空间	多地址空间	单地址空间	多地址空间
系统存储器	集中共享	集中共享	分布非共享	分布共享	分布非共享
访存模型	UMA	UMA	NORMA	NUMA	NORMA
代表机器	Cray C–90，Cray T–90，NEC SX4，银河 1 号	IBM R50，SGI Power Challenge，DEC Alpha 服务器 8400，曙光 1 号	Intel Paragon，IBM SP2，Intel TFLOPS，曙光–1000/2000	Stanford DASH，Cray T 3D，SGI/Cray Origin 2000	Berkeley NOW，Alpha Farm，Digital Trucluster

2.2　基于共享内存的并行编程技术——OpenMP

OpenMP 是一个应用程序接口（API），由一组计算机硬件和软件供应商联合定义。

OpenMP 为共享内存并行应用程序的开发人员提供了一个可移植的、可伸缩的模型。该 API 在多种体系结构上支持 C/C++和 Fortran。本节将介绍 OpenMP 的主要特性以及如何用 OpenMP 编程。

2.2.1　OpenMP 的定义

OpenMP 是一种用于共享内存并行系统的多线程程序设计方案,支持的编程语言包括 C、C++和 Fortran。OpenMP 提供了对并行算法的高层抽象描述,特别适合在多核 CPU 机器上的并行程序设计。编译器根据程序中添加的 pragma 指令,自动将程序进行并行处理,并在必要之处加入同步互斥及通信。使用 OpenMP 可降低并行编程的难度和复杂度。当编译器不支持 OpenMP 时,程序会退化成普通(串行)程序,程序中已有的 OpenMP 指令不会影响程序的正常编译及运行。

OpenMP 的设计目标:

(1)标准化。

①在各种共享内存架构或平台之间提供一个标准。

②由一组计算机硬件和软件供应商联合定义及认可。

(2)至精至简。

①为共享内存机器建立一组简单且有限的指令。

②重要的并行性可以通过使用 3 个或 4 个指令来实现。

(3)易用性。

①提供以增量方式并行化串行程序的能力,这与通常需要全有或全无方法的消息传递库不同。

②提供实现粗粒度和细粒度并行的能力。

(4)可移植性。

①为 C/C++和 Fortran 指定 API。

②大多数平台已经实现,包括 Unix/Linux 平台和 Windows 操作系统。

2.2.2　OpenMP 编程模型

1. 共享内存模型

OpenMP 是专为多处理器/核、共享内存机器所设计的,通过线程实现并行化。底层架构可以是 UMA 和 NUMA。因为 OpenMP 是为共享内存并行编程而设计的,所以它在很大程度上局限于单节点的并行性。通常,节点上处理核心的数量决定了可以实现多少并行性。统一内存访问模型与非统一内存访问模型如图 2.8 所示。

2. Fork-Join 模型

Fork-Join 模型是并行计算领域的常用模型,其本质是分治思想的应用,将大任务分解出若干个子任务进行并行执行。该思想在 OpenMP 的实现过程如图 2.9 所示,所有 OpenMP 程序都开始于一个主线程。主线程按顺序执行,直到遇到第一个并行区域结构时,通过 Fork 操作创建一组并行线程。接下来由并行区域结构封装的语句将在多个线程中并行执行。当线程完成并行区域结构中的语句时,进行 Join 操作,实现线程之间将进

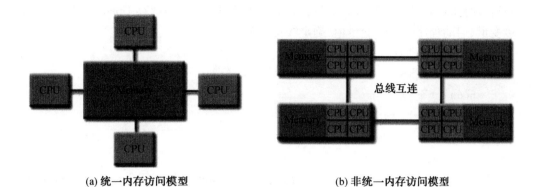

(a) 统一内存访问模型　　　　　　　　　　(b) 非统一内存访问模型

图 2.8　统一内存访问模型与非统一内存访问模型

行同步并终止,只留下主线程继续向下执行。在该过程中,并行区域的数量和分配给它们的线程数是任意的。图 2.9 中有 3 个并行区域,并且每个并行区域的线程数各不相同。

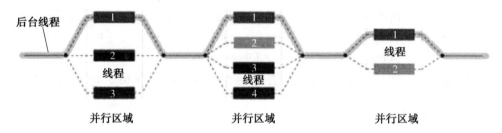

图 2.9　Fork-Join 模型在 OpenMP 的实现过程

2.2.3　OpenMP 的构成

OpenMP API 3.1 中定义 OpenMP 的组件包括编译指导语句、运行时库函数及环境变量。新版本的 API 包含这 3 个相同的组件,只是增加了指令、运行时库函数和环境变量的数量。

1. 编译指导语句

在编译器编译 OpenMP 程序时会识别特定的注释,而这些特定的注释就包含 OpenMP 线程的一些语义。形如:

#pragma omp[clause[[,]clause]...]

其中 directive 部分包含了具体的编译指导语句,包括 parallel、for、parallel for、section、sections、single、master、critical、flush、ordered 和 atomic 等。OpenMP 通过插入编译指导语句将串行的程序逐步地改造成一个并行程序,达到增量更新程序的目的。

2. 运行时库函数

OpenMP 运行时库函数库原本用以设置和获取与执行环境相关的信息,它们当中也包含一系列 API 用以支持运行时对并行环境的改变和优化,给编程人员足够的灵活性,控制运行时的程序运行状况。

3. 环境变量

OpenMP 标准的 C/C++实现包括一些环境变量。这些环境变量在程序启动时读取,并在运行时忽略对其值的修改。例如："OMP_NUM_threads"是保存 OpenMP 线程总数的环境变量,启动程序时将读变量值,确定线程个数。

OpenMP 代码示例:

```
#include <omp.h>
    main ( ) {
        int var1, var2, var3;
        串行代码'Serial code'
          ⋮
        并行区域的开始。派生一组线程。'Beginning of parallel region. Fork a team
of threads.'
        指定变量作用域'Specify variable scoping'
#pragma omp parallel private(var1, var2) shared(var3)
        {
            由所有线程执行的并行区域'Parallel region executed by all threads'
            其他 OpenMP 指令'Other OpenMP directives'
            运行时库调用'Run-time Library calls'
            所有线程加入主线程并解散'All threads join master thread and disband'
        }
        恢复串行代码'Resume serial code'
          ⋮
}
```

2.2.4 OpenMP 指令

1. 指令基本格式

在 C/C++中,OpenMP 的语法格式如下:

#pragma omp construct [clause [clause]...]

OpenMP 指令的一般规则:

①区分大小写。

②指令遵循 C/C++编译器指令标准的约定;每个指令只能指定一个指令名。

③每个指令最多应用于一个后续语句,该语句必须是一个结构化块。

④长指令行可以通过在指令行的末尾使用反斜杠("\")来转义换行符,从而在后续行中"继续"。

在 C/C++中,OpenMP 程序的编译指令为:

gcc –fopenmp somepcode.c –o somepcode_openmp

2. 并行区域结构

并行区域是由多个线程执行的代码块,是基本的 OpenMP 并行结构。并行区域结构的格式如下:

```
#pragma omp parallel [clause[[,] clause]... ]
                        if (scalar_expression)
                        num_threads (integer-expression)
                        private (list)
                        shared (list)
                        default (shared | none)
                        firstprivate (list)
                        reduction (operator：list)
                        copyin (list)
        structured_block
```

其中,常用的子句含义如下:

if(scalar_expression):表达式为真,才会作用于此段代码;if 作用于 parallel 语句。

num_threads(integer-expression):指定线程数。

default(shared|none):缺省情况下数据都是 shared,设为 none 表示必须指定数据是否。

shared private(list):私有数据列表。

shared(list):共享数据列表。

reduction(operator:list):对此数据做规约操作。

firstprivate(list):私有数据继承前面的值。

并行区域结构的执行过程(部分)如图 2.10 所示。当线程执行到一个并行指令时,它创建一个线程组并成为该组的主线程。主线程同时也是该团队的成员,在该团队中线程号为 0。从这个并行区域开始,所有线程都将执行该代码。图 2.10 中将代码段复制成 3 份,由 3 个线程并行执行。在并行区域的末端有一个隐含的屏障,所有线程在此完成同步。之后,只有主线程继续执行。需要注意的是,如果任何线程在一个并行区域内终止,则团队中的所有线程都将终止,并且在此之前所做的工作都是未定义的。

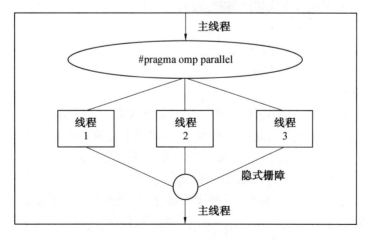

图 2.10　并行区域结构的执行过程(部分)

在图 2.11 所示并行区域结构执行示例中,#pragma opm parallel‖指定并行结构,大括号中的程序将由多个线程并行执行;num_thread(2)表示指定 2 个线程并行。

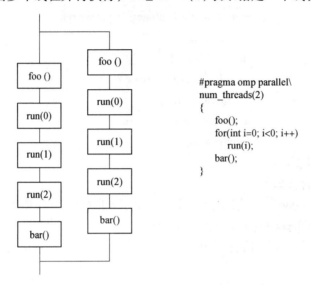

```
#pragma omp parallel\
num_threads(2)
{
    foo();
    for(int i=0; i<0; i++)
        run(i);
    bar();
}
```

图 2.11　并行区域结构执行示例

并行区域内的线程数由以下因素决定,按优先级排序如下:

①if 子句的计算。

②num_threads 子句的设置。

③使用 omp_set_num_threads( )库函数。

④设置 omp_num_threads 环境变量。

⑤缺省值,通常是一个节点上的 CPU 数量。

并行区域结构的限制如下:

①并行区域必须是不跨越多个程序或代码文件的结构化块。

②从一个并行区域转入或转出是非法的。

③只允许一个 if 子句。

④只允许一个 num_threads 子句。

⑤程序不能依赖于子句的顺序。

3. 工作共享结构

工作共享结构将封闭代码区域的执行工作划分给遇到它的团队成员,在进入工作共享结构时没有隐含的屏障,但是在工作共享结构的末尾有一个隐含的屏障。对于 C/C++实现,工作共享结构包括 for、sections 和 single。其功能如下:

①for:整个团队的循环迭代,表示一种“数据并行性”。

②sections:把工作分成单独的、不连续的部分,每个部分由一个线程执行,可以用来实现一种“函数并行性”。

③single:序列化一段代码。

工作共享结构的限制如下:

①为了使指令能够并行执行,必须将工作共享结构动态地封装在一个并行区域中。

②团队的所有成员都必须遇到工作共享结构,或者都不遇到工作共享结构。

③团队的所有成员必须以相同的顺序遇到连续的工作共享结构。

(1)for 指令。

for 指令指定紧随其后的循环迭代必须由团队并行执行。假定已经启动了并行区域,否则它将在单个处理器上串行执行。

```
#pragma omp for [clause...]
                    schedule (type [,chunk])
                    ordered
                    private (list)
                    firstprivate (list)
                    lastprivate (list) shared (list)
                    reduction (operator: list)
                    collapse (n)
                    nowait

        for_loop
```

其中,常用的子句含义如下:

schedule:描述循环迭代如何在团队中的线程之间进行分配,类型包括静态、动态及引导。不同的 OpenMP 实现采用不同的默认调度算法。

nowait:如果指定,那么线程在并行循环结束时不会同步。

ordered:指定循环的迭代必须像在串行程序中一样执行。

collapse:指定在一个嵌套循环中有多少个循环,应该将其折叠成一个大的迭代空间,并根据 schedule 子句进行划分。折叠迭代空间中迭代的顺序是确定的,就好像它们是按顺序执行的一样。

实例程序:

```
#include <omp. h>
  #define N 1000
  #define CHUNKSIZE 100

  int main(int argc, char *argv[])
    { int i, chunk;
    float a[N], b[N], c[N];
    /* Some initializations */
    for (i = 0; i < N; i++)
        a[i] = b[i] = i * 1.0;
    chunk = CHUNKSIZE;
#pragma omp parallel shared(a,b,c,chunk) private(i)
    {
```

```
#pragma omp for schedule(dynamic,chunk) nowait
    for (i = 0; i < N; i++)
        c[i] = a[i] + b[i];
}  / *  end of parallel region  */
    return 0;
}
```

（2）sections 指令。

sections 指令是一个非迭代的工作共享结构。它指定所包含的代码段将被分配给团队中的各个线程。独立的 section 指令嵌套在 sections 指令中。每个部分由团队中的一个线程执行一次。不同的部分可以由不同的线程执行。如果一个线程执行多个部分的速度足够快，并且实现允许这样做，那么它就可以执行多个部分。格式如下：

```
#pragmaomp sections [clause...]    newline
                    private (list)
                    firstprivate (list)
                    lastprivate (list)
                    reduction (operator:list)
                    nowait
{
#pragma omp section    newline
    structured_block
#pragma omp section    newline
    structured_block
}
```

除非使用了 nowait/nowait 子句,否则在 sections 指令的末尾有一个隐含的屏障,各线程会在此同步。

private、firstprivate 等子句将在后续私有/共享数据部分介绍。

限制条件：

①跳转(转到)或跳出 section 代码块是非法的。

②section 指令必须出现在一个封闭的 sections 指令的语法范围内(没有独立部分)。

示例代码：

```
#include <omp.h>
#define N 1000

int main() {
    int i;
    float a[N], b[N], c[N], d[N];
    / * Some initializations */
    for (i = 0; i < N; i++) {
```

```
        a[i] = i * 1.5;
        b[i] = i + 22.35;
    }
#pragma omp parallel shared(a,b,c,d) private(i)
    {
#pragma omp sections nowait
        {
#pragma omp section
            for (i = 0; i < N; i++)
                c[i] = a[i] + b[i];
#pragma omp section
            for (i = 0; i < N; i++)
                d[i] = a[i] * b[i];
        } /* end of sections */
    } /* end of parallel region */
    return 0;
}
```

(3) single 指令。

single 指令指定所包含的代码仅由团队中的一个线程执行。这在处理非线程安全的代码段(如 I/O)时可能很有用。格式如下:

```
#pragma omp single[clause...]    newline
                    private (list)
                    firstprivate (list)
                    nowait

        structured_block
```

除非指定了 nowait 子句,团队中不执行 single 指令的线程将在代码块的末尾等待。

稍后将在数据范围属性子句一节中详细描述子句。

限制条件:进入或跳出一个 single 代码块是非法的。

4. 合并并行工作共享结构

OpenMP 提供了以下两个简单的指令:

· parallel for

· parallel sections

在大多数情况下,这些指令的行为与并行指令后面紧跟着一个单独的工作共享指令是完全相同的。但当并行区域内不仅有 for 子句还有 actions 子句时,会出现不同的执行结果。

例:如图 2.12 所示,以下两段程序是否等价?

```
#pragma omp parallel
    {
```

```
#pragma omp for
for (i=0; i< MAX; i++)
{
    res[i] = huge();
}
}
#pragma omp parallel for
for (i=0; i< MAX; i++)
{
  res[i] = huge();
}
```

```
#pragma omp parallel\
num_threads(2)
{
    foo();
    #pragma omp for
    for(int i=0; i<3; i++)
        run(i);
    bar();
}
```

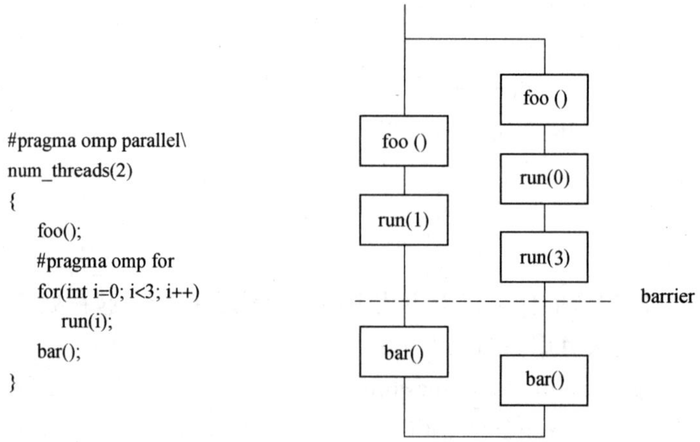

图 2.12　合并并行工作共享结构示例

5. 同步结构

考虑一个简单的例子,两个线程试图同时更新变量 x(图 2.13),一种可能的执行顺序:

THREAD1	THREAD2
update(x)	update(x)
{	{
x-x+1	x=x+1
{	{
x=0	x=0
update(x)	update(x)
print(x)	print(x)

图 2.13　两个线程同时更新变量 x

①线程 1 初始化 x 为 0,并调用 update(x)。

②线程 1 将 x 加 1,x 现在等于 1。

③线程 2 初始化 x 为 0,并调用 update(x),x 现在等于 0。

④线程 1 输出 x,它等于 0 而不是 1。

⑤线程 2 将 x 加 1,x 现在等于 1。

⑥线程 2 打印 x 为 1。

为了避免这种情况的发生,必须在两个线程之间同步更新,以确保产生正确的结果。OpenMP 提供了各种同步结构,这些构造控制每个线程相对于其他团队线程的执行方式。

(1)master 指令。

master 指令指定了一个区域,该区域只由团队的主线程执行。团队中的所有其他线程都将跳过这部分代码。这个指令没有隐含的障碍。格式如下:

#pragma omp master newline

　　　structured_block

限制条件:进入或跳出一个 master 代码块是非法的。

(2)critical 指令。

critical 指令指定了一个只能由一个线程执行的代码区域。如果一个线程当前在一个 critical 区域内执行,而另一个线程到达该 critical 区域并试图执行它,那么它将阻塞,直到第一个线程退出该 critical 区域。格式如下:

#pragma omp critical [name] newline

　　　structured_block

注意:多个不同的临界区域通过使用不同的名称标记,名称充当全局标识符,具有相同名称的不同临界区被视为相同的区域。所有未命名的临界区域被视为同一段临界区。

限制条件:进入或跳出一个 critical 代码块是非法的。

(3)barrier 指令。

barrier 指令同步团队中的所有线程。当到达 barrier 指令时,一个线程将在该点等待,直到所有其他线程都到达了 barrier 指令。然后,所有线程继续并行执行 barrier 之后的代码。格式如下:

#pragma omp barrier newline

限制条件:

①团队中的所有线程(或没有线程)都必须执行 barrier 区域。

②对于团队中的每个线程,遇到的 work-sharing 区域和 barrier 区域的顺序必须是相同的。

(4)atomic 指令。

atomic 结构确保以原子方式访问特定的存储位置,而不是将其暴露给多个线程同时读写,这些线程可能会导致不确定的值。在本质上,这个指令提供了一个最小临界区域。格式如下:

#pragma omp atomic [read | write | update | capture] newline

　　　statement_expression

限制条件：

①该指令仅适用于紧接其后的单个语句。

②原子语句必须遵循特定的语法。

（5）flush 指令。

flush 指令标识了一个同步点，在这个点上，内存数据必须一致。这时，线程可见的变量被写回内存。格式如下：

#pragma omp flush（list）newline

（6）ordered 指令。

ordered 指令指定封闭的循环迭代将以串行处理器上的执行顺序执行。如果之前的迭代还没有完成，线程在执行它们的迭代块之前需要等待，ordered 指令在带有 ordered 子句的 for 循环中使用。ordered 指令提供了一种"微调"的方法，其中在循环中应用了排序；否则，它不是必需的。格式如下：

#pragma omp for ordered ［clauses...］

　　　　（loop region）

#pragma omp ordered newline

　　　　structured_block

　　　　（endo of loop region）

限制条件：

①一个 orderd 指令只能在以下指令的动态范围内出现：for 或者 parallel for（C/C++）。

②在一个有序的区段中，任何时候都只允许一个线程。

③进入或跳出一个 ordered 代码块是非法的。

④一个循环的迭代不能多次执行同一个有序指令，也不能一次执行多个有序指令。

⑤包含有序指令的循环必须是带有 ordered 子句的循环。

（7）threadprivate 指令。

threadprivate 指令指定复制变量，每个线程都有自己的副本，可用于通过执行多个并行区域将全局文件作用域变量（C/C++/Fortran）或公共块（Fortran）局部化并持久化到一个线程。格式如下：

#pragma omp threadprivate（list）

限制条件：只有在动态线程机制"关闭"，并且不同并行区域中的线程数量保持不变的情况下，threadprivate 对象中的数据才能保证持久。动态线程的默认设置是未定义的。

6. 数据范围属性子句

OpenMP 编程的一个重要考虑是理解和使用数据作用域。因为 OpenMP 是基于共享内存编程模型的，所以大多数变量在默认情况下是共享的。OpenMP 数据范围属性子句用于显式定义变量的范围。它们包括 private、firtprivate、lastprivate、shared、default、reduction、copyin。

说明：

①数据范围属性子句与 parallel、for 和 sections 指令一起使用，以控制所包含变量的

范围。

②这些结构提供了在并行结构执行期间控制数据环境的能力。

a. 它们定义了如何将程序的串行部分中的哪些数据变量传输到程序的并行区域,并向后传输。

b. 它们定义哪些变量将对并行区域中的所有线程可见,哪些变量以私有形式分配给所有线程。

③数据范围属性子句仅在其词法/静态范围内有效。

(1)private 子句。

private 子句将在其列表中的变量声明为每个线程的私有变量。

私有变量的行为如下:

①为团队中的每个线程声明一个相同类型的新对象。

②所有对原始对象的引用都被替换为对新对象的引用。

③应该假定每个线程都没有初始化。

(2)shared 子句。

shared 子句声明其列表中的变量在团队中的所有线程之间共享。被声明为共享的变量只存在于一个内存位置,所有线程都可以读写该地址。程序员通常需要显式地确保多个线程正确地访问共享变量(例如通过临界区)。

(3)default 子句。

default 子句允许用户为任何并行区域的词法范围内的所有变量指定默认作用域。

①使用 private、shared、firstprivate、lastprivate 和 reduction 子句可以避免使用特定变量。

②C/C++OpenMP 规范不包括将 private 或 firstprivate 作为可能的默认值。但是,实际的实现可能会提供这个选项。

③使用 none 作为默认值,要求程序员显式地限定所有变量的作用域。

(4)firstprivate 子句。

firstprivate 子句将 private 子句的行为与它的列表中变量的自动初始化相结合。在进入并行或工作共享结构之前,将根据其原始对象的值初始化列出变量。

(5)lastprivate 子句。

lastprivate 子句将 private 子句的行为与从最后一个循环迭代或部分到原始变量对象的复制相结合。

①复制回原始变量对象的值是从封闭结构的最后一次(顺序)迭代或区域获得的。

②为执行 sections 上下文的最后一部分的团队成员,使用其自身的值来执行副本。

(6)copyin 子句。

copyin 子句提供了为团队中的所有线程分配相同值的 threadprivate 变量的方法。

①列表包含要复制的变量的名称。

②主线程变量用作复制源。在进入并行结构时,将使用其值初始化团队线程。

(7)copyprivate 子句。

copyprivate 子句可用于将单个线程获得的值直接传递到其他线程中私有变量的所有

实例。copyprivate 子句与 single 指令相关联。

（8）reduction 子句。

reduction 子句对出现在其列表中的变量执行约简操作。为每个线程创建并初始化每个列表变量的私有副本。在约简结束时,将约简变量应用于共享变量的所有私有副本,并将最终结果写入全局共享变量。格式如下:

reduction（operator：list）

例如:

```
#include <stdio. h>
#include <omp. h>
int main( ) {
    int i, n, chunk;
    float a[100], b[100], result;
    /* Some initializations */
    n = 100;
    chunk = 10;
    result = 0.0;
    for (i = 0; i < n; i++) {
        a[i] = i * 1.0;
        b[i] = i * 2.0;
    }
#pragma omp parallel for default(shared) private(i) \
    schedule(static,chunk) reduction(+:result)
    for (i = 0; i < n; i++)
        result = result + (a[i] * b[i]);
    printf("Final result= % f\n", result);
    return 0;
}
```

限制条件:

①列表项的类型必须对约简操作符有效。

②列表项/变量不能声明为共享或私有。

③约简操作可能与实数无关。

7. 指令/子句关联汇总

parallel、for、sections、single 等指令通常需要与子句关联使用,而 master、critical、barrier、atomic、flush、ordered、threadprivate 等 OpenMP 指令不接受子句。OpenMP 子句之间的关系见表2.2。

表 2.2 OpenMP 子句之间的关系

子句	parallel	for	sections	single	parallel for	parallel sections
if	✓				✓	✓
private	✓	✓	✓	✓	✓	✓
shared	✓	✓			✓	✓
default	✓				✓	✓
firstprivate	✓	✓	✓	✓	✓	✓
lastprivate		✓	✓		✓	✓
reduction	✓	✓	✓		✓	✓
copyin	✓				✓	✓
copyprivate				✓		
schedule		✓			✓	
ordered		✓			✓	
nowait		✓	✓	✓		

2.2.5 运行时函数库

OpenMP API 包括越来越多的运行时库函数。OpenMP 常用函数表见表 2.3。

表 2.3 OpenMP 常用函数表

主函数	用 途
opm_set_num_threads	设置将在下一个并行区域中使用的线程数
opm_get_num_threads	返回当前在团队中执行并行区域的线程数,该区域是调用该线程的地方
opm_get_nax_threads	返回可通过调用 opm_get_num_threads 函数返回的最大值
opm_get_thread_num	返回在团队中执行此调用的线程的线程号
opm_get_thread_limit	返回程序可用的 OpenMP 线程的最大数量
opm_get_num_procs	返回程序可用的处理器数量
opm_in_parallel	用于确定正在执行的代码是否并行
opm_set_dynamic	启用或禁用(由运行时系统)可用于执行并行区域的线程数的动态调整
opm_get_dynamic	用于确定是否启用动态线程调整

2.2.6 环境变量

OpenMP 提供了以下环境变量来控制并行代码的执行。所有环境变量名都是大写的。分配给它们的值不区分大小写。

(1)OMP_SCHEDULE。

只适用于 for 和 parallel for(C/C++)指令,它们的 schedule 子句设置为运行时。此变量的值决定如何在处理器上调度循环的迭代。例如:

setenv OMP_SCHEDULE

（2）OMP_NUM_THREADS。

设置执行期间使用的最大线程数。例如：

setenv OMP_NUM_THREADS 3

（3）OMP_DYNAMIC。

启用或禁用可用于并行区域执行的线程数量的动态调整。有效值为 TRUE 或 FALSE。例如：

setenv OMP_DYNAMIC TRUE

（4）OMP_NESTED。

启用或禁用嵌套并行性。有效值为 TRUE 或 FALSE。例如：

setenv OMP_NESTED TRUE

新版本的 OpenMP API 扩展了环境变量的个数。

2.2.7　OpenMP 的调度

for 指令指定紧随其后的循环迭代必须由团队并行执行,而循环迭代如何分配到团队中的每个线程则需要使用调度算法。好的调度算法能够提升并行效率。在 for 指令后,使用 scheduel 子句实现循环的调度。描述循环迭代如何在团队中的线程之间进行分配,类型包括静态（STATIC）、动态（DYNAMIC）、引导（GUIDED）、运行时（RUNTIME）及自动（AUTO）。下面介绍前 3 种。

1. 静态

该调度方法中,循环迭代被分成大小为 chunk 的小块,然后静态地将这些小块分配给每个线程。如果没有指定 chunk,则迭代将尽可能均匀地在线程之间连续地划分。静态调度的缺点是可能出现不均衡。

例如：

```
pragma omp parallel for
for( int i=0;i<12;i++)
    for( int j=0;j<=i,j++)
        a[i][j]=...;
```

按照静态调度规则,12 次迭代将均匀分配给多个线程,假设共有 4 个线程,则每个线程将执行 3 次迭代。此时,4 个线程将分别执行 6、15、24、33 次计算,导致每个线程的计算量不均衡。

2. 动态

在该调度方法中,循环迭代被分成大小为 chunk 的小块,并在线程之间动态调度。当一个线程完成一个块时,它被动态地分配给另一个块。默认块大小为 1。该方法的缺点是需要时刻掌握线程的执行状态,开销较大。在上例程序中,在默认情况下,4 个线程将首先分别执行 1 次循环,由于分配到第一次循环的线程需要的计算量最少,因此将最先完成计算,此时动态调度策略会再分配给该线程一个块,即第五次循环。

3. 引导

在该调度方法中,迭代以块为单位动态地分配给线程,直到没有剩余的块需要分配为止。与 DYNAMIC 不同的是,该方法每次将一个工作包分配给一个线程时,块的大小就会减小,而不是每次都相同。编译器能够在减少调度开销的同时,更均匀地分配迭代次数。具体实现而言,每种编译器有不同的实现方法,一种典型的方法是通过如下公式计算每个块的大小:

$$\Pi_k = \lceil \beta_k / (2N) \rceil$$

其中,N 是线程个数;Π_k 代表第 k 块的大小;β_k 代表从第 0 块开始,在计算第 k 块时剩下的未调度的循环迭代次数。如果 Π_k 值太小,那么该值由指定的 chunk 值取代,如果没有指定块大小,则取默认值 1。

2.3　基于进程通信的并行编程技术——MPI

消息传递式并行程序指用户必须通过显式地发送和接收消息来实现处理机之间的数据交换。在这种编程方式中,每个并行进程均有自己独立的地址空间,相互之间访问不能直接进行,必须通过显式的消递来实现。这种编程方式是大规模并行处理机(MPP)和机群采用的主要编程方式。

2.3.1　什么是 MPI

MPI(message passing interface)是一种基于信息通信的并行编程技术,它定义了一组具有可移植性的编程接口标准(并非一种语言或者接口),支持点对点通信和广播。MPI 的目标是高性能、大规模性、可移植性,在今天仍为高性能计算的主要模型。

1. 编程模型

MPI 是为分布式内存体系结构(图 2.14)设计的,于 20 世纪 80 年代至 90 年代初被提出。

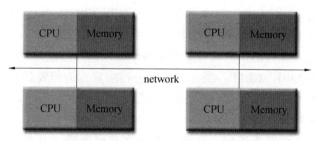

图 2.14　分布式内存体系结构

随着体系结构趋势的改变,共享内存 SMP 通过网络进行组合,从而创建混合分布式内存/共享内存(图 2.15)。MPI 实现者调整了他们的库,以处理这两种类型的底层内存体系结构。他们还调整/开发了处同互联和协议的方法。

因此,MPI 几乎可以在任何硬件平台上运行,包括分布式存储器、共享内存、混合等,不管机底层物理架构如何,编程模型仍然是一个分布式内存模型。所有并行性都是显式

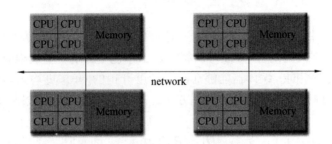

图 2.15　混合分布内存/共享内存结构

声明的,程序则正确识别并行性,并使用 MPI 构造实现并行算法。

2. 常用的 MPI 版本

MPI 仅仅是一个接口标准,它有多种不同的实现。例如:

①MPICH:是 MPI 最流行的非专利实现,由 Argonne 国家实验室和密西西比州立大学联合开发,具有更可移植性,当前最新版本为 MPICH 4.0.2。

②LAMMPI:由美国 Indiana 大学 Open Systems 实验室实现。

③更多的商业版本 MPI:HP-MPI、MS-MPI、OpenMPI 等。

所有的版本遵循 MPI 标准,MPI 程序可以不加修改地运行。

2.3.2　MPI 编程基础

1. MPI 编程的基本概念

①MPI 进程:MPI 程序中一个独立参与通信的个体。

②MPI 进程组:MPI 程序中由部分或全部进程构成的有序集合。每个进程都被赋予一个所在进程组中唯一的序号(rank),用于在该组中标识该进程,称为进程号,取值从 0 开始。

③MPI 通信器(communicator):MPI 程序中进程之间的通信必须通过通信器进行,通信器分为域内通信器(同一进程组内的通信)和域间通信器(不同进程组中进程之间的通信)。MPI 程序启动时自动建立两个通信器,即 MPI_COMM_WORLD 和 MPI_COMM_SELF。MPI_COMM_WORLD 通信器包含程序中所有 MPI 进程;MPI_COMM_SELF 通信器由单个进程构成,仅包含自己。进程号是在进程组或通信器被创建时赋予的。

④空进程:MPI_PROC_NULL。当一个真实进程向虚拟进程发送和接收数据时,会立刻执行一个空进程。该进程的引入可以很好地简化边界的代码,不仅可以使代码编写变得简单,也使代码的可读性增强。

⑤MPI 消息:一个消息指进程之间进行的一次数据交换。一个消息由通信器、源地址、目的地址、消息和数据构成。

2. MPI 环境搭建

在 Linux 中进行 MPI 编程首先需要搭建环境,以 MOPISH 为例,具体过程如下:

①下载源码:http://www.mpich.org/downloads/。

②在安装目录下解压缩。

③进入文件夹,生成编译文件。./configure+选项,指定编译器和安装路径。

例：/configure-prefix=/usr/local/mpi。

④使用 make & make install 命令安装。

⑤将生成的相关文件在环境变量中进行指定。编辑 ~/. bashrc，在 PATH 变量中追加/usr/local/mpi/bin。

3. MPI 编程结构

如图 2.16 所示，MPI 程序要首先引入 mpi. h 头文件，通过 MPI 环境初始化启动并行代码，多进程并行执行通过通信函数进行交互，各进程处理完成后调用 MPI 终止函数，随后继续执行串行函数直到程序终止。MPI 程序结构如图 2.16 所示。

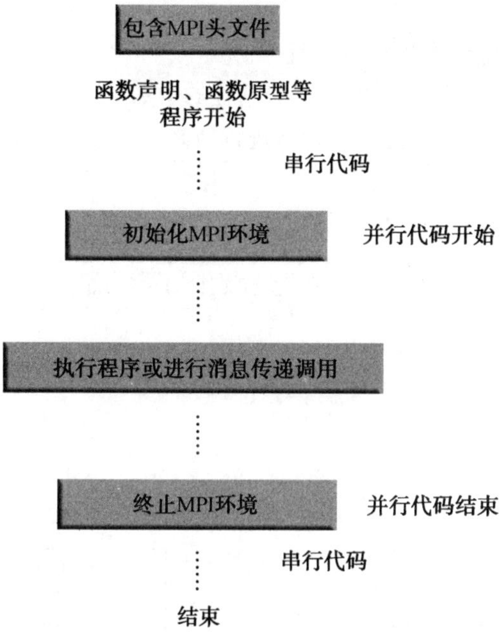

图 2.16　MPI 程序结构

例：MPI 编程的 HelloWorld 程序如下。

```
#include "mpi. h"
#include <stdio. h>
int main( int argc, char * argv[ ] )
{
    int myid, np;
    int namelen;
    char proc_name[ MPI_MAX_PROCESSOR_NAME ];
    MPI_Init( &argc, &argv );
    MPI_Comm_rank( MPI_COMM_WORLD, &myid );
    MPI_Comm_size( MPI_COMM_WORLD, &np );
    MPI_Get_processor_name( proc_name, &namelen );
```

fprintf(stderr," Hello, I am proc. % d of % d on % s\n" , myid, np, proc_name) ;
MPI_Finalize( ) ;
}
在该程序中：

①所有包含 MPI 调用的程序必须包含 MPI 头文件。

②MPI_MAX_PROCESSOR_NAME 是 MPI 预定义的宏，即 MPI 所允许的机器名的最大长度。

③MPI 程序的开始及结束必须分别是 MPI_Init 和 MPI_Finalize，完成 MPI 的初始化和结束工作。

④MPI_Comm_rank：得到本进程的进程号。

⑤MPI_Comm_size：得到所有参加运算的进程的个数。

⑥MPI_Get_processor_name：得到运行本进程所在点的主机名。

⑦进程号取值范围为 0,1,…,np−1。

该程序的具体执行流程如图 2.17 所示。

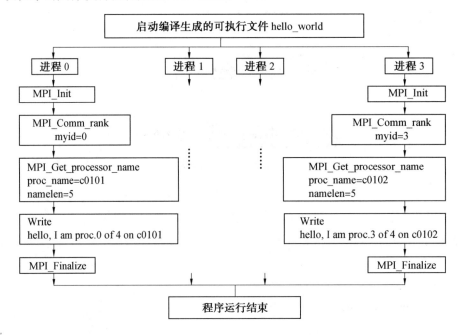

图 2.17　MPI 多进程执行流程

4. MPI 的数据类型

MPI 定义了一些用于消息传递的基本数据类型，这些数据类型的名称均以"MPI_"开头，后面加上 C 语言原始数据类型名，所有名称均为大写。实际上，MPI 数据类型是在 C 语言数据类型的基础上封装而来的，具体对应关系见表 2.4。

表 2.4　MPI 数据类型和 C 语言数据类型的对应关系

MPI 数据类型	C 语言数据类型
MPI_INT	int
MPI_FLOAT	float
MPI_DOUBLE	double
MPI_SHORT	short
MPI_LONG	long
MPI_CHAR	char
MPI_UNSIGNED_CHAR	unsigned char
MPI_UNSIGNED_SHORT	unsigned short
MPI_UNSIGNED	unsigned
MPI_UNSIGNED_LONG	unsigned long
MPI_LONG_DOUBLE	long double
MPI_BYTE unsigned	char
MPI_PACKED	无

5. MPI 编程常用函数

（1）MPI_Init（　）。

该函数用于初始化 MPI 并行程序的执行环境，它必须在调用所有其他 MPI 函数（除 MPI_Initilized）之前被调用，并且在一个 MPI 程序中只能被调用一次。所有 MPI 的全局变量或者内部变量都会被创建。MPI_Init（　）函数声明见表 2.5。

表 2.5　MPI_Init（　）函数声明

参数	无
C	int MPI_Init(int * argc, char * * * argv)

（2）MPI_Finalize（　）。

该函数用于清除 MPI 环境的所有状态。一旦它被调用，所有 MPI 函数都不能再被调用，其中包括 MPI_Init。MPI_Finalita（　）函数声明见表 2.6。

表 2.6　MPI_Finalita（　）函数声明

参数	无
C	int MPI_Finalize(void)

（3）MPI_Comm_rank（comm, rank）。

该函数用于返回 communicator 中当前进程的 rank。communicator 中每个进程会以此得到一个从 0 开始递增的数字作为 rank 值。rank 值主要用来指定发送或者接收信息时对应的进程。MPI_Comm_rank（comm, rank）函数声明见表 2.7。

表 2.7 MPI_Conm_rank(comm,rank)函数声明

参数	IN comm 通信器 OUT rank 本进程在通信器 comm 中的进程号
C	int MPI_Comm_rank(MPI_Comm comm,int ∗ rank)

（4）MPI_Comm_size(comm,size)。

该函数用于返回 communicator 的大小,即在 communicator 中可用的进程数量。MPI_Comm_size(comm,size)函数声明见表 2.8。

表 2.8 MPI_Comm_size(comm,size)函数声明

参数	IN comm 通信器 OUT size 该通信器 comm 中的进程数
C	int MPI_Comm_size(MPI_Comm comm,int ∗ size)

（5）MPI_Get_processor_name(name,namelen)。

该函数得到当前进程实际运行时所在的(处理器)主机名,MPI_Get_processor_name(name,namelen)函数声明见表 2.9。

表 2.9 MPI_Get_processor_name(name,namelen)函数声明

参数	OUT name 节点主机名 OUT namelen 主机名的长度
C	int MPI_Get_processor_name(char ∗ name,int ∗ namelen)

6. MPI 程序的编译和运行

以 C 语言为例,编译 MPI 源程序 Hello.c 的命令是:

mpicc -o hello hello.c

运行可执行文件 hello 的命令是:

mpiexec -np 4 hello

2.3.3 MPI 的通信机制

MPI 作为基于进程通信的并行编程协议,最核心的功能是进程通信。在 MPI 中,进程之间的通信为点对点通信和聚合通信。点对点通信负责两个进程之间的数据传递,而聚合通信则实现多个进程之间的通信。

1. 点对点通信

点对点通信是 MPI 通信机制的基础,可以细分为阻塞型通信和非阻塞型通信两类。

①阻塞型通信。阻塞型通信函数需要等待指定的操作实际完成,或所涉及的数据被 MPI 系统安全备份后才返回。

②非阻塞型通信。非阻塞型通信函数总是立即返回,实际操作由 MPI 后台进行,需要调用其他函数来查询通信是否完成,通信与计算可重叠。

MPI 中最常用的消息发送函数(MPI_Send)与接收函数(MPI_Recv)就是典型的阻塞

型通信函数。

（1）缓冲区。

为了更好地理解阻塞型通信与非阻塞型通信,首先介绍缓冲区的概念。

①用户缓冲区:应用程序中说明的变量,在消息传递语句中又用作缓冲区的起始位置。

②系统缓冲区:由系统创建和管理的某一存储区域,在消息传递过程中用于暂存消息。

（2）标准通信。

MPI_Send 的行为由不同的 MPI 实现,典型的实现方法是有一个默认的消息"截止"大小,若消息数量小于"截止"大小将被缓冲,否则函数将被阻塞;MPI_Recv 的实现总是阻塞的,直到接收到一条匹配的消息。当 MPI_Recv 返回时,消息一定已经存储在接收缓冲区。在该种实现方式下,MPI 标准通信流程图如图 2.18 所示。

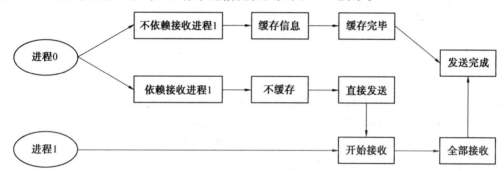

图 2.18　MPI 标准通信流程图

当消息小于"截止"大小,即发送较少的消息时,消息将被发送到缓冲区内,此时进程将被阻塞,缓存完毕,发送进程成功返回。而当发送的消息大于"截止"大小,即发送消息数量较多时,消息将直接到接收进程,此时发送进程将被阻塞以等待接收进程启动,接收进程启动后开始接收,接收完成,进程才成功返回。

消息发送函数 MPI_Send 的函数声明见表 2.10。

函数:MPI_Send(buf,count,datatype,dest,tag,comm)

表 2.10　MPI_Send 函数声明

参数	IN buf	所发送消息的首地址
	IN count	将发送的数据的个数
	IN datatype	发送数据的数据类型
	IN dest	接收消息的进程的进程号
	IN tag	消息标签
	IN comm	通信器
C	int MPI_Send(void ∗ buf,int count,MPI_Datatype datatype,int dest,int tag,MPI_Comm comm)	

MPI_Send 将缓冲区中 count 个 datatype 类型的数据发给进程号为 dest 的目的进程。这里 count 是元素个数,即指定数据类型的个数,不是字节数,数据的起始地址为 buf。本

次发送的消息标签是 tag,使用标签的目的是把本次发送的消息和本进程向同一目的进程发送的其他消息区别开来。其中 dest 的取值范围为 0 ~ np-1(np 表示通信器 comm 中的进程数)或 MPI_PROC_NULL;tag 的取值为 0 ~ MPI_TAG_UB。该函数可以发送各种类型的数据,如整型、实型、字符等。

消息接收函数 MPI_Recv 的函数声明见表 2.11。

表 2.11　MPI_Recv 函数声明

参数	OUT buf	接收消息数据的首地址
	IN count	接收数据的最大个数
	IN datatype	接收数据的数据类型
	IN source	发送消息的进程的标识号
	IN tag	消息标签
	IN comm	通信器
	Out status	返回状态
C	int MPI_Recv(void ∗ buf,int count,MPI_Datatype datatype,int source,int tag,MPI_Comm comm, MPI_Status ∗ status)	

该函数从指定的进程 source 接收不超过 count 个 datatype 类型的数据,并把它放到缓冲区中,起始位置为 buf,本次消息的标识为 tag。这里 source 的取值范围为 0 ~ np-1 或 MPI_ANY_SOURCE 或 MPI_PROC_NULL;tag 的取值为 0 ~ MPI_TAG_UB 或 MPI_ANY_TAG。接收消息时返回的状态为 status。在 C 语言中,它是用结构定义的,其中包括 MPI_SOURCE、MPI_TAG 和 MPI_ERROR。

标准通信举例:

```
#include <stdio. h>
#include "mpi. h"
#include "string. h"
void main( int argc, char  ∗ argv[ ] )
{
    int myid,numprocs,source;
    MPI_Status status;
    char message[100];
    MPI_Init( &argc, &argv );
    MPI_Comm_rank( MPI_COMM_WORLD,&myid);
    MPI_Comm_size( MPI_COMM_WORLD,&numprocs);
if ( myid ! = 0) {
        strcpy( message, "hello world!");
        MPI_Send( message,strlen( message) +1,MPI_CHAR,
            0,99,MPI_COMM_WORLD);
    } else {
        for ( source = 1; source < numprocs; source++)
```

```
      ｛MPI_Recv( message, 100, MPI_CHAR, source, 99,
         MPI_COMM_WORLD, &status) ;
      printf( "% s\n", message) ;
   ｝
 ｝
 MPI_Finalize( ) ;
｝
```

上述程序的执行过程如图 2.19 所示。

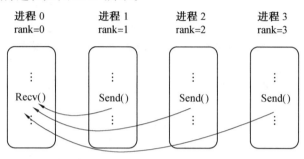

图 2.19　程序执行过程

进程 1、2、3 调用 MPI_Send 发送消息到进程 0,进程 0 调用 MPI_Recv 函数接收来自进程 1、2、3 的消息。

（3）缓冲通信:MPI_Bsend。

MPI_Bsend 的各个参数的含义和 MPI_Send 完全相同,不同之处是其使用用户自己提供的缓存。缓存通信不管接收操作是否启动,发送操作都可以执行,但是在发送消息之前必须有缓冲区。在这种模式下,由用户直接对通信缓冲区进行申请、使用和释放,缓存模式下对通信缓冲区的合理使用是由程序设计人员自己保证的。缓冲通信流程图如图2.20所示。

MPI_Buffer_attach:申请缓冲区。

MPI_Buffer_detach:释放缓冲区(阻塞操作)。

（4）同步通信:MPI_Ssend(buf,count,datatype,dest,tag,comm)。

同步通信开始不依赖于接收进程相应的接收操作是否已经启动,但是同步发送却必须等到函数被调用,并且开始接收由同步发送函数发送的消息后,发送函数才成功返回。同步通信流程图如图 2.21 所示。

（5）就绪通信。

在就绪通信下只有当接收进程的接收操作已经启动时,才可以在发送操作启动时发送操作;否则,当发送操作启动而相应的接收还没有启动时,发送操作将出错。就绪通信流程图如图 2.22 所示。

需要注意的是,MPI 要求消息是不可超越的。即如果 q 号进程发送了两条消息给 r 号进程,那么 q 号进程发送的第一条消息必须在第二条消息之前可用。但是,如果消息是来自不同进程的,消息的到达顺序是没有限制的。即如果 q 号进程和 t 号进程都向 r 号进

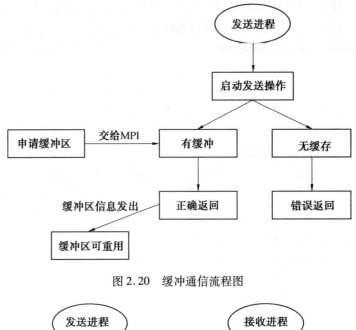

图 2.20　缓冲通信流程图

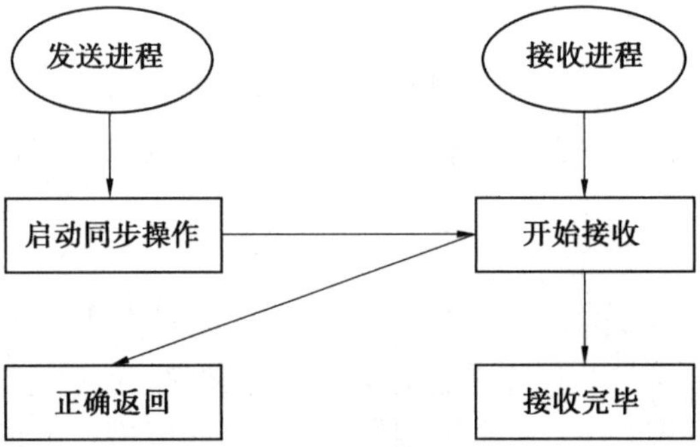

图 2.21　同步通信流程图

程发送了消息,即使 q 号进程在 t 号进程发送消息之前就将自己的消息发送出去了,也不要求 q 号进程的消息在 t 号进程的消息之前一定让 r 号进程访问。这是因为 MPI 不能对网络的性能有强制性要求。例如,如果 q 号进程在火星上的某台机器上运行,而 r 号进程和 t 号进程都在旧金山的同一台机器上运行,并且 q 号进程只是在 t 号进送消息之前的 1 ns 发送了消息,那么要求 q 号进程的消息在 t 号进程之前到达,是不合理的。

2. 广播通信

(1)MPI_Barrier(同步点)。

函数:MPI_Barrier(MPI_Comm communicator)

含义:这个方法会构建一个屏障,任何进程都没法跨越屏障,直到所有进程到达屏障后才能继续执行。

(2)MPI_Bcast(广播)。

函数:MPI_Bcast(void * data, int count, MPI_Datatype datatype, int root, MPI_Comm communicator)

含义:进程会把同样一份数据传递给一个 communicator 里的所有其他进程。

74

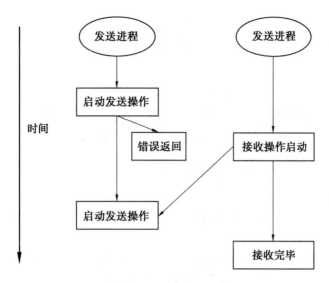

图 2.22　就绪通信流程图

MPI_Bcast 函数示意图如图 2.23 所示。

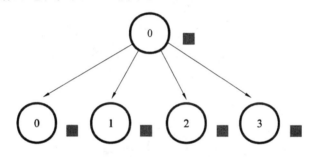

图 2.23　MPI_Bcast 函数示意图

（3）MPI_Scatter。

函数：MPI_Scatter(void * send_data, int send_count, MPI_Datatype send_datatype, void * recv_data, int recv_count, MPI_Datatype recv_datatype, int root, MPI_Comm communicator)

含义：root 进程执行该函数时，接收一个数组 send_data，并把元素按进程的秩分发出去，给每个进程发送 send_count 个元素。其他进程包括（root）执行该函数时，收到 recv_count 个 revc_datatype 类型的数据，存放在数组 recv_data 中。

MPI_Scatter 函数示意图如图 2.24 所示。

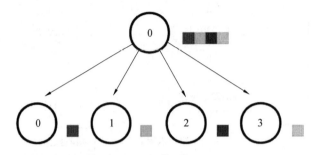

图 2.24　MPI_Scatter 函数示意图

（4）MPI_Gather。

函数：MPI_Gather(void * send_data, int send_count, MPI_Datatype send_datatype, void * recv_data, int recv_count, MPI_Datatype recv_datatype, int root, MPI_Comm communicator)

含义：所有进程执行该函数时，从 send_datatype 类型的数组 send_data 中取出前 send_count 个元素，发送给 root 进程。root 进程同时还会将从每个进程中收集到的 recv_count 个数据，存放在 recv_data 数组中。

MPI_Gather 函数示意图如图 2.25 所示。

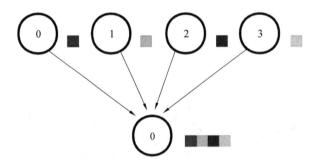

图 2.25　MPI_Gather 函数示意图

（5）MPI_Allgather。

函数：MPI_Allgather(void * send_data, int send_count, MPI_Datatype send_datatype, void * recv_data, int recv_count, MPI_Datatype recv_datatype, MPI_Comm communicator)

含义：MPI_Allgather 函数的执行方式与 MPI_Gather 相同，但接收者是数组中的所有进程。进程 i 从其 sendbuf 缓冲区发送的数据被放置在每个进程的 recvbuf 缓冲区的第 i 部分。当操作完成后，所有进程的 recvbuf 缓冲区的内容是相同的。

MPI_Allgather 函数示意图如图 2.26 所示。

（6）MPI_Reduce。

函数：MPI _ Reduce (void * send _ data, void * recv _ data, int count, MPI _ Datatype datatype, MPI_Op op, int root, MPI_Comm communicator)

含义：每个进程发送容量为 count 的数组 send_data，root 进程收到后进行 op 操作，存放在容量也为 count 的数组 recv_data 中。

MPI_Reduce 函数示意图如图 2.27 所示。

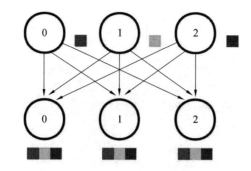

图 2.26　MPI_Allgather 函数示意图

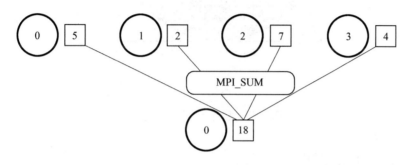

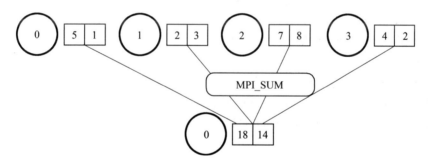

图 2.27　MPI_Reduce 函数示意图

2.3.4　MPI 应用举例

蒙特卡罗方法(monte carlo method),也称统计模拟方法,是一种以概率统计理论为指导的一类非常重要的数值计算方法。它是一种使用随机数(或更常见的伪随机数)来解决很多计算问题的方法。

如图 2.28 所示,正方形的面积为 $2r×2r=4r^2$,圆的面积为 πr^2,圆的面积比上正方形的面积为 $\pi/4$。

所以我们使用蒙特卡洛法在正方形内随机撒点,落在圆内的点/落在正方形内的点(全部的点),就约等于圆的面积/正方形的面积=$\pi/4$。

串行代码段如下:

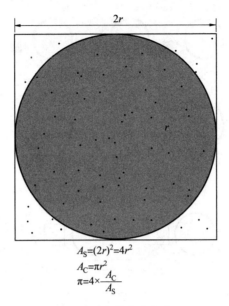

$$A_S=(2r)^2=4r^2$$
$$A_C=\pi r^2$$
$$\pi=4\times\frac{A_C}{A_S}$$

图 2.28　蒙特卡洛发求 π

```
npoints = 10000
circle_count = 0


do j = 1,npoints
    generate 2 random numbers between 0 and 1
    xcoordinate = random1
    ycoordinate = random2
    if (xcoordinate, ycoordinate) inside circle
    then circle_count = circle_count + 1
end do
```

```
PI = 4.0 * circle_count/npoints
```

现要使用 MPI 将上述代码段并行,加速 π 的估算过程。一种直观的实现思路如下:

①将循环迭代分解为可由不同 task 同时执行的块。

②每个 task 都会多次执行其循环部分。

③每个 task 都可以完成自己的工作,而不需要其他 task 提供任何信息(不存在数据依赖关系)。

④master 接收其他任务的结果,使用点对点发送和接收。

代码段如下:

```
npoints = 10000
circle_count = 0
p = number of tasks
num = npoints/p
```

```
find out if I am MASTER or WORKER
do j = 1, num
    generate 2 random numbers between 0 and 1
    xcoordinate = random1
    ycoordinate = random2
    if (xcoordinate, ycoordinate) inside circle
    then circle_count = circle_count + 1
end do
if I am MASTER
    receive from WORKERS their circle_counts
    compute PI (use MASTER and WORKER calculations)
else if I am WORKER
    send to MASTER circle_count
endif
```

2.4　基于 GPU 的并行编程

2007 年，CUDA 编程模型被发布，软件开发人员从此可以使用 CUDA 在英伟达的 GPU 上进行并行编程，使基于 GPU 的并行编程变得容易。继 CUDA 之后，科学计算所必需的 cuBLAS 线性代数库、cuFFT 快速傅里叶变换库等也被相继发布。当深度学习大潮到来时，cuDNN 深度神经网络加速库也被发布，目前常用的 TensorFlow、PyTorch 深度学习框架的底层大多基于 cuDNN 库。这些软件工具库使研发人员专注于自己的研发领域，不用再去花大量时间学习 GPU 底层知识。

2.4.1　CUDA 编程原理

在 CPU 和主存被称为 Host，GPU 和显存（显卡内存）被称为 Device，CPU 无法直接读取显存数据，GPU 无法直接读取主存数据，主机与设备必须通过总线（bus）相互通信。GPU 与 CPU 的关系如图 2.29 所示。

传统的 CPU 程序的执行顺序，即初始化、CPU 计算，得到计算结果，如图 2.30 所示。

当引入 GPU 后，计算流程图如图 2.31 所示。具体如下：

①初始化，并将必要的数据拷贝到 GPU 设备的显存上。

②CPU 调用 GPU 函数，启动 GPU 多个核心，同时进行计算。

③CPU 与 GPU 异步计算。

④将 GPU 计算结果拷贝回主机端，得到计算结果。

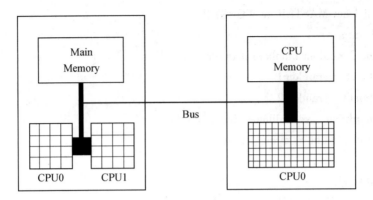

图 2.29　GPU 与 CPU 的关系

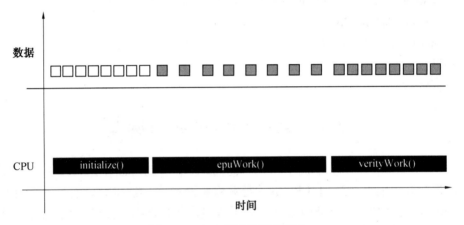

图 2.30　CPU 程序执行流程图

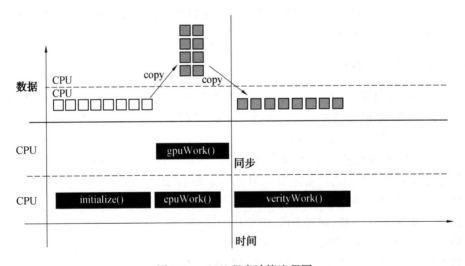

图 2.31　GPU 程序计算流程图

2.4.2　CUDA 编程

Numba 库提供了 Python 版 CPU 和 GPU 编程工具,速度比原生 Python 快数 10 倍甚至更多。Numba 还提供了一个 GPU 模拟器,即使暂时没有 GPU 机器,也可以先使用这个模拟器来学习 GPU 编程。

1. 环境准备

(1)安装 CUDA。

①在 cmd 中输入"nvidia-smi",查看 CUDA 版本号。

②官网下载对应的 CUDA 版本。

③点击安装。

④配置环境变量。

⑤重启,打开 cmd 输入"nvcc – V",成功则显示。

也可以通过 conda install cudatoolkit 安装 CUDA。

(2)安装 Numba 库。

代码如下:

```
conda install numba
```

(3)检查 CUDA 和 Numba 是否安装成功。

代码如下:

```
from numba import cuda
print( cuda. gpus)
```

得到结果:<Managed Device 0>...。如果机器上没有 GPU 或没安装好上述包,会有报错。CUDA 程序执行时会独霸一张 GPU 卡,如果机器上有多张 GPU 卡,CUDA 默认会选用 0 号卡。如果与其他人共用这台机器,应协商好谁在用哪张卡。一般使用 UDA_VISIBLE_DEVICES 这个环境变量来选择。

2. 基于 NUMBA 编程

例如:

```
from numba import cuda

def cpu_print( ) :
    print( " print by cpu. " )
@ cuda. jit
det gpu_print( ) :
    #GPU 核函数
    print( " print bu gpu. " )

def main( ) :
    gpu_print[ 1,2]( )
    cuda. synchronize( )
```

```
        cpu_print( )


if _ _name_ _ = = " _ _main_ _" :
        main( )
```

在上例程序中：

①使用 from numba import cuda 引入 CUDA 库。

②在 GPU 函数上添加@ cuda. jit 装饰符，表示该函数是一个在 GPU 设备上运行的函数，GPU 函数又被称为核函数。主函数调用 GPU 核函数时，需要添加如[1,2]这样的执行配置，这个配置是在告知 GPU 以多大的并行粒度同时进行计算。"gpu_print1,2"表示同时开启 2 个线程并行执行 gpu_print 函数，函数将被并行执行 2 次。

③GPU 核函数的启动方式是异步的。启动 GPU 函数后，CPU 不会等待 GPU 函数执行完毕才执行下一行代码。必要时，需要调用 cuda. synchronize( )，告知 CPU 等待 GPU 执行完核函数后，再进行 CPU 端的后续计算。

本例中，核函数被 GPU 并行执行了 2 次。在进行 GPU 并行编程时需要定义执行配置来告知以怎样的方式去并行计算，比如上面打印的例子中，是并行地执行 2 次，8 次，…，2 000 万次。当远远多于 GPU 的核心数时，如何将 2 000 万次计算合理分配到所有 GPU 核心上？解决这个问题就需要弄明白 CUDA 的 Thread 层次结构。

CUDA 构架如图 2.32 所示。CUDA 将核函数所定义的运算称为线程（thread），多个线程组成一个块（block），多个块组成网格（grid）。这样一个 Grid 可以定义成千上万个线程，也就解决了并行执行上万次操作的问题。例如，把前面的程序改为并行执行 8 次：可以用 2 个 Block，每个 Block 中有 4 个 Thread。原来的代码可以改为 gpu_print[2,4]( )，其中方括号中第一个数字表示整个 Grid 有多少个 Block，方括号中第二个数字表示一个 Block 有多少个 Thread。如图 2.33 所示。

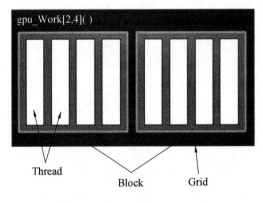

图 2.32　CUDA 架构

实际上，线程（thread）是一个编程上的软件概念。从硬件来看，Thread 运行在一个 CUDA 核心上，多个 Thread 组成的 Block 运行在 Streaming Multiprocessor 上，多个 Block 组成的 Grid 运行在一个 GPU 显卡上。

CUDA 提供了一系列内置变量，以记录 Thread 和 Block 的大小及索引下标。如图

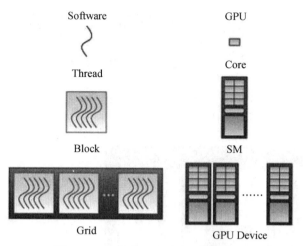

图 2.33　程序在 GPU 中的对应关系

2.34和图 2.25 所示,以[2,4]配置为例:

blockDim. x:表示 Block 的大小是 4,即每个 Block 有 4 个 Thread。

threadIdx. x:是一个从 0 到 blockDim. x−1(4−1=3)的索引下标,记录是第几个Thread。

gridDim. x:表示 Grid 的大小是 2,即每个 Grid 有 2 个 Block。

blockIdx. x:变量是一个从 0 到 gridDim. x−1(2−1=1)的索引下标,记录这是第几个Block。

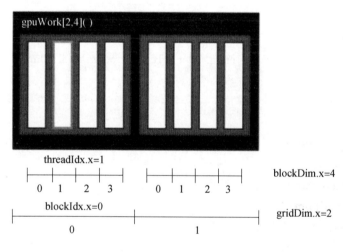

图 2.34　线程索引(1)

某个 Thread 在整个 Grid 中的位置编号为:

threadIdx. x + blockIdx. x × blockDim. x

GPU 函数在每个 CUDA Thread 中打印了当前 Thread 的编号,起到了与 CPU 函数 for 循环同样的作用。因为 for 循环中的计算内容互相不依赖,某次循环只是专心做自己的事情,循环第 i 次不影响循环第 j 次的计算,所以这样互相不依赖的 for 循环非常适合放到 CUDA Thread 里做并行计算。在实际使用中,一般将 CPU 代码中互相不依赖的 for 循环

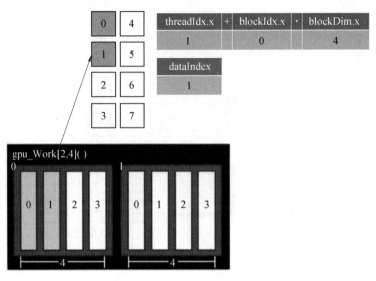

图 2.35 线程索引(2)

适当替换成 CUDA 代码。

```
from numba import cuda
def cpu_print(N):
    for i in range(0,N):
    print(i)
@ cuda.jit
def gpu_print(N):
    idx = cuda.threadIdx.x + cuda.blockIdx.x * cuda.blockDim.x
    if (idx < N):
    print(idx)
def main():
    print("gpu print:")
    gpu_print[2,4](8)
    cuda.synchronize()
    print("cpu print:")
    cpu_print(8)
if __name__ == "__main__":
```

3. Block 大小优化设置

不同的执行配置会影响 GPU 程序的速度,一般需要多次调试才能找到较好的执行配置,在实际编程中,执行配置[gridDim, blockDim],应参考下列方法:

①Block 运行在 SM 上,不同硬件架构(Turing、Volta、Pascal 等)的 CUDA 核心数不同,一般需要根据当前硬件来设置 Block 的大小 blockDim(执行配置中第二个参数)。一个 Block 中的 Thread 数最好是 32、128、256 的倍数。注意:限于当前硬件的设计,Block 大小不能超过 1 024。

②Grid 的大小 gridDim(执行配置中第一个参数),即一个 Grid 中 Block 的个数可以由总次数 N 除以 blockDim,并向上取整。

4. 内存分配

GPU 计算时直接从显存中读取数据,因此每次计算时,要将数据从主存拷贝到显存上,用 CUDA 的术语来说就是要把数据从主机端拷贝到设备端。CUDA 强大之处在于它能自动地将数据从主机和设备之间相互拷贝,不需要程序员在代码中写明,方便编程。例如以下 CUDA 并行程序的执行结果,会发现 CPU 计算时间要比 GPU 计算时间更短,似乎 GPU 并没有实现并行加速。

```python
from numba import cuda
import numpy as np
import math
from time import time
@ cuda. jit
def gpu_add (a, b,result,n):
    idx = cuda. threadIdx. x + cuda. blockDim. x * cuda. blockIdx. x
    if idx < n:
        result[idx] = a[idx] + b[idx]
def main():
    n = 20000000
    x = np. arange(n). astype(np. int32)
    y = 2 * x
    gpu_result = np. zeros(n) cpu_result = np. zeros(n)
    threads_per_block = 1024
    blocks_per_grid = math. ceil(n/threads_per_block) start = time()
    gpu_add [blocks_per_grid, threads_per_block](x,y,gpu_result,n)
    cuda. synchronize()
    print("gpu vector add time" + str (time() - start)) start = time()
    cpu_result = np. add(x, y)
    print("cpu vector add time" + str(time() - start))
    if (np. array_equal(cpu_result, gpu_result)):
        print("result correct")
if __name__ == "__main__":
    main()
```

GPU 计算时间比 CPU 长的原因分析:

①向量加法计算比较简单,CPU 的 numpy 已经优化到了极致,无法突出 GPU 的优势。

②代码使用 CUDA 默认的统一内存管理机制,没有对数据的拷贝做优化。CUDA 的统一内存系统是当 GPU 运行到某块数据发现不在设备端时,再去主机端将数据拷贝过来,当执行完核函数后,又将所有的内存拷贝回主存。在上面的代码中,输入的两个向量

是只读的,没必要再拷贝回主存。

③代码没有做流水线优化。CUDA 并非同时计算 2 000 万个数据,一般分批流水线工作:一边对 2 000 万中的某批数据进行计算,一边将下一批数据从主存拷贝过来。计算占用的是 CUDA 核心,数据拷贝占用的是总线,所需资源不同,互相之间不存在竞争关系。

根据以上分析,改进程序:

```
fromnumba import cuda
import numpy as np
import math
from time import time
@ cuda. jit
def gpu_add( a, b, result, n):
    idx = cuda. threadIdx. x + cuda. blockDim. x * cuda. blockIdx. x
    if idx < n:
            result[idx] = a[idx] + b[idx]
def main():
    n = 20000000
    x = np. arange(n). astype(np. int32)
    y = 2 * x
    #拷贝数据到设备端
    x_device = cuda. to_device(x)
    y_device = cuda. to_device(y)
    #在显卡设备上初始化一块用于存放 GPU 计算结果的空间 gpu_result = cuda. device_array(n)
    cpu_result = np. empty(n)
    threads_per_block = 1024
    blocks_per_grid = math. ceil(n/threads_per_block)
    start = time()
    gpu_add[blocks_per_grid,threads_per_block](x_device,y_device,gpu_result,n)
    cuda. synchronize()
    print("gpu vector add time" +str(time()-start))
    start = time()
    cpu_result = np. add(x,y)
    print("cpu vector add time" +str(time()-start))
    if (np. array_equal(cpu_result,gpu_result. copy_to_host())):
        print("result correct!")
    if __name__ ==" __main__":
        main()
```

习　题

1. 什么是指令流？什么是数据流？按照指令流和数据流不同的组织方式，计算机系统可分为哪几类？

2. 常见的并行计算机体系结构可分为哪几种？以表格形式给出各种体系结构在通信机制、访存模型、互联网络、访存空间等方面的对比。

3. OpenMP 通常由哪几部分组成？

4. OpenMP 有哪几种调度方式？各自的优点及缺点是什么？

5. OpenMP 中共享工作结构共有哪几种常见命令？各自的功能是什么？

6. MPI 是一种基于通信的共享编程模型，请举例说明 MPI 定义了哪些通信函数。

7. 在 MPI 程序中，最常用的 5 个函数是什么？它们的作用分别是什么？

8. 在 CUDA 架构中，Thread、Block、Grid 的作用是什么？如何引到每个线程？

第3章 分布式通信

分布式系统的本质是利用多台计算机构成计算集群,每个节点的运算结果最终需要汇集在一起才能支撑起分布式系统庞大的运算量。因此,节点之间的通信是一切分布式系统的核心。没有通信机制,分布式系统的各个子系统将是"一盘散沙",毫无作用。

3.1 通 信 节 点

在分布式系统中,节点是指一个可以独立按照分布式协议完成一组逻辑的程序个体,是一个完整的、不可分的整体,是执行分布式任务的最小单元。程序往往会部署在不同的节点上,不同节点之间通过网络进行通信。在具体的工程项目中,一个节点往往是操作系统上的一个进程,甚至线程。

3.1.1 进程

进程通常有一个完整的、私有的基本运行资源。特别是每个进程都有自己的内存空间。操作系统的进程表存储了 CPU 寄存器值、内存映像、打开的文件、统计信息、特权信息等。进程一般定义为执行程序,也就是当前操作系统的某个虚拟处理器上运行的一个程序。多个进程并发共享一个 CPU 及其他硬件资源,并且这是透明的,操作系统支持进程之间的隔离。

进程往往被等同于程序或应用程序。然而,用户看到的一个单独的应用程序实际上可能是一组进程。大多数操作系统都支持进程之间的通信(IPC),如管道和 Socket。IPC不仅用于同一个系统的进程之间的通信,也可以用于不同系统的进程之间的通信。

3.1.2 线程

线程有时被称为轻量级进程,进程和线程都提供了一个执行环境,但创建一个新的线程比创建一个新的进程需要更少的资源。线程系统一般只用来让多个线程共享 CPU 所必需的最少量信息,特别是线程系统上下文中一般包含 CPU 上下文以及某些其他线程管理信息,通常忽略那些对于多线程管理不是完全必要的信息。这样单个进程中防止数据遭到某些线程不合法访问的任务就完全落在了应用程序开发人员身上。线程本身不像进程那样彼此隔离以及受到操作系统的自动保护,因此需要更多的开发人员干预。

3.2 网 络 基 础

分布式系统可以理解为处于不同物理位置的多个进程组成的整体,为了确保这个整体有效并且对外提供服务,每个节点之间都有可能需要进行通信来交换信息。而交换信息需要解决两个问题,一个是如何定位网络上的一台主机或多台主机,另一个是如何定位来进行数据传输。OSI 模型主要负责网络主机的定位、数据传输的路由以及由 IP 地址可以唯一地确定 Internet 上的一台主机。对于后者,在传输层则提供面向应用的可靠(TCP)或非可靠(UDP)的数据传输机制。

3.2.1　网络模型

1. OSI 模型

国际标准化组织(ISO)制定了 OSI 模型,该模型定义了不同计算机互联的标准,它设计和描述了计算机网络通信的基本框架。OSI 模型把网络通信的工作分为 7 层,分别是物理层、数据链路层、网络层、运输层、会话层、表示层和应用层。OSI 中的上面 4 层(应用层、表示层、会话层、传输层)为高层,定义了程序的功能;下面 3 层(网络层、数据链路层、物理层)主要处理面向网络的端到端数据流。

OSI 模型是解决一台机器上的一个应用软件与另一台机器上的应用软件所进行的信息交互。因为计算机与计算机进行联系,它们都是硬件设备,所以想要建立联系,就必须有软件的支持。因此,OSI 模型是计算机之间的通信基础。

(1)物理层。

网络的通信是需要硬件实现的,硬件大多与物理有关,所以记作物理层。这里的硬件设备将网络上传递过来的信息转换成数字信号,即转换为二进制数字 0 与 1 的数据流,该数据流称为比特流。所以物理层的传输单位为比特流(byte)。例如,要将信息从计算机 A 传递到计算机 B,首先将物理层网络传递过来的信息转化为比特流。

(2)数据链路层。

通过物理设备即电线可以发送比特流。若希望用无线广播的形式来传输比特流,要保证传输的比特流正确,同时具有纠错、校验的功能。所以数据链路层就此诞生,它具有纠错、校验及确保数据可靠传输的作用。

数据链路层可对电信号分组,按照以太网协议(Ethernet),一组电信号称之为一个数据包,或者称为“帧”。所以在以太网链路上的数据包称为以太帧。以太帧起始部分由前导码和帧开始符组成,后面跟着一个以太网报头,以 MAC 地址说明目的地址和源地址。帧的中部是该帧负载的其他协议报数据包(例如 IP 协议)。以太帧由一个 32 位冗余校验码结尾,用于检验数据传输是否出现损坏。

因为 Ethernet 规定接入 Internet 的设备都必须具备网卡,发送端和接收端的地址便是网卡的 Mac 地址。每块网卡出厂时都被烧录上一个唯一的 Mac 地址,长度为 48 位二进制,通常由 12 位十六进制数表示(前 6 位是厂商编码,后 6 位是流水线号)。

(3)网络层。

如何才能准确地将数据发到目标计算机呢?这时就需要路由器来完成了,所以网络层诞生了。因为,现实中很多网络选址都是由路由器来完成的。网络层里应用了 IP 协议这一知识点。

IP 协议也称 IP 数据报,简称数据报。所谓的 IP 层就是负责将低一层次的数据包发送到更高一的数据包。通俗地讲,就是将以太网的设备驱动程序发送到 TCP/UDP 层,反之,它也可以将高一层的协议内容发送到低一层。IP 协议中包含的 IP 地址里面有发送信息的计算机地址(源地址)和接收此条信息的计算机地址(目的地址)。IP 协议的作用就是计算机 A 要从计算机 B 发送信息,可以通过 H、G、K 或者 K、J、H 多条路径,而哪一条是最佳路径呢? 这就是网络层的任务,即定义了 IP 包和 IP 地址。

(4)传输层(与网络层进行调换)。

现在可以准确地将比特流发送到另一台计算机上了。但是在发送音乐、电影等大量流数据时会出现网络会经常中断的现象。因此,需要对这些数据流进行封装,以确保数据的准确性。传输层的作用是确认数据传输,即进行纠错处理,对数据出现的错误进行算法纠正。

(5)会话层。

现在可以将数据包打包封装好,准确地发送到计算机上。但是这里有一个问题,就是每次都要用 TCP 打包,然后利用 IP 协议找到合适的路线发送数据。这些都是手动操作的,少量的数据量人工还能处理,如遇到大批量的数据,就必须实现自动打包来处理。这里需要一个可以自动打包、寻址来发送数据流的工具。因此,会话层就应运而生。由此可以看出来,会话层的作用是实现自动打包、发包(指 IP 包),然后自动寻址。

(6)表示层。

现在已经能够将数据包打包、封装并准确地发送到目标计算机了,并且此过程可实现自动完成,不需要手动完成。但是现在又有一个问题出现了,如果要从 MAC 上发送信息给 Windows 用户,如何操作呢? 由于是两个系统,很多语法、指令都不一样,无法兼容。为此,表示层产生了。表示层就是解决各系统之间可以流畅发送信息的过程。它是应用程序和网络的翻译官,例如在手机 App 上查询银行卡账户,输入账号和密码时是要被加密的,而系统接受你的请求时,需要将编码解密,然后返回结果。表示层起到加密和解密作用。

(7)应用层就是用来封装各种协议的,可以让用户更好地使用它。

OSI 模型各层功能示意图如图 3.1 所示。

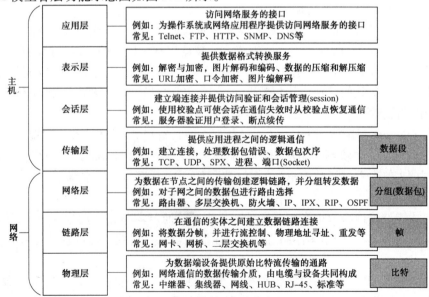

图 3.1 OSI 模型各层功能示意图

　　例如,图 3.2 所示为两台计算机之间的信息流交换过程,要求计算机 A 要发信息给计算机 B。计算机 A 中的应用程序先将需要发送的信息发送到应用层,应用层提供网络接口,信息进入 Internet 网络中,然后传送到表示层,表示层负责将信息加密和解密,并转化成计算机可以识别的统一语言。表示层又将信息传送到会话层,会话层的作用是将传递来的信息进行自动打包封装,数据流将自己寻找地址,将数据流和更新同步进行。

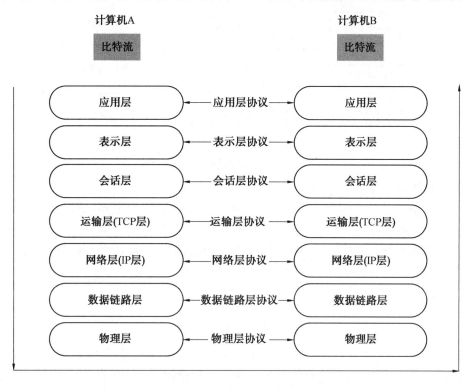

图 3.2　两台计算机之间的信息交换过程

　　接下来,信息又被发送到传输层,传输层的作用就是将这些传递来的信息一个个封装,贴上标签和地址,然后传递到网络层,封装成一个整体 IP 包,IP 包里含有源站点和目的站点。网络层再将信息转发到数据链路层,数据链路层的作用是确保将信息转化为帧,确保顺序发送和差错检测、校验。最后数据链路层又将信息发送到物理层,物理层则通过中继器、通信设备将数据流传送给计算机 B,计算机 B 的物理层接收到信息,从物理层依次由下往上传递到应用层,最后将信息传递到计算机 B。

　　信息交换过程头部信息变化如图 3.3 所示。两台不同的计算机有相同的层次结构,每层对应的结构都是通过各自的协议进行通信。由图 3.3 以看出,对左边而言,上层使用下层的服务,下层为上层提供服务。不同系统之间都有相同的功能,因此创造了一个更好的互联环境。

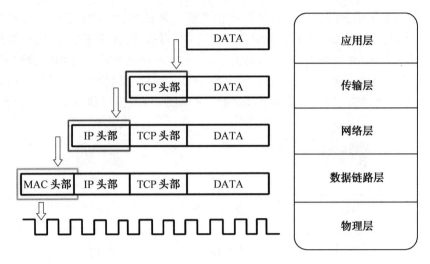

图 3.3　主机信息交换过程头部信息变化

2. TCP/IP 5 层模型

OSI 只是存在于概念和理论上的一种模型,它的缺点是分层太多,增加了网络工作的复杂性,所以没有大规模应用。后来人们对 OSI 进行了简化,合并了一些层,最终只保留了 4 层,从下到上分别是接口层、网络层、传输层和应用层,这就是大名鼎鼎的 TCP/IP 模型。为了学习方便,将接口层分为物理层和数据链路层。

3.2.2　TCP/UDP

1. TCP

TCP(tranfer control protocol)是一种面向连接的保证可靠传输的协议。通过 TCP 协议传输,得到一个顺序的、无差错的数据流。发送方和接收方成对的两个 Socket 之间必须建立连接,当一个 Socket(通常都是 Serversocket)等待建立连接时,另一个 Socket 可以要求进行连接,一旦这两个 Socket 连接起来,它们就可以进行双向数据传输,双方都可以进行发送或接收操作。

建立一个 TCP 连接需要经过"三次握手"。第一次握手:客户端发送 SYN 包(syn=j)到服务器,并进入 SYN_Seng 状态,等待服务器确认;第二次握手:服务器收到 SYN 包,必须确认客户的 SYN(ack=j+1),同时自己也发送一个 SYN 包(seq=k),即 SYN+ACK 包,此时服务器进入 SYN_Recv 状态;第三次握手:客户端收到服务器的 SYN+ACK 包,向服务器发送确认包 ACK(ack=k+1),此包发送完毕,客户端和服务器进入 ESTABLISHED 状态,完成三次握手。TCP 三次握手如图 3.4 所示。

在握手过程中,传送的包里不包含数据,三次握手完毕后,客户端与服务器才正式开始传送数据。在理想状态下,TCP 连接一旦建立,在通信双方中的任何一方主动关闭连接之前,TCP 连接都将被一直保持下去。断开连接时,服务器和客户端均可以主动发起断开 TCP 连接的请求。

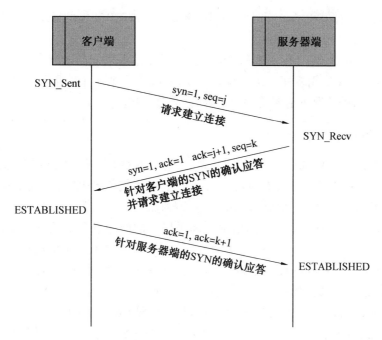

图 3.4 TCP 三次握手

2. UDP

UDP(user datagram protocol)是一种无连接的协议,每个数据报都是一个独立的信息,包括完整的源地址或目的地址,它在网络上以任何可能的路径传往目的地,因此能否到达目的地、到达目的地的时间以及内容的正确性都是不能被保证的。

3. TCP 与 UDP 的区别

(1) TCP 协议的特点。

①面向连接的协议,在 Socket 之间进行数据传输之前必然要建立连接,所以在 TCP 中需要连接时间。

②TCP 传输数据没有大小限制,一旦连接建立起来,双方的 Socket 就可以按统一的格式传输数据。

③TCP 是一个可靠的协议,它能确保接收方完全正确地获取发送方所发送的全部数据。

(2) UDP 协议的特点。

①UDP 中的每个数据报中都给出了完整的地址信息,因此无须建立发送方和接收方的连接。

②UDP 传输数据时是有大小限制的,每个被传输的数据报必须限定在 64 KB 之内。

③UDP 是一个不可靠的协议,发送方所发送的数据报并不一定以相同的次序到达接收方。

(3) TCP 和 UDP 的应用。

①TCP 在网络通信上具有极强的生命力,例如远程连接(Telnet)和文件传输(FTP)都需要不定长度的数据被可靠地传输。但是可靠地传输是要付出代价的,对数据内容正确

性的检验必然占用计算机的处理时间和网络带宽,因此 TCP 传输的效率不如 UDP 高。进程之间的通信也常基于 TCP 协议。

②UDP 操作简单,而且仅需要较少的监护,因此通常用于局域网高可靠性的分散系统中的 Client/Server 应用程序。例如视频会议系统,并不要求音频视频数据,只要保证连贯性就可以了,这种情况下显然使用 UDP 会更适合一些。

3.2.3　Socket

在有了 TCP 和 UDP 协议之后,就有了进程之间通信的基石。但是不能每次通信都需要写 TCP 的三次握手等这些复杂过程。为了屏蔽这些复杂的过程,使通信程序更简单,在 TCP 和 UDP 协议之上,便抽象出 Socket 这个概念。

所谓套接字(Socket),就是对网络中不同主机上的应用进程之间进行双向通信的端点的抽象。一个 Socket 就是网络上进程通信的一端,它提供了应用层进程利用网络协议交换数据的机制。从所处的地位来讲,Socket 上联应用进程,下联网络协议栈,是应用程序通过网络协议进行通信的接口,也是应用程序与网络协议进行交互的接口。

Socket 是通信的基石,是支持 TCP/IP 协议的网络通信的基本操作单元。它是网络通信过程中端点的抽象表示,包含进行网络通信必需的 5 种信息,即连接使用的协议、本地主机的 IP 地址、本地进程的协议端口、远地主机的 IP 地址及远地进程的协议端口。

从应用角度看,Socket 屏蔽了 TCP、UDP 等底层复杂的通信过程,提供了应用层进程利用网络协议交换数据的简单接口。Socket 采用客户端和服务端架构。Server 端监听某个端口是否有连接请求,当 Client 端向 Server 端发出连接请求后,Server 端向 Client 端发回同意接收消息。这样一个连接就建立起来了。Server 端和 Client 端都可以通过 Send、Write 等方法与对方通信。

Socket 之间的连接过程可以分为 3 个步骤,即服务器监听、客户端请求及连接确认。

(1)服务器监听。服务器监听是服务端 Socket 并不定位具体的客户端 Socket,而是处于等待连接的状态,实时监控网络状态。

(2)客户端请求。客户端请求是指由客户端的 Socket 提出连接请求,要连接的目标是服务端的 Socket。为此,客户端的 Socket 必须首先描述它要连接的服务器的 Socket,指出服务端 Socket 的地址和端口号,然后就向服务端 Socket 提出连接请求。

(3)连接确认。连接确认是指当服务端 Socket 监听到或者接收到客户端 Socket 的连接请求时,它就响应客户端 Socket 的请求,建立一个新的线程,把服务端 Socket 的描述发给客户端,一旦客户端确认了此描述,连接就建立好了。而服务端 Socket 继续处于监听状态,继续接收其他客户端 Socket 的连接请求。

以下是一个 Socket 通信实例,为了强调实现主流程,代码中去掉了对异常的处理代码,统一抛出异常。在实际项目中不建议使用抛出异常。

```
import java. io. BufferedReader;
import java. io. IOException;
import java. io. InputStreamReader;
import java. io. PrintWriter;
```

```java
import java. net. ServerSocket;
import java. net. Socket;

public class BlockingServer {
    public static void main(String[ ] args) throws IOException {
        // 服务器监听 6666 端口
        int port = 6666;
        // 服务器监听
        ServerSocket serverSocket = new ServerSocket(port);
        // 接受客户端建立链接,生成 Socket 实例
        Socket clientSocket = serverSocket. accept();
        // 输入流,读入通道内容
        BufferedReader in = new BufferedReader(new
InputStreamReader(clientSocket. getInputStream()));
        // 输出流,向通道写入内容
        PrintWriter out = new PrintWriter(clientSocket. getOutputStream(), true);
        // 读入命令行
        BufferedReader stdIn = new BufferedReader(new
InputStreamReader(System. in));
        String inputLine;
        String outputLine;
        while ((inputLine = in. readLine()) ! = null) {
            // 打印接收的客户信息
            System. out. println("#Client says:" + inputLine);
            outputLine = stdIn. readLine();
            // 发送信息给客户端
            out. println(outputLine);
        }
    }
}
```

客户端代码:

```java
import java. io. BufferedReader;
import java. io. InputStreamReader;
import java. io. PrintWriter;
import java. net. Socket;

public class BlockingClient {
    public static void main(String[ ] args) throws Exception {
```

```
        // 连接的主机和端口号
        String hostName = "localhost";
        int portNumber = 6666;
        // 创建通道,与服务器连接
        Socket socket = new Socket(hostName, portNumber);
        // 输出流,向通道写入内容
        PrintWriter out = new PrintWriter(socket.getOutputStream(), true);
        // 输入流,读入通道内容
        BufferedReader in = new BufferedReader(new
InputStreamReader(socket.getInputStream()));
        // 读入命令行
        BufferedReader stdIn = new BufferedReader(new
InputStreamReader(System.in));
        String clientInput;
        while ((clientInput = stdIn.readLine()) != null) {
            // 发送信息给服务端
            out.println(clientInput);
            System.out.println(" $ Server: " + in.readLine());
        }
    }
}
```

3.2.4 I/O 模型

网络通信的最底层都要通过 Socket 实现,Socket 封装了 TCP、UDP 协议,提供了通信的基础。而 I/O 模型决定了用什么样的通道进行输出的发送和输入的接收,这在很大程度上决定了通信的性能。以 Java 为例,Java 共支持 3 种网络 I/O 模型,即实现同步并阻塞的 BIO、实现同步非阻塞的 NIO 以及实现异步非阻塞的 AIO。

阻塞与非阻塞描述的是用户线程调用内核 I/O 操作的方式。阻塞是指 I/O 操作需要彻底完成后才返回用户空间;非阻塞是指 I/O 操作被调用后立即返回给用户一个状态值,无须等到 I/O 彻底完成。阻塞与非阻塞通信如图 3.5 所示。

同步和异步则描述的是用户线程与内核的交互方式。同步是指用户线程发起 I/O 请求后需要等待或者轮循内核 I/O 操作,完成后才能继续执行。异步是指用户线程发起 I/O 请求后仍继续执行,当内核 I/O 操作完成后会通知用户线程,或者调用用户线程注册的回调函数。同步通信与异步通信如图 3.6 所示。

一个 I/O 操作实际包含两个步骤,先发起 I/O 请求,再进行实际的 I/O 操作。阻塞与非阻塞的区别在于第一个步骤,即发起 I/O 请求后是否会被阻塞,如果阻塞直到 I/O 完成,就是传统的阻塞 I/O,如果不阻塞,就是非阻塞 I/O。同步 I/O 与异步 I/O 的区别则在于第二个步骤是否阻塞。

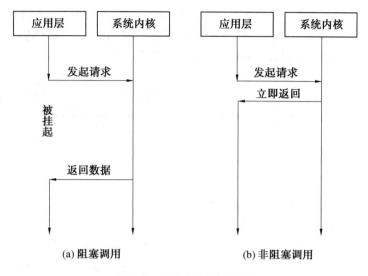

(a) 阻塞调用　　　　　　　　(b) 非阻塞调用

图 3.5　阻塞与非阻塞通信

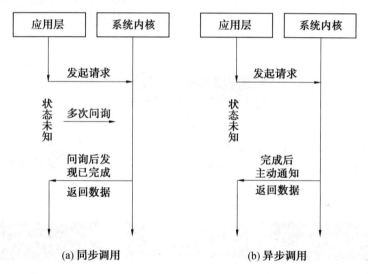

(a) 同步调用　　　　　　　　(b) 异步调用

图 3.6　同步通信与异步通信

（1）同步阻塞 I/O。

在此种方式下,用户进程在发起一个 I/O 操作以后,必须等待 I/O 操作完成,只有当真正完成了 I/O 操作以后,用户进程才能运行。Java 语言传统的 I/O 模型属于此种方式。

（2）同步非阻塞 I/O。

在此种方式下,用户进程发起一个 I/O 操作以后便可返回做其他事情,但是用户进程需要时常地询问 I/O 操作是否就绪,这就要求用户进程不停地去询问,从而引入不必要的 CPU 资源浪费。Java 的 NIO 就属于同步非阻塞 I/O。

（3）异步阻塞 I/O。

在此种方式下,应用发起一个 I/O 操作以后,不等待内核 I/O 操作完成,等内核完成 I/O 操作以后会通知应用程序,这其实就是同步和异步最关键的区别,同步必须等待或者主动去询问 I/O 是否完成。那么为什么说是阻塞的呢? 因为此时是通过 Select 系统调用来完成的,而 Select 函数本身的实现方式是阻塞的。采用 Select 函数的一个好处就是它可以同时监听多个文件句柄,从而提高系统的并发性。

(4)异步非阻塞 I/O。

在此种方式下,用户进程只需要发起一个 I/O 操作后立即返回,等 I/O 操作真正地完成以后,应用程序会得到 I/O 操作完成的通知,此时用户进程只需要对数据进行处理即可,不需要进行实际的 I/O 读写操作,因为真正的 I/O 读取或写入操作已经由内核完成了。Java AIO 属于这种异步非阻塞模型。

1. BIO

BIO(blocking I/O)是 Java 语言传统的 I/O 模型,因此,有些资料中它也称为 OIO(old blocking I/O)。在该模式下,每建立一个 Socket 连接,都要同时创建一个新线程对该 Socket 进行单独通信,并采用基于流的阻塞方式通信。这种方式的优点是具有更高的响应速度,并且编程简单,模型易于理解,在连接数较少时非常有效。BIO 的缺点在于在高并发场景下对于线程资源的消耗较高,每个连接需要使用一条线程单独处理,传输较小对象时存在频繁的线程上下文切换等问题。Java BIO 实现原理如图 3.7 所示。它的主要特点如下:

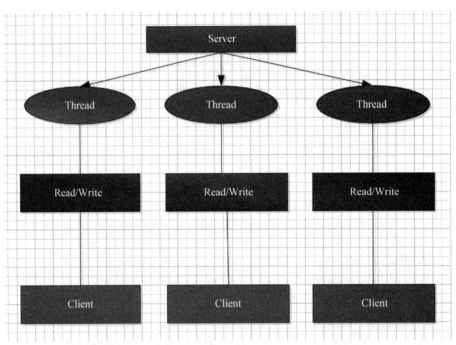

图 3.7　Java BIO 实现原理

①使用一个独立的线程维护一个 Socket 连接,随着连接数量的增多,会对虚拟机造成一定的压力。

②使用流来读取数据,流是阻塞的,当没有可读/可写数据时线程等待,会造成资源的浪费。

2. NIO

针对 BIO 的两个缺点,Java 提供了 NIO(new I/O)通信模式的实现,也被称为 none-blocking I/O。相对于 BIO 来说,NIO 模式是非阻塞 I/O。服务端保存一个 Socket 连接列表,然后对这个列表进行轮询,如果发现某个 Socket 端口上有数据可读时(读就绪),则调用该 Socket 连接的相应读操作;如果发现某个 Socket 端口上有数据可写(写就绪),则调用该 Socket 连接的相应写操作;如果某个端口的 Socket 连接已经中断,则调用相应的析构方法关闭该端口。这样能充分利用服务器资源,效率得到了很大提高。Java 中使用 Selector、Channel、Buffer 来实现上述效果。Java NIO 实现原理如图 3.8 所示。

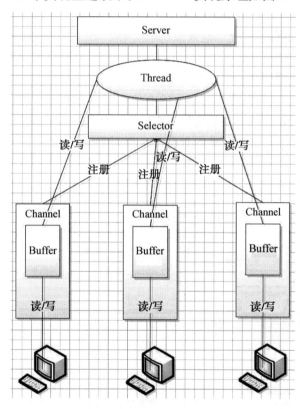

图 3.8　Java NIO 实现原理

(1)Buffer。

缓冲区本质上就是一个可读写数据的内存块,可以理解为一个数组,该对象提供了一组方法,可以更轻松地使用内存块。缓冲区的对象内置了一些机制,能够跟踪和记录缓冲区的变化情况。Channel 提供了从网络读取数据的渠道,但是读取或写入的数据都必须经过 Buffer,如图 3.9 所示。

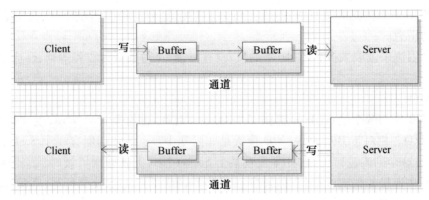

图 3.9   buffer 缓冲区

（2）Channel。

NIO 中的所有 I/O 都是从 Channel 开始的，NIO 的 Channel 类似于 BIO 中的流，但是有如下区别：

①通道可以读也可以写，流一般来说是单向的。

②通道可以异步读写。

③通道总是基于缓冲区 Buffer 来读写。

（3）Selector。

用一个线程处理多个的客户端连接，就会使用 NIO 的 Selector（选择器）。Selector 能够检测多个注册的服务端通道上是否有事件发生，如果有事件发生，则先获取事件，然后针对每个事件进行相应的处理。这样就可以只用一个单线程去管理多个通道，即管理多个连接和请求。NIO 通信的 Selector 功能示意图如图 3.10 所示。

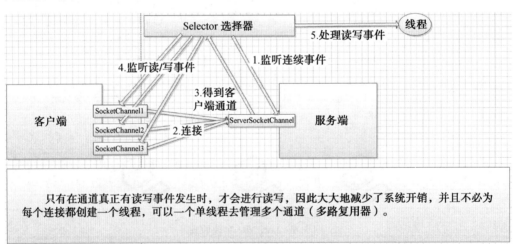

图 3.10   NIO 通信的 Selector 功能示意图

实现步骤：

①打开一个服务端通道。

②绑定对应的端口号。

③通道默认是阻塞的，需要设置为非阻塞。

④创建选择器。

⑤将服务端通道注册到选择器上,并指定注册监听的事件为 OP_ACCEPT。

⑥检查选择器是否有事件。

⑦获取事件集合。

⑧判断事件是否是客户端连接事件 SelectionKey. isAcceptable( )。

⑨得到客户端通道,并将通道注册到选择器上, 并指定监听事件为 OP_READ。

⑩判断是否是客户端读就绪事件 SelectionKey. isReadable( )。

⑪得到客户端通道,读取数据到缓冲区。

⑫给客户端回写数据。

⑬从集合中删除对应的事件,原因是防止二次处理。

代码举例。

客户端:

```java
import java. io. BufferedReader;

import java. io. IOException;

import java. io. InputStreamReader;

import java. net. InetSocketAddress;

import java. nio. ByteBuffer;

import java. nio. channels. SocketChannel;

import java. nio. charset. StandardCharsets;


public class NioClient {
    public static void main(String[ ] args) throws IOException
        {BufferedReader stdIn = new BufferedReader( new
InputStreamReader( System. in)) ;
        //1. 创建客户端链接
        SocketChannel channel = SocketChannel. open( ) ;
        //2. 绑定 ip 端口号
        channel. connect( new InetSocketAddress( "127. 0. 0. 1", 1900)) ;
        //3. 向服务端写数据
        String output = stdIn. readLine( ) ;
        channel. write( ByteBuffer. wrap( output. getBytes( StandardCharsets. UTF_8))) ;
        ByteBuffer allocate = ByteBuffer. allocate( 1024) ;
        System. out. println( "Server says:" + new String( allocate. array( ) , 0,
channel. read( allocate) , StandardCharsets. UTF_8)) ;
        channel. close( ) ;
        // 获取服务端响应
    }
}
```

服务端:

```java
import java.io.BufferedReader;
import java.io.IOException;
import java.io.InputStreamReader;
import java.net.InetSocketAddress;
import java.nio.ByteBuffer;
import java.nio.channels.SelectionKey;
import java.nio.channels.Selector;
import java.nio.channels.ServerSocketChannel;
import java.nio.channels.SocketChannel;
import java.nio.charset.StandardCharsets;
import java.util.Iterator;
import java.util.Set;


public class NioServer {
    public static void main(String[] args) throws IOException {
        //1. 打开一个服务端通道
        ServerSocketChannel serverSocketChannel = ServerSocketChannel.open();
        //2. 绑定对应的端口号
        serverSocketChannel.bind(new InetSocketAddress(1900));
        //3. 通道默认是阻塞的,需要设置为非阻塞
        serverSocketChannel.configureBlocking(false);
        //4. 创建选择器
        Selector selector = Selector.open();
        //5. 将服务端通道注册到选择器上,并指定注册监听的事件为 OP_ACCEPT
        serverSocketChannel.register(selector, SelectionKey.OP_ACCEPT);
        BufferedReader stdIn = new BufferedReader(new
InputStreamReader(System.in));
        while (true) {
            //6. 检查选择器是否有事件
            int select = selector.select(2000);
            if (select <= 0) {
                System.out.println("无事件,跳过>>>");
                continue;
            }
            //7. 获取事件集合
            Set<SelectionKey> selectionKeys = selector.selectedKeys();
```

```
            Iterator<SelectionKey> iterator = selectionKeys. iterator( );
        while ( iterator. hasNext( ) ) {
            //8. 判断事件是否是客户端连接事件 SelectionKey. isAcceptable( )
            SelectionKey selectionKey = iterator. next( );
            //9. 得到客户端通道,并将通道注册到选择器上,并指定监听事件为
               OP_READ
            if ( selectionKey. isAcceptable( ) ) {
                SocketChannel socketChannel = serverSocketChannel. accept( );
                System. out. println(" 客户端已连接>>>" );
            //必须设置通道为非阻塞,因为 selector 需要轮询监听每个通道的事件
                socketChannel. configureBlocking(false );
                //指定监听事件为 OP_READ
                socketChannel. register( selector, SelectionKey. OP_READ );
            }
                //10. 判断是否是客户端读就绪事件 SelectionKey. isReadable( )
            if ( selectionKey. isReadable( ) ) {
                //11. 得到客户端通道,读取数据到缓冲区
                SocketChannel socketChannel = ( SocketChannel )
selectionKey. channel( );
                ByteBuffer allocate = ByteBuffer. allocate(1024 );
                int read = socketChannel. read( allocate );
                if ( read > 0 ) {
                        System. out. println(" Client Says:" + new
String( allocate. array( ), 0, read, StandardCharsets. UTF_8 ) );
                }
                //12. 给客户端回写数据
                String huihua = stdIn. readLine( );

socketChannel. write( ByteBuffer. wrap( huihua. getBytes( StandardCharsets. UTF_8 ) ) );
                socketChannel. close( );
            }
                //13. 从集合中删除对应的事件,因为防止二次处理
            iterator. remove( );
        }
    }
}
}
```

3. AIO

从 Java 1.7 开始,Java 提供了 AIO(异步 I/O),也被称为"NIO.2"。它提供了异步I/O 的方式,用法与标准 I/O 有很大差异。

AIO 采用"发布/订阅"模式,即应用程序像操作系统注册 I/O 监听,然后继续做自己的事情。当操作系统发生 I/O 时间,并且准备好数据后,再主动通知应用程序,出发相应的函数。

与同步 I/O 一样,AIO 也是有操作系统进行支持的。微软的 Window 操作系统提供了一种异步 I/O 技术(I/O completion port,IOCP),而在 Linux 操作系统下并没有这种异步技术,所以使用的是 Epoll 对异步 I/O 进行模拟。

3.3　进　程　通　信

3.3.1　RPC 概述

RPC 是 Remote Procedure Call(远程过程调用)的缩写形式。Birrell 和 Nelson 在 1984 发表于 *ACM Transactions on Computer Systems* 的论文 Implementing remote procedure calls 上对 RPC 做了经典的诠释。RPC 是指计算机 A 上的进程,调用另外一台计算机 B 上的进程,其中 A 上的调用进程被挂起,而 B 上的被调用进程开始执行,当值返回给 A 时,A 进程继续执行。调用方可以通过使用参数将信息传送给被调用方,而后可以通过传回的结果得到信息。而这一过程对开发人员来说是透明的。远程过程调用采用客户机/服务器 (C/S)模式。请求程序就是一个客户机,而服务提供程序就是一台服务器。与常规或本地过程调用一样,远程过程调用也是同步操作,在远程过程结果返回之前,需要暂时终止请求程序。

RPC 背后的思想是尽量使远程过程调用具有与本地调用相同的方式。假设程序需要从某个文件中读取数据,程序员在代码中执行 Read 调用来读取数据。在传统系统中,Read 过程由链接器函数库提取出来,然后链接器将它插入目标程序中。Read 过程是一个短过程,是一个位于用户代码与本地操作系统之间的接口,一般通过执行一个等效的 Read 系统实现调用。

RPC 通过类似的途径来获得透明性。当 Read 是一个远程过程时(比如在文件服务器所在的机器上运行的过程),函数库中就放入 Read 的另外一个版本,称为客户端存根 Stud。这种版本的 Read 过程与原来的 Read 过程调用相同。另外,它也执行了本地操作系统调用。唯一不同点是它不要求操作系统提供数据,而是将参数打包成消息,然后请求将此消息发送到服务器。在调用 Send 后,客户端存根调用 Receive 过程,随即阻塞自己,直到接收到相应的消息。

当消息到达服务器时,服务器上的操作系统将它传递给服务器存根。服务器存根是客户端存根在服务器的等价物,也是一段代码,用来将通过网络输入的请求转换为本地过程调用。服务器存根一般先调用 Receive,然后被阻塞,等待消息输入。收到消息后,服务器将参数从消息中提取出来,然后以常规方式调用服务器上的相应过程。从服务器角度看,这个过程好像是由客户直接调用的:参数和返回地址都位于堆栈中,一切都很正常。服务器执行所要求的操作,随后将得到的结果以常规的方式返回给调用方。以 Read 为例,服务器将用数据填充 Read 中第二个参数执行的缓冲区,该缓冲区是属于服务器存根内部的。

调用完成后,服务器存根要将控制权交回给客户端发出调用的过程,它将结果打包成消息,随后用 Send 将结果返回给客户端。之后,服务器存根一般会再次调用 Receive,等待下一个输入的请求。

客户端接收到消息后,客户端操作系统发现该消息属于某个客户端进程(实际上该进程是客户端存根,只是操作系统无法区分这二者)。操作系统将消息复制到相应的缓存区中,随后解除对客户端进程的阻塞。客户端存根检查该消息,将结果提取出来并赋值给调用者,而后以常规的方式返回。当调用者在 Read 调用进行完毕后,重新获得控制权时,它所知道的唯一一件事情就是已经得到了所需的数据,但它不知道该操作是在本地操作系统执行的还是在远程完成的。

在整个方法中,客户端可以简单地忽略不关心的内容。客户端的实际操作只是执行普通的过程调用来访问远程服务,它并不需要直接调用底层的 Send、Receive。消息传递的所有细节都隐藏在双方的底层库中,就像传统隐藏了执行实际系统调用的细节一样。

概括来说,RPC 协议由 5 部分构成,即客户端、客户端存根、网络传输模块、服务端存根及服务端,如图 3.11 所示。

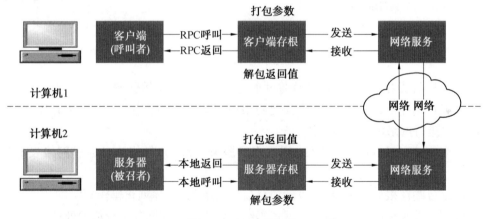

图 3.11　RPC 的组成

在图 3.11 中:

(1)客户端(client):服务调用方。

(2)客户端存根(client stub):存放服务端地址信息,将客户端的请求参数数据打包成网络消息,再通过网络传输发送给服务端。

(3)服务端存根(server stub):接收客户端发送过来的请求消息并进行解包,然后再调用本地服务进行处理。

(4)服务端(server):服务的真正提供者。

(5)网络服务(network service):底层传输,可以是 TCP 或 HTTP。

RPC 的调用过程如图 3.12 所示。可概括如下：

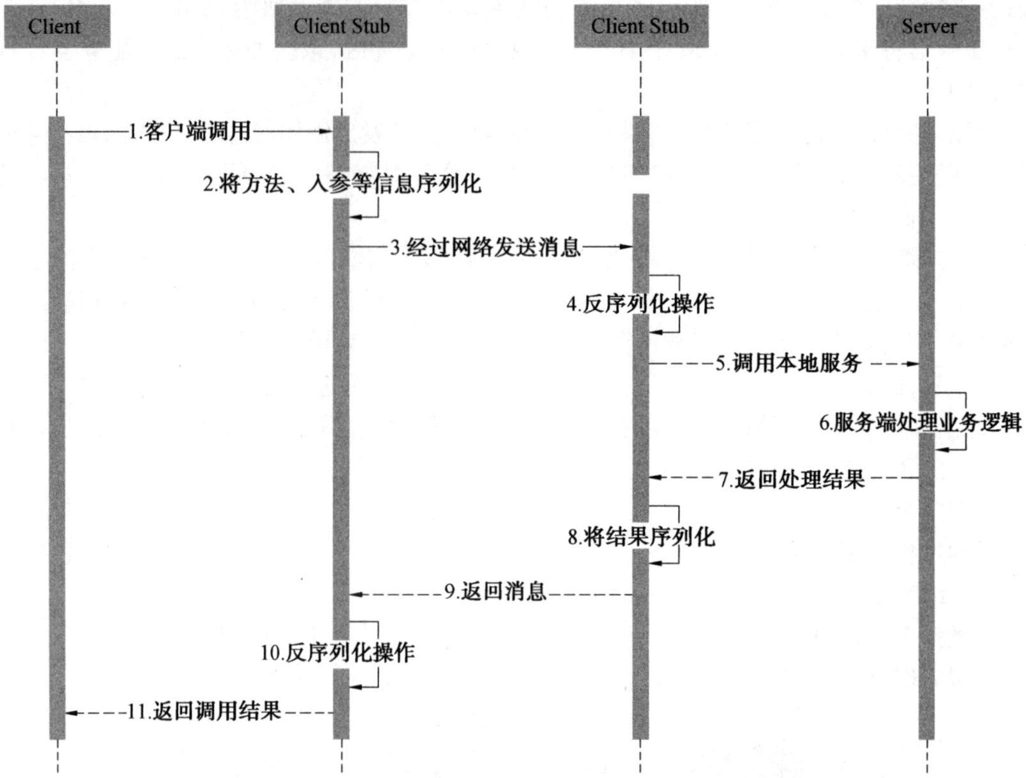

图 3.12　RPC 的调用过程

（1）服务消费者（client，客户端）通过本地调用的方式调用服务。

（2）客户端存根（client stub）接收到调用请求后负责将方法、入参等信息序列化（组装）成能够进行网络传输的消息体。

（3）客户端存根（client stub）找到远程的服务地址，并且将消息通过网络发送给服务端。

（4）服务端存根（server stub）收到消息后进行解码（反序列化操作）。

（5）服务端存根（server stub）根据解码结果调用本地的服务进行相关处理。

（6）服务端（server）本地服务业务处理。

（7）处理结果返回给服务端存根（server stub）。

（8）服务端存根（server stub）序列化结果。

（9）服务端存根（server stub）将结果通过网络发送至消费方。

（10）客户端存根（client stub）接收到消息，并进行解码（反序列化）。

（11）服务消费方得到最终结果。

以上过程是客户端过程将客户端存根发出的本地调用转换成对服务器过程的本地调用，而客户端和服务器都不会意识到中间步骤的存在。

RPC 有两个优点：①程序员可以使用过程调用与依赖调用远程方法获取响应；②简

化了编写分布式系统应用程序的难度,因为 RPC 隐藏了所有的网络代码存根方法。应用
程序不必担心一些细节,比如 Socket、端口号以及数据的转换和解析。

3.3.2 完整的 RPC 实现

RPC 实际上只是一种思想,有很多种不同的实现。为了实现调用服务端服务的调
用,RPC 协议最核心的模块是网络传输和序列化。但一个完整的 RPC 协议实现方案,通
常还包括服务发现、负载均衡、容错等模块。RPC 的逻辑架构如图 3.13 所示。

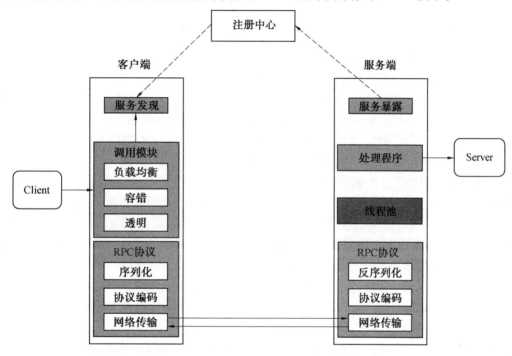

图 3.13 RPC 的逻辑架构

1. 序列化

序列化是将数据结构或对象转换成二进制串的过程。序列化后的二进制数据才能通
过底层网络进行传输。不同的序列化协议在性能和空间开销上都有所不同。序列化后的
字节数据体积越小,网络传输的数据量就越小,速度也更快。在接到字节序列后,还要进
行反序列化操作,将二进制字节流转换成对象。常用的序列化方案包括 JDK 原生的序列
化方案、JSON、Hessian、Protobuf 等。

2. 传输协议

所有的数据都需要通过网络传输,因此就需要有一个网络传输层。序列化后的二进
制字节流利用底层的网络协议进行传输。RPC 的传输可以直接建立在 TCP 协议之上,也
可以建立在 HTTP 协议之上。大部分 RPC 框架都建立在 TCP 连接之上,一方面由于 TCP
协议能够减少无用信息的传输,减轻传输数据的开销;另一方面,TCP 是一个长链接协议,
客户端和服务器建立起链接之后保持长期且有效,多个远程调用可共享一个链接。

3. 服务发现

除了序列化与网络传输两个核心模块外,服务发现通常是必备模块。客户端在做远程过程调用时,首先需要发现远程主机上可调用的服务,实现方式是创建服务注册中心。服务端所有可调用的函数、对象都需要在服务注册中心注册,客户端需要从注册中心处获得可调用的服务对象。为了提升注册中心的可用性,避免单点故障,有些 RPC 方案中还采用 ZooKeeper 集群作为注册中心。

3.3.3 RPC 实现举例

1. 第一代 RPC

(1) ONC RPC(以前称为 Sun RPC)。

Sun 公司是第一个提供商业化 RPC 库和 RPC 编译器的公司。在 20 世纪 80 年代中期,Sun 计算机提供 RPC,并在 Sun Network File System(NFS)上得到支持。该协议被以 Sun 和 AT&T 为首的 Open Network Computing(开放网络计算)作为一个标准来推动。它是一个非常轻量级的 RPC 系统,可在大多数 POSIX 类和 POSIX 操作系统中使用,包括 Linux、SunOS、OS X 和各种版本的 BSD。这样的系统被称为 Sun RPC 或 ONC RPC。

ONC RPC 提供了一个编译器,需要一个远程过程接口的定义来生成客户机和服务器的存根函数。这个编译器称为 rpcgen。在运行此编译器之前,程序员必须提供接口定义。包含函数声明的接口定义,通过版本号进行分组,并被一个独特的程序编码来标识。该程序编码能够让客户来确定所需的接口。版本号是非常有用的,即使客户没有更新到最新 RPC 的代码,仍然可以连接到一个新的服务器,只要该服务器还支持旧接口。

在 ONC RPC 中,参数通过网络转化成一种隐式类型的序列化格式,被称为 XDR(eXternal data representation)。这将确保参数能够发送到异构系统并可以被正常使用,即使这些系统可能使用了不同的字节顺序、不同大小的整数、不同的浮点或字符串表示。最后,Sun RPC 提供了一个实现必要的支持 RPC 协议和 socket 例程的运行时库。

(2) DCE RPC。

DCE(distributed computing environment,分布式计算环境)是一组由 OFS(Open Software Foundation,开放软件基金会)设计的组件,用来提供支持分布式应用和分布式环境。DCE 与 X/Open 合并后,这个组件成为 The Open Group(开放式开发组)。DCE 提供的组件包括一个分布式文件服务、时间服务、目录服务及其他服务。DCE 的远程过程调用类似于 Sun RPC,接口是由 IDN 定义的。类似于 Sun RPC,接口定义方式类似于函数原型。

DCE RPC 定义了 NDR(network data representation),用于对网络进行编码来发送信息。与用一个单一的规范来表示不同的数据类型相比,NDR 支持多规范(multi-canonical)格式,允许客户端选择使用哪种格式。理想的情况是客户端不需要将信息在本地进行类型转换。如果数据类型不同于服务器的数据类型,服务器将进行转换。但多规范格式可以避免在客户端和服务器都共享相同本地格式的情况下转换为其他外部格式。例如,在一个规定了大端字节序网络数据格式的情况下,客户端和服务器只支持小端字节序,那么客户端必须将每个数据从小端字节序转为大端字节序,而当服务器接收到消息后,将每个数据转回小端字节序。多规范网络数据表示允许客户端发送网络消息包含小端字节序格式的数据。

2. 第二代支持对象的 RPC

面向对象的语言开始在 20 世纪 80 年代末兴起,很明显,当时的 Sun ONC 和 DCE RPC 都没有提供任何支持诸如从远程类实例化远程对象、跟踪对象的实例或提供支持多态性。现有的 RPC 机制虽然可以运作,但它们仍然不支持自动、透明的方式的面向对象编程技术。因此相继产生了 CORBA、RMI 等。

虽然 DCE 修复了一些 Sun RPC 的缺点,但某些缺点依然存在。例如,如果服务器没有运行,客户端是无法连接到远程过程进行调用的。管理员必须要确保在任何客户端试图连接到服务器之前将服务器启动。如果一个新服务或接口添加到了系统,客户端是不能发现的。最后,面向对象语言期望在函数调用中体现多态性,即不同类型数据的函数的行为应该有所不同,而这一点恰恰是传统的 RPC 所不支持的。

(1)COBRA。

CORBA(common object request broker architecture,公共对象请求代理体系结构)就是为了解决上面提到的各种问题而产生的。CORBA 是由对象管理组织(OMG)组织制定的一种标准的面向对象应用程序体系规范。或者说 CORBA 体系结构是 OMG 为解决分布式处理环境(DCE)中,硬件和软件系统的互联而提出的一种解决方案。

OMG 成立于 1989 年,作为一个非营利性组织,集中致力于开发在技术上具有先进性、在商业上具有可行性并且独立于厂商的软件互联规范,推广面向对象模型技术,增强软件的可移植性(portability)、可重用性(reusability)和互操作性(interoperability)。该组织成立之初,成员包括 Unisys、Sun、Cannon、Hewlett-Packard 和 Philips 等在业界享有盛誉的软硬件厂商,目前该组织拥有 800 多家成员。

尽管有多家供应商提供 CORBA 产品,但是仍找不到能够单独为异种网络中的所有环境提供实现的供应商。不同的 CORBA 实现之间会出现缺乏互操作性的现象,从而造成一些问题;而且,由于供应商常常会自行定义扩展,而 CORBA 又缺乏针对多线程环境的规范,对于像 C 或 C++这样的语言,源码兼容性并未完全实现。CORBA 过于复杂,要熟悉 CORBA 并进行相应的设计和编程,需要数月才能掌握,而要达到专家水平,则需要几年时间。

(2)RMI。

CORBA 旨在提供一组全面的服务来管理在异构环境中(不同语言、操作系统、网络)的对象。Java 在其最初只支持通过 Socket 来实现分布式通信。1995 年,作为 Java 的缔造者,Sun 公司开始创建一个 Java 的扩展,称为 Java RMI(remote method invocation,远程方法调用)。Java RMI 允许程序员创建分布式应用程序,可以从其他 Java 虚拟机(JVM)调用远程对象的方法。

一旦应用程序(客户端)引用远程对象,就可以进行远程调用。这是通过 RMI 提供的命名服务(RMI 注册中心)来查找远程对象,接收作为返回值的引用。Java RMI 在概念上类似于 RPC,但能在不同地址空间支持对象调用的语义。

与大多数其他诸如 CORBA 的 RPC 系统不同,RMI 只支持基于 Java 来构建,但也正是这个原因,RMI 对于语言来说更加整洁,无须做额外的数据序列化工作。

3. 第三代 RPC

传统 RPC 解决方案可以工作在互联网上,但问题是,它们通常严重依赖于动态端口分配,往往要进行额外的防火墙配置。Web Service 成为以租协议,允许服务被发布、发现,并用于与技术无关的形式,服务不应该依赖于客户的语言、操作系统或机器架构。该阶段的代表产品有 XML-RPC、SOAP、. Net Remoting、Jax-ws 等。

当前流行的 RPC 如下:

(1)Thrift。

Thrift 是一个软件框架,用来进行可扩展且跨语言服务的开发。它结合了功能强大的软件堆栈和代码生成引擎,以构建在 C++、Java、Python、PHP、Ruby、Erlang、Perl、Haskell、C#、Cocoa、JavaScript、Node. js、Smalltalk、OCaml 这些编程语言之间无缝结合、高效的服务。

(2)Dubbo。

Dubbo 是一个分布式服务框架以及 SOA 治理方案。其功能包括:高性能 NIO 通信及多协议集成,服务动态寻址与路由,软负载均衡与容错,依赖分析与降级等。Dubbo 是阿里巴巴内部的 SOA 服务化治理方案的核心框架。Dubbo 自 2011 年开源后,已被许多非阿里系公司使用。

(3)gRPC。

gRPC 最早由 Google 开发,是一款语言中立、平台中立、开源的远程过程调用(RPC)系统。

3.4 RMI 实 战

RMI 模型是基于 RPC 思想实现的一种分布式对象应用,使用 RMI 技术可以使一个 JVM 中的对象调用另一个 JVM 中的对象方法并获取调用结果。这里的另一个 JVM 可以是同一台计算机,也可以是远程计算机。因此,RMI 意味着需要一个 Server 端和一个 Client 端。

Server 端通常会创建一个对象,并使之可以被远程访问。这个对象被称为远程对象。Server 端需要注册这个对象,并且该对象可以被 Client 远程访问。

Client 端调用可以被远程访问的对象,由此与 Server 端进行通信并相互传递信息。显然,使用 RMI 在构建一个分布式应用时十分方便,它与 RPC 一样可以实现分布式应用之间的互相通信,甚至与现在的微服务思想都十分类似。

3.4.1 RMI 工作原理

RMI 组成架构如图 3.14 所示。

Client 端有一个被称为 Stub 的客户端代理,也被称为存根,它是 RMI Client 的代理对象。Stub 的主要功能是在请求远程方法时构造一个信息块,RMI 协议会把这个信息块发送给 Server 端。

这个信息块由以下部分组成:

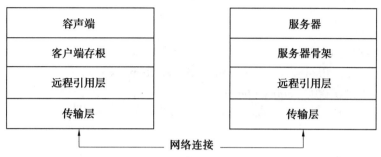

图 3.14　RMI 组成架构

（1）远程对象标识符。

（2）调用的方法描述。

（3）编组后的参数值（RMI 协议中使用的是对象序列化）。

既然 Client 端有一个 Stub 可以构造信息块并发送给 Server 端，那么 Server 端必定会有一个接收这个信息块的对象，该对象称为 Skeleton。

Skeleton 的主要工作如下：

（1）解析信息块中调用的对象标识符和方法描述，在 Server 端调用具体的对象方法。

（2）取得调用的返回值或者异常值。

（3）把返回值进行编组，返回给客户端 Stub。

3.4.2　示例代码

本小节通过一个示例场景演示 RMI 的应用。假设 Client 端需要查询用户信息，而用户信息存在于 Server 端，所以在 Server 端开放了 RMI 协议接口供客户端调用查询。

1. Server 端

Server 端提供一个可以被远程访问的类——UserService 类。UserService 类对外提供按 ID 查询功能，构建一个可以被传输的 User 类，并将 UserService 对象注册到 RMI，开放给客户端使用。

（1）定义服务器接口（需要继承 Remote 类中需要抛出的 RemoteException 异常）。

```
import java. rmi. Remote;
import java. rmi. RemoteException;
// 用户服务接口,提供用户查询功能
public interface UserService extends Remote {
    User findUser( String userId) throws RemoteException;
}
```

（2）实现服务器接口（需要继承 Unicast Remote Object 类，实现定义的接口）。

```
import java. rmi. RemoteException;
import java. rmi. server. UnicastRemoteObject;
public class UserServiceImpl extends UnicastRemoteObject implements UserService {

    protected UserServiceImpl( ) throws RemoteException {
```

```
    }
    @ Override
    // 实现按 ID 查询用户
    public User findUser( String userId) throws RemoteException {
        if ( "00001". equals( userId) ) {
            User user = new User( );
            user. setName( "詹姆斯" );
            user. setAge( 38 );
            return user;
        }
        throw new RemoteException( "查无此人" );
    }
}
```

（3）定义传输的类 User。

需要传输的类一定要实现序列化（Serializable）接口。

```
import java. io. Serializable;
public class User implements Serializable {

    private String name;
    private Integer age;
    public String getName( ) {
        return name;
    }
    public void setName( String name) {
        this. name = name;
    }
    public Integer getAge( ) {
        return age;
    }
    public void setAge( Integer age) {
        this. age = age;
    }
    @ Override
    public String toString( ) {
        return "User{" + "name='" + name + "', age=" + age + "}";
    }
}
```

（4）注册（rmi. registry）远程对象，并启动服务端程序。

在 Server 端绑定 UserService 对象作为远程访问的对象,启动时端口设置为 1900。

```java
import java. rmi. Naming;
import java. rmi. registry. LocateRegistry;
public class RMIServer {

    public static void main( String[ ] args) {
        try {
            UserService userService = new UserServiceImpl( );
            // 绑定远程对象的 stub 到注册中心
            LocateRegistry. createRegistry( 1900);
            // 服务绑定
            Naming. rebind( "rmi://localhost:1900/user", userService);
            System. out. println( "start server,port is 1900");
        } catch ( Exception e) {
            e. printStackTrace( );
        }
    }
}
```

2. RMI Client

相比 Server 端,Client 端就简单得多。直接引入可远程访问和需要传输的类,通过端口和 Server 端绑定的地址,就可以发起一次调用。

```java
import java. rmi. Naming;

public class RMIClient {
    public static void main( String args[ ]) {
        User answer;
        String userId = "00001";
        try {
            UserService access =
( UserService) Naming. lookup( "rmi://localhost:1900/user");
            answer = access. findUser( userId);
            System. out. println( "remote query:" + userId);
            System. out. println( "result:" + answer);
        } catch ( Exception e) {
            System. out. println( e);
        }
    }
}
```

3.5　gRPC 实战

gRPC 是谷歌开发并开源的一款实现 RPC 服务的高性能框架,它是基于 http 2.0 协议的,目前已经支持 C、C++、Java、Node. js、Python、Ruby、Objective-C、PHP 和 C#等语言。

在 gRPC 中,客户端应用程序可以直接调用另一台计算机的服务器应用程序,就好像它是本地对象一样,使用户更容易创建分布式应用程序和服务。与许多 RPC 系统一样,gRPC 基于定义服务的思想,指定可以通过其参数和返回类型远程调用的方法。在服务端,服务器实现了这个接口,并运行 gRPC 服务器来处理客户端调用。客户端有一个存根(在某些语言中称为客户端),它提供与服务器相同的方法。

gRPC 客户端和服务器可以在各种环境中运行并相互通信,从谷歌内部的服务器到自己的桌面,并且可以用 gRPC 支持的任何语言编写。例如,可以使用 Go、Python 或 Ruby 中的客户端用 Java 轻松地创建 gRPC 服务器。此外,最新的谷歌 API 将有 gRPC 版本的接口,让用户可以轻松地将谷歌功能构建到应用程序中。gRPC 的架构如图 3.15 所示。

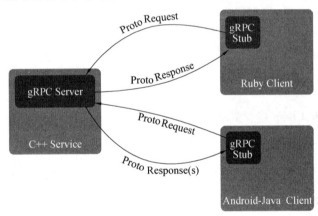

图 3.15　gRPC 的架构

3.5.1　Protocol Buffer 快速上手

若将方法调用、调用参数、响应参数等在两个服务器之间进行传输,就需要将这些参数序列化。gRPC 采用的是 Protocol Buffer 的语法(检查 proto),通过 proto 语法可以定义好要调用的方法、参数及响应格式,很方便地完成远程方法调用,而且非常利于扩展和更新参数。

Protocol Buffer 是 Google 实现的跨语言、跨平台、可扩展的序列化技术,用于序列化、结构化数据。相比于 XML,它是一种更小、更快、更简单的数据格式。它可以定义数据的结构化,如方法的名字、参数和响应格式等,然后使用对应的语言工具生成源代码,轻松地在各种数据流中使用不同的语言编写和读取结构化数据。

Protocol Buffer 的使用流程如下:

1. 创建. proto 文件

创建. proto 文件时,文件命名应使用全小写字母命名,多个字母之间用"_"连接。例如:lower_case. proto。在编写. proto 文件时,应使用 2 个空格的缩进,使用"//"或者"/* …… */"为文件添加注释。

2. 文件内容编写

(1)定义。

Protocol Buffers 语言版本 3,简称 proto3,是. proto 文件最新的语法版本。proto3 简化了 Protocol Buffers 语言,既易于使用,又可以在更广泛的编程语言中使用。它允许用户使用 Java、C++、Python 等多种语言生成 protocol buffer 代码。在. proto 文件中,要使用

syntax = "proto3";

来指定文件语法为 proto3,并且必须写在除去注释内容的第一行。如果没有指定,编译器会使用 proto 2 语法。

(2)进行 package 的声明。

package 是一个可选的声明符,能表示. proto 文件的命名空间,在项目中要有唯一性。它的作用是避免定义的消息出现冲突,即在同一目录中出现同名文件。例如:hello. proto 的命名空间可以声明如下:

package test;

(3)定义消息(message)。

要定义的结构化对象,可以给这个结构化对象中定义其对应的属性内容。在网络传输中,需要为传输双方定制协议。定制协议就是定义结构体或者结构化数据,比如,tcp、udp 报文的数据就是结构化的。再比如,将数据持久化存储到数据库时,会将一系列元数据统一用对象组织起来,再进行存储。ProtoBuf 就是以 message 的方式来支持定制协议字段,后期帮助用户自动形成类和方法来使用。在. proto 文件中定义一个消息类型的格式为

message 消息类型名{ }

消息类型命名规范:使用驼峰命名法,首字母大写。

(4)定义消息字段。

在 message 中可以定义其属性字段,字段定义格式为

字段类型 字段名 = 字段唯一编号;

其中,字段名称命名规范:全小写字母,多个字母之间用"_"连接。字段类型分为标量数据类型和特殊类型(包括枚举、其他消息类型等)。字段唯一编号用来标识字段,一旦开始使用,就不能够再改变。例如有如下定义:

// 声明语法版本

syntax = "proto3";

// 声明代码的命名空间

packagetest;

message HelloResponse{

　　string result = 1;

```
    map<string,int32> map_result = 2;
};
```

HelloResponse 代表消息体的名字,指定了 3 个字段,分别为字段的类型和顺序,顺序必须从 1 开始,并且不可重复。示例消息中的字段类型为标量类型 string 和 result。常用的标量类型如图 3.16 所示。

.proto Type	备注	Python Typ
double		float
float		float
int32	使用变长编码,对于负值的效率很低,如果你的域有可能有负值,请使用sint64替代	int
uint32	使用变长编码	int/long
uint64	使用变长编码	int/long
sint32	使用变长编码,这些编码在负值时比int32高效的多	int
sint64	使用变长编码,有符号的整型值。编码时比通常的int64高效。	int/long
fixed32	总是4个字节,如果数值总是比总是比228大的话,这个类型会比uint32高效。	int
fixed64	总是8个字节,如果数值总是比总是比256大的话,这个类型会比uint64高效。	int/long
sfixed32	总是4个字节	int
sfixed64	总是8个字节	int/long
bool	布尔值	bool
string	一个字符串必须是UTF-8编码或者7-bit ASCII编码的文本。	str/unicode
bytes	可能包含任意顺序的字节数据。	str

图 3.16　常用的标量类型

此外,消息中的字段类型也可以是枚举类型,如下所示:

```
message testenumRequest {
    string query = 1;
    int32 page_number = 2;
    int32 result_per_page = 3;
    enum Corpus {
        UNIVERSAL = 0;
        WEB = 1;
        IMAGES = 2;
        LOCAL = 3;
        NEWS = 4;
    }
    Corpus corpus = 4;
}
```

Corpus 是枚举类型,每个枚举定义必须包含一个映射到零的常量作为其第一个元素。这是因为必须有一个零值,以便可以使用 0 作为数字默认值。此外,零值必须是第一个元素,以便与 proto2 语义兼容,其中第一个枚举值始终是默认值。

除此之外,消息字段还支持其他类型,例如:

```
message HelloRequest {
```

```
        string data=1;
        Skill skill=2;
}
message Skill {
        string name = 1;
}
```

其中,Skill 为自定义类型。

在解析阶段,当默认值解析消息时,如果编码消息不包含特定的单数元素,则解析对象中的相应字段将设置为该字段的默认值。这些默认值是特定于类型的,具体如下:

①对于字符串,默认值为空字符串。

②对于字节,默认值为空字节。

③对于 bools,默认值为 false。

④对于数字类型,默认值为 0。

⑤对于枚举,默认值是第一个定义的枚举值,该值必须为 0。

⑥重复字段的默认值为空(通常是相应语言的空列表)。

(5)定义方法。

除了定义客户端与服务端之间传递的消息格式外,还要使用 Proto Buffer 定义远程调用方法。下面定义好了远程调用的方法名 hello,待编译好对应语言的源代码之后就可以使用远程调用。例如,在 Python 中初始化 GrpcService 方法,则执行 hello 方法,即采用 HelloRequest 的格式去调用远程机器的方法,然后按定义好的 HelloResponse 格式返回调用结果。根据 proto 的语法定义,甚至可以实现跨平台、跨语言使用这种远程调用。

```
service GrpcService{
        rpc hello (HelloRequest) returns (HelloResponse) {}
}
```

3.5.2 gRPC 实现

使用 Proto Buffer 进行消息和远程方法的定义后,就可以编写客户端、服务端程序完成 RPC 调用。本节以 Python 语言为例,实现 gRPC 调用。

①安装 Python 的 gRPC 源码包 grpcio,用于执行 gRPC 的各种底层协议和请求响应方法:

```
python -m pip install grpcio
```

②安装 Python 基于 gRPC 的 proto 生成 python 源代码的工具 grpcio-tools:

```
python -m pip install grpcio-tools
```

③准备. proto 文件 test. proto。

```
syntax = "proto3";

option cc_generic_services = true;


message HelloRequest{
```

```
        string data = 1;
        Skill skill = 2;
    }
message HelloResponse{
        string result = 1;
        map<string,int32> map_result = 2;
};
message Skill {
        string name = 1;
    }
service GrpcService{
        rpc hello (HelloRequest) returns (HelloResponse) {}
    }
```

④执行编译生成 python 的 proto 序列化协议源代码：

python −m grpc_tools. protoc --python_out =. --grpc_python_out =. −I. test. proto

其中，python − m grpc_tools. protoc：python 下的 protoc 编译器，通过 python 模块（module）实现；--python_out =. ：编译生成处理 protobuf 相关的代码的路径，这里生成到当前目录；--grpc_python_out =. ：编译生成处理 grpc 相关的代码的路径，这里生成到当前目录；I. test. proto：proto 文件的路径，这里的 proto 文件在当前目录。

编译后生成 test_pb2. py 和 test_pb2_grpc. py，test_pb2. py 用来与 protobuf 数据进行交互，这是根据 proto 文件定义好的数据结构类型生成的 python 化的数据结构文件。test_pb2_grpc. py 用来与 grpc 进行交互，这个就是定义了 rpc 方法的类，包含类的请求参数和响应等，可用 Python 直接实例化调用。

⑤搭建 Python gRPC 服务。生成完 Python 后就可以直接实例化和调用 gRPC 类，搭建RPC 的服务端（远程调用提供者）和客户端（调用者）。

a. 搭建服务端 server. py。

```
import time
from concurrent import futures
import grpc
from first import hello_pb2_grpc, hello_pb2
_ONE_DAY_IN_SECONDS = 60 * 60 * 24


class TestService(hello_pb2_grpc. GrpcServiceServicer):
    '''
    继承 GrpcServiceServicer,实现 hello 方法
    '''
    def __init__(self):
        pass
```

```python
def hello(self, request, context):

    #任何本地操作
    result = request.data + request.skill.name + "this is gprc test service"
    list_result = {"12": 1232}
    return hello_pb2.HelloResponse(result=str(result),
                                   map_result=list_result)


def run():
    '''
    模拟服务启动
    :return:
    '''
    server = grpc.server(futures.ThreadPoolExecutor(max_workers=10))
    hello_pb2_grpc.add_GrpcServiceServicer_to_server(TestService(), server)
    server.add_insecure_port('[::]:50052')
    server.start()
    print("start service...")
    try:
        while True:
            time.sleep(_ONE_DAY_IN_SECONDS)
    except KeyboardInterrupt:
        server.stop(0)


if __name__ == '__main__':
    run()
```

b. 搭建客户端 client.py。

```python
import grpc
from first import hello_pb2, hello_pb2_grpc


def run():
    conn = grpc.insecure_channel('localhost:50052')    #连接
    client = hello_pb2_grpc.GrpcServiceStub(channel=conn) #客户端 stub
    skill = hello_pb2.Skill(name="engineer")    #消息赋值
    request = hello_pb2.HelloRequest(data="xiaoming") #按照 proto 定义的格式指
定发送请求
```

```
response = client. hello(request) #发送请求,得到响应
print("recvd:",response. result)
print("recvd:",response. map_result)


if __name__ == '__main__':
    run()
```

先启动服务端,然后启动客户端,就能够实现客户端与服务端的远程调用,从客户端传递定义好的消息到服务端并远程调用服务端方法,服务端执行方法后按照预先定义的消息格式返回执行结果给客户端。

习   题

1. OSI 模型包含哪些层? 简要描述每层的作用。
2. 描述 TCP 协议建立连接和释放连接的过程。
3. 什么是 Socket? 基于 Java 实现 Socket 通信的关键类有哪些?
4. 试用 Java 实现基于 Socket 的简易聊天程序。
5. Java 共支持哪几种 I/O 模型? 它们之间有何区别?
6. RPC 协议的设计思想和目标分别是什么? RPC 实现通常需要包含哪几个模块?
7. 什么是 RMI? 讨论它与 RPC 的区别。
8. Dubbo 是一种流行的开源框架,请查阅相关资料了解它的架构,并编写示例程序。

第4章　分布式系统的一致性

4.1　一致性的产生

虽然分布式系统有着诸多优点,但是由于采用多机器进行分布式部署的方式提供服务,必然存在数据的复制(如数据库的异地容灾、多地部署等)。分布式系统的数据复制需求主要来源于以下两方面:

①可用性。将数据复制到分布式部署的多台机器中,可以消除单点故障,防止系统由于某台(些)宕机而导致不可用。

②性能。通过负载均衡技术,能够让分布在不同地方的数据副本全都对外提供服务,有效提高系统性能。

分布式系统为了提升可用性和性能,会通过复制技术来进行数据同步。复制机制的目的是保证数据的一致性。但是数据复制面临的主要难题也是如何保证多个副本之间的数据一致性。在分布式系统引入复制机制后,不同的数据节点之间由于网络延时等原因很容易产生数据不一致的情况。

4.2　一致性模型

为了更好地描述客户端一致性模型,本节通过模拟一个应用场景来说明这个场景包含的组成部分。

①存储系统:存储系统可以理解为一个黑盒子,它提供了可用性和持久性的保证。

②进程 A、B、C:3 个进程相互独立,能够实现对存储系统的读和写操作。

1. 强一致性

当更新操作完成之后,任何多个后续进程或者线程的访问都会返回最新的值。这种是对用户最友好的,就是用户上一次写什么,下一次就保证能读到什么。在示例场景中,假如进程 A 写入了一个存储系统,存储系统保证后续进程 A、B、C 的读取。

2. 弱一致性

系统并不保证进程或者线程的访问都会返回最新的值。系统在数据写入成功之后,不会立即读到最新写入的值,也不会具体承诺多久之后可以读到,但会尽可能保证在某个时间级别(比如秒级别)之后,可以让数据达到一致性状态。在示例中,假设进程 A 写入一个值到存储系统,存储系统不能保证后续进程 A、B、C 的读取操作能读取到最新值。此情况下有一个时间窗口的概念,它特指从进程 A 写,到后续操作进程 A、B、C 读取到最新值这一段时间。

3. 最终一致性

最终一致性是弱一致性的特殊形式。存储系统保证在没有后续更新的前提下,最终返回上一次更新操作的值。在有故障发生的前提下,不一致窗口的时间主要受通信延迟、系统负载和复制副本个数的影响。假如进程 A 首先写了一个值到存储系统,存储系统保证如果进程 A、B、C 后续读取之前,在没有其他写操作更新同样值的情况下,最终所有读取操作都会读取到程进程 A 写入的最新值。DNS 是一个典型的最终一致性系统,当更新一个域名的 IP 以后,根据配置策略以及缓存控制策略的不同,最终所有的客户端都会看到最新的值。

最终一致性更容易达到,且不会带来严重后果,因此使用较多。最终一致性模型变体如下:

①因果一致性。如果进程 A 在更新之后向进程 B 通知更新完成,那么进程 B 的访问操作将会返回更新的值。没有因果关系的进程 C 将会遵循最终一致性的规则。

②读已所写一致性。它是因果一致性的特定形式。一个进程总可以读到自己更新的数据。如果进程 A 写入了最新的值,那么进程 A 的后续操作都会读取到最新值,但是其他用户可能会过一会儿才可以读到最新值。

③会话一致性。它是读已所写一致性的特定形式。进程在访问存储系统同一个会话内,存储系统保证该进程之所写。

④单调读一致性。如果一个进程已经读取到一个特定值,那么该进程不会读取到该值以前的任何值。

⑤单调写一致性。存储系统保证会序列化执行一个进程中的所有写操作。

4.3　ACID 原则

ACID 指在数据库管理系统(DBMS)中,事务(transaction)所具有的 4 个特性,即原子性(atomicity)、一致性(consistency)、隔离性(isolation,又称独立性)及持久性(durability)。在数据库系统中,一个事务是指由一系列数据库操作组成的一个完整的逻辑过程。例如银行转账、账户扣除金额以及向目标账户添加金额,转账账户和目标账户两个数据库操作的总和构成一个完整的逻辑过程,该过程不可拆分。这个过程被称为一个事务,具有 ACID 特性。

1. 原子性

一个事务中的所有操作,要么全部完成,要么全部不完成,不会结束在中间某个环节。事务在执行过程中发生错误,会被回滚(rollback)到事务开始前的状态,就像这个事务从来没发生过一样。

例如银行转账,从 A 账户转 100 元到 B 账户,分为两个步骤:①从 A 账户取 100 元;②存入 100 元到 B 账户。这两步要么一起完成,要么不一起完成,如果完成第一步,第二步失败,总的钱数将对不上账,A 账户少了 100 元,但 B 账户并没有增加 100 元。

2. 一致性

在事务开始之前和事务结束以后,数据库要一直处于一致的状态,事物的运行不会改变数据库原一致性约束。

例如,现有完整性约束 $a+b=10$,如果一个事务改变了 a,那么必须得改变 b,使得事物结束后依然满足 $a+b=10$,否则事务失败。

3. 隔离性

隔离性是指并发的事物之间不会互相影响,如果一个事务要访问的数据正在被另一个事务修改,只要另个事务未提交,它所访问的数据就不受未提交事务的影响。

例如,交易从 A 账户转 100 元至 B 账户,在这个交易未完成的情况下,如果此时 B 查询自己的账户,账户里没有新增加的 100 元。

4. 持久性

持久性是指一旦失误提交后,它所做的修改将会永久保存在数据库上,即使出现宕机也不会丢失。

ACID 原则解决了数据库的一致性、系统的可靠性等关键问题,为关系数据库技术的成熟以及在不同领域的大规模应用创造了必要的条件。

ACID 原则在单台服务器在就能完成任务的时代,很容易实现,但是现在面对如此庞大的访问数据量,单台服务器已经不可能适应了,而 ACID 在集群环境下几乎不可能达到人们的预期,保证了 ACID,效率就会大幅度下降。为了达到这么高的要求,数据库系统很难扩展,因此就出现了 CAP 理论和 BASE 理论。

4.4　CAP 理论

2000 年 7 月,加州大学伯克利分校的 Eric Brewer 教授在 ACM PODC 会议上提出 CAP 猜想。2 年后,麻省理工学院的 Seth Gilbert 和 Nancy Lynch 从理论上证明了 CAP 理论。之后,CAP 理论正式成为分布式计算领域的公认定理。

4.4.1　CAP 理论概述

CAP 理论的内容是:一个分布式系统最多只能同时满足一致性(consistency)、可用性(availability)和分区容错性(partition tolerance)这 3 项中的 2 项。CAP 理论示意图如图4.1 所示。

1. 一致性

一致性指"all nodes see the same data at the same time",即更新操作成功并返回客户端完成后,所有节点在同一时间的数据完全一致。可以从客户端和服务端两个不同的视角理解一致性。

从客户端来看,一致性主要指的是多并发访问时更新过的数据如何获取的问题。从服务端来看,则是如何复制分布到整个系统,以保证数据最终一致。一致性是因为有并发读写才有的问题,因此在理解一致性问题时,一定要注意考虑并发读写的场景。

从客户端角度,多进程并发访问时,更新过的数据在不同进程如何获取不同策略,决定了不同的一致性。对于关系型数据库,要求更新过的数据都能被后续的访问看到,这是强一致性;如果能容忍后续的部分或者全部访问不到,则是弱一致性;如果经过一段时间

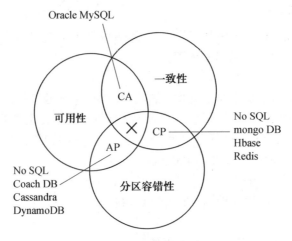

图 4.1　CAP 理论示意图

后能访问到更新后的数据，则是最终一致性。

2. 可用性

可用性指"Reads and writes always succeed"，即服务一直可用，而且是正常响应时间。

对于一个可用性的分布式系统，每个非故障的节点必须对每个请求做出响应。所以，一般衡量一个系统的可用性时，都是通过停机时间来计算的。

通常描述一个系统的可用性时，如淘宝的系统可用性可以达到 5 个 9，意思是它的可能性能够达到 99.999%，即全年停机时间不超过 $(1-0.999\,99)\times365\times24\times60=5.256$（min），这是一个极高的要求。可用性分类及其相关参数见表 4.1。

表 4.1　可用性分类及其相关参数

可用性分类	可用水平/%	年可容忍停机时间
容错可用性	99.9999	<1 min
极高可用性	99.999	<5 min
具有故障自动恢复能力的可用性	99.99	<53 min
高可用性	99.9	<8.8 h
商品可用性	99	<43.8 min

好的可用性主要是指系统能够很好地为用户服务，不出现用户操作失败或者访问超时等用户体验的情况。一个分布式系统，上下游会设计很多系统，如负载均衡、Web 服务器、应用代码、数据库服务等，任何一个节点的不稳定都可以影响系统的可用性。

3. 分区容错性

分区容错性指"the system continues to operate despite arbitrary message loss or failure of part of the system"，即分布式系统在遇到某节点或网络分区故障时，仍然能够对外提供满足一致性和可用性的服务。

分区容错性和扩展性紧密相关。在分布式应用中，可能因为一些原因导致系统无法正常运行。好的分区容错性要求应用是一个分布式系统，而看上去却好像是一个可以正常运转的整体。比如现在的分布式系统中有某一个或者几个机器宕机,其他剩下的机器还能够正常运转满足需求,或者是机器之间有网络异常,将分布式系统分隔为独立的几个部分,每个部分还能维持分布式系统的运作,这样就具有好的分区容错性。

4.4.2　CAP 理论的证明

图 4.2 所示为用来证明 CAP 理论的基本场景,网络中有两个节点 N_1 和 N_2,可以简单地理解 N_1 和 N_2 分别是两台计算机,它们之间的网络可以连通,N_1 节点中有一个应用程序 A,和一个数据库 V,N_2 节点也有一个程序 B 和一个数据库 V。现在,A 和 B 是分布式系统的两个部分,V 是分布式系统数据存储的两个数据库。

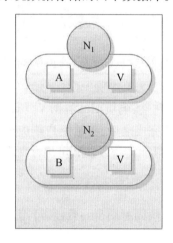

图 4.2　用来证明 CAP 理论的基本场景

在满足一致性时,N_1 和 N_2 中的数据是一样的,$V_1 = V_2$。在满足可用性时,用户不管是 N_1 还是 N_2,都会立即响应。在满足分区容错性的情况下,N_1 和 N_2 有任何一方宕机或者网络异常时,都不会影响 N_1 和 N_2 彼此之间的正常运作。

图 4.3 所示为分布式系统正常运转流程图。用户向 N_1 机器请求数据更新,程序 A 更新数据库 V_0 为 V_1,分布式系统将数据进行同步操作 M,将 V_1 同步到 N_2 的 V_0 中,使得 N_2 中的数据 V_0 也更新为 V_1,N_2 中的数据再响应 N_2 的请求。

这里可以定义:N_1 和 N_2 的数据库 V 之间的数据是否同为一致性;外部对 N_1 和 N_2 的请求响应为可用性;N_1 和 N_2 之间的网络环境为分区容错性。这是正常运作的场景,也是理想的场景,然而现实是,当错误发生时,一致性、可用性及分区容错性是否能同时满足,还是说要进行取舍呢?

作为一个分布式系统,它和单机系统的最大区别就在于网络,现在假设一种极端情况,N_1 和 N_2 之间的网络断开了,我们要支持这种网络异常,相当于要满足分区容错性,能不能同时满足一致性和可用性呢? 还是要对它们进行取舍呢?

假设在 N_1 和 N_2 之间网络断开,有用户向 N_1 发送数据更新请求,那么 N_1 中的数据 V_0 将被更新为 V_1,由于网络是断开的,所以分布式系统同步操作 M,所以 N_2 中的数据依旧是 V_0;这时有用户向 N_2 发送数据读取请求,由于数据还没有进行同步,应用程序没办

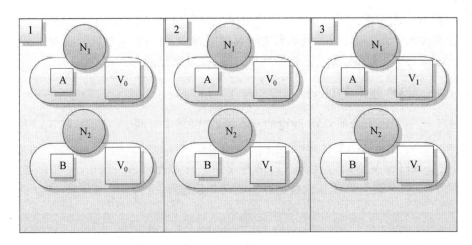

图 4.3　分布式系统正常运转流程图

法立即给用户返回最新的数据 V_1,怎么办呢?

有两种选择:①牺牲数据一致性,响应旧的数据 V_0 给用户;②牺牲可用性,阻塞等待,网络连接恢复,数据更新操作 M 完成之后,再给用户响应最新的数据 V_1。这个过程证明了要满足分布式系统的容错性,只能在一致性和可用性两者中选择其中一个。

4.4.3　CAP 权衡

通过 CAP 理论,我们知道无法同时满足一致性、可用性和分区容错性这 3 个特性,那要舍弃哪个呢?

1. 保障 CP 而舍弃 A

如果一个分布式系统不要求强的可用性,即容许系统停机或者长时间无响应,就可以在 CAP 三者中保障 CP 而舍弃 A。

一个保证 CP 而一个舍弃 A 的分布式系统,一旦发生网络故障或者消息丢失等情况,就要牺牲用户的体验,等待所有数据全部一致之后再让用户访问系统。

设计成 CP 的系统其实也不少,其中最典型的就是很多分布式数据库。在发生极端情况时,优先保证数据的强一致性,代价就是舍弃系统的可用性,如 Redis、HBase 等。分布式系统中常用的 ZooKeeper 也是在 CAP 三者之中选择优先保障 CP 的。

无论是 Redis、HBase 这种分布式存储系统,还是 ZooKeeper 这种分布式协调组件,数据的一致性是它们最基本的要求。

2. 保障 AP 而舍弃 C

若要求高可用并允许分区容错性,则应放弃一致性。一旦网络发生问题,节点之间可能会失去联系。为了保障可用性,需要在用户访问时立刻得到返回结果,则每个节点只能为本地数据提供服务,而这样会导致数据的不一致性。

这种舍弃强一致性而保证系统的分区容错性和可用性的场景及案例非常多。前面介绍可用性时说过,很多系统在可用性方面会做很多事情来保证系统的全年可用性可以达到 N 个 9,所以,对多业务系统来说,比如淘宝、12306 App 等,都是在可用性和一致性之间舍弃了一致性而选择可用性。

你在 12306 App 买车票时肯定遇到过这种场景,当你购买车票时提示是有票的(但是可能实际已无票了),你也正常输入验证码下单,但是过了一会系统提示你下单失败,余票不足。这其实就是先在可用性方面保证系统可以正常服务,然后在数据的一致性方面做了牺牲,会影响一些用户体验,但是也不至于造成用户流程的严重阻塞。

但是,我们说很多网站牺牲了一致性而选择了可用性,这其实不够准确的。就比如上面的例子,其实舍弃的只是强一致性,退而求其次保证了最终一致性。也就是说,虽然下单的瞬间,关于车票库存可能存在数据不一致的情况,但是过了一段时间还是要保证最终一致性的。

对于多数大型互联网应用场景,主机众多、部署分散,而且现在的集群规模越来越大,所以节点故障、网络故障是常态,而且要保证服务可用性达到 N 个 9,即保证 P 和 A,舍弃 C(退而求其次保证最终一致性)。虽然某些地方会影响客户体验,但没达到造成用户流程的严重程度。

3. 保障 CA 而舍弃 P

这种情况在分布式系统中几乎是不存在的。首先在分布式环境下,网络分区是一个必然的事实,所以如果舍弃 P,意味着要舍弃分布式系统,那就没有必要再讨论 CAP 理论了。这也是为什么在前面的 CAP 证明中,我们以系统满足 P 为前提论述了无法同时满足 C 和 A 的原因。

比如我们熟知的关系型数据库,如 MySQL 和 Oracle 就是保证了可用性和数据一致性,但是它们并不是一个分布式系统。一旦关系型数据库要考虑主备同步、集群部署等,就必须要将 P 也考虑进来。

其实,在 CAP 理论中,C、A、P 三者并不是平等的,CAP 之父在《Spanner,真时,CAP 理论》一文中写道:

如果说 Spanner 真有什么特别之处,那就是谷歌的广域网。Google 通过建立私有网络以及强大的网络工程能力来保证 P,在多年运营改进的基础上,在生产环境中可以最大限度地减少分区的发生,从而实现高可用性。

从 Google 的经验中可以得到的结论是,无法通过降低 CA 来提升 P。若要提升系统的分区容错性,则需要通过提升基础设施的稳定性来保障。

所以,对于一个分布式系统来说,P 是一个基本要求,CAP 三者中,只能在 CA 两者之间做权衡,并且要想尽办法提升 P。

上面介绍了如何在 CAP 中权衡及取舍以及典型的案例。孰优孰略,没有定论,只能根据场景定夺,适合的才是最好的。

例如,对于涉及钱财这样不能有一丝让步的场景,C 必须保证;网络发生故障宁可停止服务,这是保证 CA,舍弃 P。又如,支付宝光缆被挖断的事件,在网络出现故障时,支付宝就在可用性和数据一致性之间选择了数据一致性,用户感受到的是支付宝系统长时间宕机,但是其背后是无数的工程恢复数据,保证数据的一致性。

对于其他场景,比较普遍的做法是选择可用性和分区容错性,舍弃强一致性,退而求其次使用最终一致性来保证数据的安全。这其实是分布式领域的另外一个理论——

BASE 理论。

4.5　BASE 理论

eBay 的架构师 Dan Pritchett 源于对大规模分布式系统的实践总结,在 ACM 上发表文章提出 BASE 理论。BASE 理论是对 CAP 理论的延伸。其核心思想是即使无法做到强一致性(strong consistency,CAP 的一致性就是强一致性),但应用可以采用适合的方式达到最终一致性。

BASE 是指基本可用(basically available)、软状态(soft state)、最终一致性(eventual consistency)。

1. 基本可用

基本可用是指分布式系统在出现故障时,允许损失部分可用性,即保证核心可用。

电商大促销时,为了应对访问量激增,部分用户可能会被引导到降级页面,服务层也可能只提供降级。这就是损失部分可用性的体现。

2. 软状态

软状态是指允许系统存在中间状态,而该中间状态不会影响系统整体的可用性。分布式存储中一般数据至少有 3 个副本,允许不同节点之间副本同步的延时就是软状态的体现,如 MySQL Replication 的异步复制。

3. 最终一致性

最终一致性是指系统中的所有数据副本经过一定时间后,最终能够达到一致的状态。弱一致性和最终一致性相反,最终一致性是弱一致性的特殊情况。

4. ACID 和 BASE 的区别与联系

ACID 是传统数据库常用的设计理念,追求强一致性模型。BASE 支持的是大型分布式系统,提出通过牺牲强一致性获得高可用性。ACID 和 BASE 代表了两种截然相反的设计哲学。在分布式系统设计场景中,系统组件对一致性要求是不同的,因此 ACID 和 BASE 又会结合使用。

4.6　一致性算法

在分布式系统中,为了保证数据的高可用性,通常会将数据保留多个副本(replica),这些副本会放不同的物理的机器上。为了对用户提供正确的增、删、改、查等语义,我们需要保证这些放置在不同物器上的副本是一致的。

为了解决这种分布式一致性问题,前人在性能和数据一致性的反反复复权衡过程中总结了许多典协议和算法。其中比较著名的有二阶提交协议(two phase commitment protocol)、三阶提交协议(three phase commitment Protocol)和 Paxos 算法。

分布式事务是指涉及操作多个数据库的事务。其实就是将对同一数据库事务的概念扩大到了对多个数据库的事务,其目的是保证分布式系统中的数据一致性。分布式事务处理的关键是必须有一种方法可以知道事务在任何地方所做的动作,提交或回滚事务的决定必须产生统一的结果(全部提交或全部)。

在分布式系统中,各个节点之间在物理上相互独立,通过网络进行沟通和协调。由于存在事务,可以保证每个独立节点上的数据操作满足 ACID。但是,相互独立的节点之间无法准确地知道节点中的事务执行情况。所以从理论上讲,两台机器理论上无法达到一致的状态。如果想让分布式的多台机器中的数据保持一致性,那么就要保证在所有节点的数据写操作,要么全部都执行,要么都不执行。但是,一台机器在执行本地事务时无法知道其他机器中的本地事务的执行结果。所以它也就不知道本次事务到底应该提交还是滚回。所以,常规的解决办法是引入一个"协调者"的组件来统一调度所有分布式节点的执行。

4.6.1　二阶段提交

二阶段提交(two-phase commit)是指在计算机网络及数据库领域内,为了使基于分布式系统下的所有节点在进行事务提交时保持一致性而设计的一种算法。通常,二阶段提交也被称为是一种协议。在分布式系统中,每个节点虽然可以知晓自己操作是成功还是失败,却不知道其他节点操作是成功还是失败。当一个事务跨越多个节点时,为了保持事务的 ACID 特性,需要一个作为协调者的组件来统一掌控所有节点(称为参与者)的操作结果,并最终指示这些节点是否要把操作结果进行真正的提交,比如将更新后的数据写入磁盘等。因此,二阶段提交的算法思路可以概括为:参与者将操作成败通知协调者,再由协调者根据所有参与者的反馈情报决定各参与者是否要提交操作还终止操作。

二个阶段提交具体如下:

1. 准备阶段(投票阶段)

事务协调者(事务管理器)给每个参与者(资源管理器)发送 Prepare 消息,每个参与者要么直接返回(如权限验证失败),要么在本地执行事务,写本地的 Redo(记录每条新增或者修改后的数据)和 Undo(记录需要回滚的数据)日志,但不提交。准备阶段分为以下 3 个步骤:

(1)协调者节点向所有参与者节点询问是否可以执行提交操作,并开始等待各参与者节点的响应。

(2)参与者节点执行协调者发起的所有事务操作,并将 Undo 信息和 Redo 信息写入日志。(若成功,说明这里其实每个参与者已经执行了事务的操作。)

(3)各参与者节点响应协调者节点发起的询问。如果参与者节点的事务操作实际执行成功,则它发出一个"同意"消息;如果参与者节点的事务操作实际执行失败,则它返回一个"终止"消息。

2. 提交阶段(执行阶段)

如果协调者收到了参与者的失败消息或者超时,直接给每个参与者发送回滚消息;否则,发送提交消息。参与者根据协调者的指令执行提交或者回滚操作,释放所有事务处理中使用的锁资源。注意:必须在最后阶段释放锁资源。

二阶段提交算法流程图如图 4.4 所示。接下来分别从两种情况讨论提交阶段的过程。

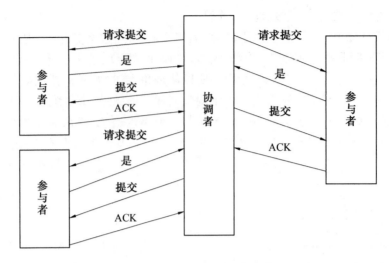

图 4.4 二阶段提交算法流程图

当协调者节点从所有参与者节点获得的相应消息都为"同意"时：

①协调者节点向所有参与者节点发出"正式提交"的请求。

②参与者节点正式完成操作,并释放在整个事务期间内占用的资源。

③参与者节点向协调者节点发送"完成"消息。

④协调者节点收到所有参与者节点反馈的"完成"消息后,完成事务。

如果任一参与者节点在第一阶段返回的响应消息为"终止",或者协调者节点在第一阶段的询问超时,之前无法获取所有参与者节点的响应消息时：

①协调者节点向所有参与者节点发出"回滚操作"的请求。

②参与者节点利用之前写入的 Undo 信息执行回滚,并释放在整个事务期间内占用的资源。

③参与者节点向协调者节点发送"回滚完成"消息。

④协调者节点收到所有参与者节点反馈的"回滚完成"消息后,取消事务。最终,不管最后结果如何,第二阶段都会结束当前事务。

二阶段提交看起来确实能够提供原子性的操作,但是不幸的是,二阶段提交还是有缺点的：

①同步阻塞问题。在执行过程中,所有参与节点都是事务阻塞型的。当参与者占有公共资源时,第三方节点访问公共资源不得不处于阻塞状态。

②单点故障。由于协调者的重要性,一旦协调者发生故障,参与者就会一直阻塞下去。尤其在第二段,若协调者发生故障,那么所有参与者还处于锁定事务资源的状态中,而无法继续完成事务。如果是协调者宕机,可以重新选举一个新的协调者,但是无法解决因为协调者宕机而导致的参与者处于阻塞状态的问题。

③数据不一致。在二阶段提交第二个过程中,当协调者向参与者发送 Commit 请求之后,发生了局部网络异常,或者在发送 Commit 请求过程中协调者发生了故障,这会导致只有一部分参与者接收到了 Commit 请求。而在这部分参与者接收到 Commit 请求之后就会执行 Commit 操作。但是其他部分未接收到 Commit 请求的机器则无法执行事务提交。于

是整个分布式系统便出现了数据不一致性的现象。

④二阶段无法解决的问题。协调者在发出 Commit 消息之后宕机,而唯一接收到这条消息的参与者同时也宕机了,那么即使协调者通过选举协议产生了新的协调者,这条事务的状态也是不确定的,没人知道事务是否被已经提交。

4.6.2 三阶段提交

由于二阶段提交存在着诸如同步阻塞、单点问题、脑裂等缺陷,所以,研究者在二阶段提交的基础上做了改进,提出了三阶段提交。与两阶段提交不同的是,三阶段提交有两个改动点。

①引入超时机制。同时在协调者和参与者中都引入超时机制。

②在第一阶段和第二阶段中插入一个准备阶段,保证了在最后提交阶段之前各参与节点的状态是一致的。

三阶段提交算法流程图如图 4.5 所示。

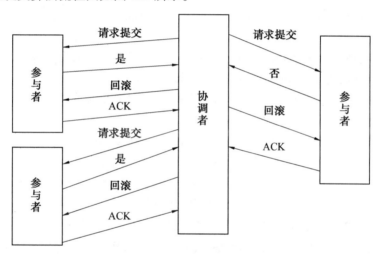

图 4.5 三阶段提交算法流程图

也就是说,除了引入超时机制外,三阶段提交把二阶段提交的准备阶段再次一分为二,这样三阶段提交就有 CanCommit、PreCommit、DoCommit 3 个阶段。

1. CanCommit 阶段

三阶段提交的 CanCommit 阶段其实类似于二阶段提交的准备阶段。协调者向参与者发送提交请求,参与者如果提交就返回“Yes”响应,否则返回“No”响应。具体步骤如下:

①事务询问。协调者向参与者发送 CanCommit 请求,询问是否可以执行事务提交操作。然后开始等待参与者的响应。

②响应反馈。参与者接到 CanCommit 请求之后,在正常情况下,如果其自身认为可以顺利执行事务,则返回 Yes 响应,并进入预备状态,否则反回“No”响应。

2. PreCommit 阶段

协调者根据参与者的响应情况来决定是否可以执行事务的 PreCommit 操作。具体有以下两种可能。

（1）假如协调者从所有的参与者获得的反馈都是"Yes"响应，那么就会执行事务的预执行。

①发送预提交请求。协调者向参与者发送 PreCommit 请求，并进入 Prepared 阶段。

②事务预提交。参与者接收到 PreCommit 请求后，会执行事务操作，并将 Undo 和 Redo 信息记录到事务日志中。

③响应反馈。如果参与者成功地执行了事务操作，则返回 ACK 响应，同时开始等待最终指令。

（2）假如有任何一个参与者向协调者发送了"No"响应，或者等待超时之后，协调者都没有接到参与者的响应，那么执行事务中断。

①发送中断请求。协调者向所有参与者发送 Abort 请求。

②中断事务。参与者收到来自协调者的 Abort 请求之后（或超时之后，仍未收到协调者的请求），执行事务中断。

3. DoCommit 阶段

该阶段进行真正的事务提交，也可以分为以下两种情况。

（1）执行提交。

①发送提交请求。协调者接收到参与者发送的 ACK 响应，那么它将从预提交状态进入提交状态，并向所有参与者发送 DoCommit 请求。

②事务提交。参与者接收到 DoCommit 请求之后，执行正式的事务提交，并在完成事务提交之后释放所有事务资源。

③响应反馈。事务提交完毕之后，向协调者发送 ACK 响应。

④完成事务。协调者接收到所有参与者的 ACK 响应之后，完成事务。

（2）中断事务。协调者没有接收到参与者发送的 ACK 响应（可能是接收者发送的不是 ACK 响应，也可能是响应超时），那么执行中断事务。

①发送中断请求。协调者向所有参与者发送 Abort 请求。

②事务回滚。参与者接收到 Abort 请求之后，利用其在阶段二记录的 Undo 信息来执行事务的回滚操作，并在完成回滚之后释放所有的事务资源。

③反馈结果。参与者完成事务回滚之后，向协调者发送 ACK 消息。

④中断事务。协调者接收到参与者反馈的 ACK 消息之后，执行事务中断。

在 DoCommit 阶段，如果参与者无法及时接收到来自协调者的 DoCommit 或者 Rebort 请求时，会在等待超时之后继续进行事务的提交。（其实这个应该是基于概率来决定的，当进入第三阶段时，参与者在第二阶段已经收到了 PreCommit 请求，那么协调者产生 PreCommit 请求的前提条件是他在阶段开始之前，收到所有参与者的 CanCommit 响应都是"Yes"。一旦参与者收到了 PreCommit，则表示参与者同意修改。所以，概括地讲，当进入第三阶段时，由于网络超时等原因，参与者没有收到 Commit 或者 Abort 响应，但是它有理由相信成功提交的概率很大。）

4.6.3　2PC 与 3PC 的区别

相对于 2PC，3PC 主要解决的是单点故障问题，并减少阻塞，因为一旦参与者无法及时接收到来自协调者的信息之后,它会默认执行 Commit,而不会一直持有事务资源并处于阻塞状态。但是这种机制也会导致数据一致性问题。因为网络问题,协调者发送的 abort 响应没有及时被参与者接收到,那么参与者在等待超时之后执行了 Commit 操作。这样就和其他接到 abort 命令并执行回滚的参与者之间存在数据不一致的情况。

讨论:是不是阶段越多就越好呢?考虑经典的红军蓝军问题。

处于两地的红军 A 与红军 B 要与蓝军作战,但单独的红军 A 或红军 B 打不过蓝军,而红军 A 与红军 B 联合对抗蓝军则会 100% 取得胜利。

于是红军 A 与红军 B 需要商议在何时进攻,但由于无线网络信号质量很差,无法确保红军 A 与红军 B 发出的消息能够送达对方,在此情境下,能否设计出一种可靠的通信协议使红军一定取得胜利(即在通信信道不可靠的情况下,设计出完全可靠的通信协议)。

请求确认:

假定红军 A 计划与红军 B 在次日凌晨 2 点共同向蓝军发起攻击,红军 A 必定要向红军 B 发送请求进攻报文"次日 2 攻蓝军",但是由于通信信道的不可靠性,红军 B 必须向红军 A 发送一个确认报文。

在这种协议下,对于红军 A 来说,是否发动攻击取决于有没有收到红军 B 的确认报文;而对于红 B 来说,是否攻击取决于有没有收到红军 A 的请求进攻信号。红军蓝军问题之一次确认如图 4.6 所示。

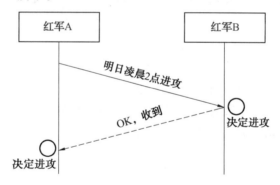

图 4.6 红军蓝军问题之一次确认

确认的确认:

如图 4.7 所示,为了解决该问题,即需要让红军 B 知道红军 A 已收到确认报文,在原来协议的基础上,红军 A 收到确认报文后向红军 B 发送"确认的确认"。

在这种协议下,对于红军 A 来说,收到红军 B 的确认报文后决定发起进攻;而对于红军 B 来说,在收到"确认的"报文后决定发起进攻。

但实际上"确认的确认"报文也可能丢失,而红军 A 并不知道红军 B 是否收到了"确认的确认"报文,因此,如果"确认的确认"丢失,会导致红军 A 单独作战。

为了解决以上问题,需红军 B 再次发送对"确认的确认"的确认报文,但这同样会导致相同的问题,无限循环下去。

从上面的例子可以看出,在不可靠通信信道上无法设计出一种完全可靠的通信协议,

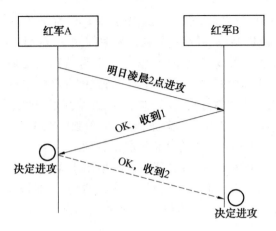

图 4.7 红军蓝军问题之确认的确认

因为对最后确认报文的发送,发送方无法知晓接收方是否收到,因而发送方无法判定约定是否有效。

习　　题

1. 简要分析分布式系统出现一致性问题的原因。

2. 一致性模型可分为哪几种? 最常用的是哪种一致性模型? 它的优点是什么?

3. 什么是 CAP 理论? Redis 数据库的设计是如何取舍 C、A、P 的? 为什么?

4. BASE 理论与 ACID 理论的区别是什么?

5. 分析两阶段提交算法可能存在的潜在问题。

6. 三阶段提交为什么能解决两阶段提交的单点故障?

7. 三阶段提交是否一定能解决一致性问题? 如果增加阶段数,设计四阶段提交,请分析它与三阶提交相比的优势与劣势。

第5章 分布式系统中的共识

5.1 共识与一致性

共识(consensus)与一致性(consistency)是两个紧密关联但又彼此独立的概念,然而,这两个概念经常被混淆。一致性往往指分布式系统中多个副本对外呈现的数据的状态。共识性则描述了分布式系统中多个节点之间彼此对状态达成一致结果的过程。实践中,要保障分布式系统满足不同程度的一致性,核心过程往往需要通过共识算法来达成。

共识和一致性的关系也是很紧密的,这也是经常被混淆的原因。在分布式系统中,数据副本存放在不同节点上。用户修改了某个节点的数据,经过一定时间后,如果用户能从分布式系统中任意节点读取到修改后的数据,那么该分布式系统就实现了一致性。既然用户能从系统中读取到修改后的数据,则说明分布式系统中所有节点对这次数据修改达成了共识。因此一致性和共识的区别可概括为:

①一致性是目的,而共识则是实现一致性这一目的所要经历的一个过程。

②一致性有强弱之分,而共识没有。共识需要所有节点对某个提案内容达成一致,只要达成一致,就实现了共识;只要不能达成一致,就没有实现共识,因此共识只有成与不成,没有强弱之分。

为了更好地区分一致性和共识这两个概念,下面举例说明。

假设一个由500个节点组成的分布式系统,已经完成了200号变更,正准备进行201号变更。该系统收到了多个变更请求,如"变量a=hello""变量b=nihao""变量c=world"等。共识算法可以让分布式系统对选取哪个变更成为第201号变更达成共识。假设规定由7个节点负责表决,决定让"变量b=nihao"成为第201号变更,那么共识算法的过程就完成了。

从这个例子可以看出,共识算法具有以下特点:

①只需要部分节点参与表决,为了提高效率,往往不会让全部节点都参与表决,而且为了避免平票,表决的节点总数一般是奇数。例如,本例中选择7个节点参与表决。

②只需要分布式系统对变更内容达成共识,而不需要真正地执行变更。例如,上述例子中,所有节点都不真正执行共识结果"b=nihao"的操作。

对变更达成共识后,确定了第201号变更是"b=nihao",接下来需要在分布式系统的500个节点上执行这个变更,这就是一致性算法需要完成的工作。这一步可以让所有节点同时开启事务后一起完成变更,也可以让节点分批次变更,还可以让各个节点自由选择变更时机。不同的一致性算法决定了不同的变更方式,也将决定系统的一致性级别。

由此可以看出,一致性算法具有以下特点:

①需要参与节点共同参与。

②需要节点切实完成变更。

5.2　拜占庭将军问题

拜占庭将军问题(the byzantine generals problem)提供了对分布式系统共识问题的一种情景化描述,由 Leslie Lamport 等人在 1982 年首次发表。事实上,拜占庭将军问题是分布式系统领域最复杂的容错模型,它描述了如何在存在恶意行为(如消息篡改或伪造)的情况下使分布式系统达成共识。

拜占庭帝国军队的几个师驻扎在敌城外,每个师都由各自的将军指挥。将军们只能通过信使相互沟通。在观察敌情之后,他们必须制订一个共同的行动计划,如进攻(attack)或者撤退(retreat),且只有当半数以上的将军共同发起进攻时才能取得胜利。然而,其中一些将军可能是叛徒,试图阻止忠诚的将军达成一致的行动计划。那么,如何能够在众多将军中达成一致,此时叛徒将军的数量 m 和将军总数 n 应满足什么要求?

为了更加深入地理解拜占庭将军问题,我们以 3 位将军问题为例进行说明。当 3 个将军都忠诚时,可以通过投票确定一致的行动方案。图 5.1 展示了一种场景,即将军 A 和将军 B 通过观察敌军军情并结合自身情况判断可以发起攻击,而将军 C 通过观察敌军军情并结合自身情况判断应当撤退。最终 3 位将军经过投票表决得到结果为进攻∶撤退=2∶1,所以将一同发起进攻取得胜利。对于 3 位将军在每位将军都能执行两种决策(进攻或撤退)的情况下,共存在 6 种不同的场景。图 5.2 是其中的一种场景,对于其他 5 种场景可简单地推得,通过投票 3 位将军都将达成一致的行动计划。

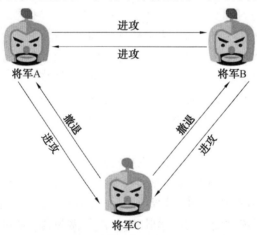

图 5.1　拜占庭将军问题(指挥官为忠将)

当 3 位将军中存在一个叛徒时,将可能扰乱正常的作战计划。图 5.2 展示了将军 C 为叛徒的一种场景,他给将军 A 和将军 B 发送了不同的消息,在这种场景下将军 A 通过投票得到进攻∶撤退=1∶2,最终将做出撤退的行动计划;将军 B 通过投票得到进攻∶撤退=2∶1,最终将做出进攻的行动计划。结果只有将军 B 发起了进攻并战败。

事实上,对于 3 位将军中存在一个叛徒的场景,想要总能达到一致的行动方案是不可能的。详细的证明可参看 Leslie Lamport 的论文。此外,论文中给出了一个更加普适的结

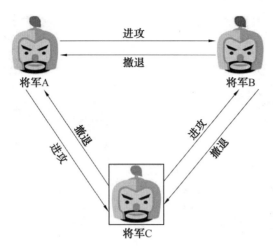

图 5.2　拜占庭将军问题(指挥官为叛将)

论:如果存在 m 个叛将,那么至少有 $3m+1$ 个将军,才能最终达到一致的行动方案。

Leslie Lamport 给出了两种方案,即口信消息型解决方案和签名消息型解决方案。

1. 口信消息型解决方案

该方案有 3 个前提:①任何已经发送的消息都将被正确传达;②消息的接收者知道是谁发送的消息;③消息的缺席可以被检测。

为了加深理解,以 3 个忠将 1 个叛将的场景为例,对口信消息型解决方案进行推导。在口信消息型解决方案中,将首先发送消息的将军称为指挥官。对于 3 个忠将 1 个叛将的场景需要进行两轮作战信息协商,如果没有收到作战信息,那么默认撤退。图 5.3 所示为指挥官为忠将的场景。在第一轮作战信息协商中,指挥官向 3 位将军发送了进攻的消息;在第二轮中,3 位将军再次进行作战信息协商,由于将军 A 和将军 B 为忠将,因此他们根据指挥官的消息向另外一位将军发送了进攻的消息,而将军 C 为叛将,为了扰乱作战计划,他向另外两位副官发送了撤退的消息。最终指挥官、将军 A 和将军 B 达成了一致的进攻计划,可以取得胜利。

图 5.4 所示为指挥官为叛将的场景。在第一轮作战信息协商中,指挥官向将军 A 和将军 B 发送了撤退的消息,但是为了扰乱将军 C 的决定,向其发送了进攻的消息;在第二轮中,由于所有将军均为忠将,因此都将来自指挥官的消息正确地发送给其余两位将军。最终所有忠将都能达成一致撤退的计划。

如上所述,对于口信消息型拜占庭将军问题,如果叛将人数为 m,将军人数不少于 $3m+1$,那么能达成一致的行动计划。值得注意的是,在这个算法中,叛将人数 m 是已知的,且叛将人数 m 决定了递归的次数,即叛将数 m 决定了进行作战信息协商的轮数,如果存在 m 个叛将,则需要进行 $m+1$ 轮作息协商。这也是上述存在 1 个叛将时需要进行两轮作战信息协商的原因。

2. 签名消息型解决方案

同样,对签名消息的定义是在口信消息定义的基础上增加了如下两条:④忠诚将军的签名无法伪造,而且对他签名消息的内容进行任何更改都会被发现;⑤任何人都能验证将

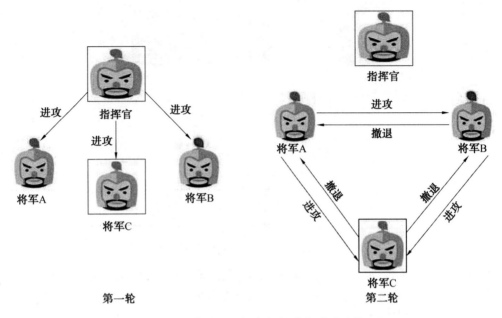

图 5.3　口信消息型解决方案（指挥官为忠将）

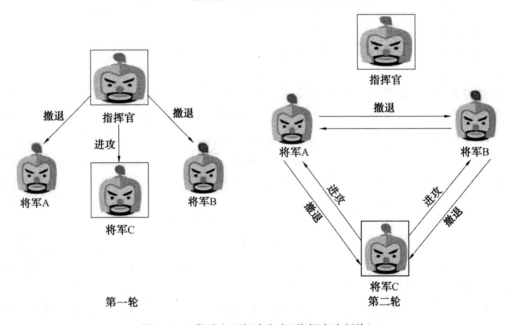

图 5.4　口信消息型解决方案（指挥官为叛将）

军签名的真伪。基于签名消息的定义可以知道,签名消息无法被伪造或者篡改。为了深入理解签名消息型解决方案,我们同样以 3 位将军问题为例进行推导。图 5.5 是忠将率先发起攻击的场景。将军 A 率先向将军 B 和将军 C 发送了进攻消息,一旦叛将 C 篡改了来自将军 A 的消息,那么将军 B 将发现作战信息被将军 C 篡改,将军 B 将执行将军 A 发送的消息。

　　图 5.6 所示为叛将率先发起攻击的场景。叛将 C 率先发送了误导的作战信息,那么

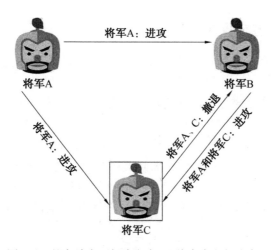

图 5.5 签名消息型解决方案(忠将率先发起攻击)

将军 A 和将军 B 将发现将军 C 发送的作战信息不一致,因此判定其为叛将。可对其进行处理后再进行作战信息协商。

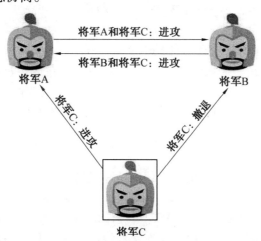

图 5.6 签名消息型解决方案(叛将率先发起攻击)

综上可以看出,签名消息型解决方案可以处理任何数量叛将的场景。

在分布式系统领域,拜占庭将军问题中的角色与计算机世界的对应关系如下:将军对应计算机节点;忠诚的将军对应运行良好的计算机节点;叛变的将军对应被非法控制的计算机节点;信使被杀对应通信故障使得消息丢失;信使被间谍替换对应通信被攻击,攻击者篡改或伪造信息。

5.3 共识算法分类

拜占庭将军问题提供了对分布式系统共识问题的一种情景化描述,是分布式系统领域最复杂的模型。现有分布式系统共识算法主要分为两类:拜占庭容错算法和非拜占庭容错算法。

5.3.1　拜占庭容错算法

在一些更开放的分布式系统中,各个节点都是独立的、自由的,完全有可能出现恶意节点。例如,在比特币系统中,每个节点都是一个由用户控制的客户端。为了私利,用户完全有动机修改程序使之成为恶意节点。这时就需要拜占庭容错算法来协助分布式系统达成共识。

拜占庭容错算法中往往会加入奖惩机制或信任管理机制。若发现节点的善意行为,则对该节点进行奖励,如提升其收益、增加其信任度等;若发现恶意节点的恶意行为,便对其进行惩罚,如降低其收益、减小其信任度等。这样可以让节点发出恶意信息时有所忌惮。属于此类的常见算法有 PBFT 和 PoW。这类算法不是设计分布式系统需要关注的重点。

5.3.2　非拜占庭容错算法

非拜占庭容错算法又称故障容错算法。这类算法不能解决分布式系统中存在恶意节点的问题,而允许分布式系统中存在故障节点。故障节点和恶意节点的区别在于故障节点不会发出信息,而恶意节点会发出恶意消息。也就是说,在该场景下可能存在消息丢失、消息重复,但不存在消息被篡改或伪造信息。

分布式系统,尤其用于局域网场景下的分布式系统,在运行过程中,其中的节点也许会宕机成为故障节点,但它们不会发送恶意信息而成为恶意节点。因此,通常在设计分布式系统时,使用非拜占庭算法就能够满足需求。属于此类常见的算法有 Paxos、Raft、ZAB 等。

5.4　Paxos 算法

Paxos 算法是 Leslie Lamport 于 1990 年提出的,是一种基于消息传递的共识算法。Paxos 算法是一个完备的共识算法,甚至有一种说法:"世上只有一种一致性算法,那就是Paxos,所有其他一致性算法都是 Paxos 算法的不完整版!"

Paxos 算法最初使用希腊的一个 Paxos 小岛作为比喻,描述了 Paxos 小岛中通过决议的流程,但是这个描述理解起来比较有挑战性。后来在 2001 年,Leslie Lamport 觉得一些同行很难理解这种幽默感,于是重新发表了朴实的算法描述版本——*Paxos Made Simple*。自 Paxos 算法问世以来就持续垄断了分布式共识,Paxos 这个名词几乎等同于分布式共识。很多大型分布式系统都采用了 Paxos 算法来解决分布式系统共识问题,如 Chubby、Megastore 及 Spanner 等。然而,Paxos 算法的最大特点就是难,不易理解,更难以实现。

5.4.1　Paxos 算法描述背景

本节借鉴 Stanford 大学 Diego Ongaro 的讲座,以分布式系统中日志复制为例,讲解Paxos 算法的流程。该例更贴近应用,且比 *Poxos Made Simple* 中的例子更容易理解。实际上,Paxos 算法的目标就是通过达成共识,维持各个服务器副本相同,进而实现分布式一致性。保持各个服务器上副本的一致性,就是复制状态机,即所有的服务器会以相同的顺序执行客户端输入的指令。Paxos 算法流程图如图 5.7 所示。

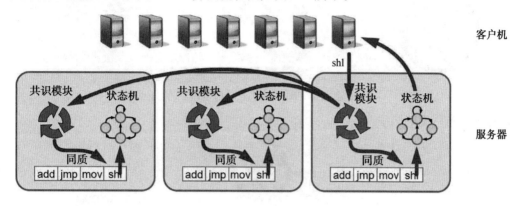

图 5.7　Paxos 算法流程图

分布式系统复制日志的过程如下:

①客户端将新的指令(add、jmp、mov 等)发送给一个服务器。

②服务器使用 Paxos 算法选择一条日志记录指令。

③服务器等待这个日志被复制到剩余的服务器中,然后执行日志中的状态机指令。

④服务器将状态机的输出返回给客户端。

5.4.2　Basic Paxos

Paxos 算法是以议会通过提案的流程来阐述的,所以 *Paxos Made Simple* 中使用提案来表示需要达成共识的。提案中包括一个提案编号和提案内容,其中提案编号是不重复且递增的;提案内容就是当前服务器状态机指令,比如:"将服务器的 X 加 1"可能就是一条"INCR X"指令。

Paxos Made Simple 把"提出提案→通过提案→应用提案"的整个过程称为一个实例,提案编号为 n,提案内容为 v,那么就说"n 号实例选中了 v"。分布式系统常使用日志来记录执行的指令,各个服务器通过保持日志致性来实现复制状态机模型,状态机的输入就是一条条日志,客户端输入的指令 v 作为日志条目保存,所以也称"n 号日志选中了 v"。

1. 算法角色定义

Paxos Made Simple 中提到了 3 种角色,即 Proposer、Acceptor 和 Learner,如图 5.8 所示。分布式系统的进程至少扮演其中的一个角色。

①Proposer:提出一个提案,存在不止一个 Proposer。

②Acceptor:接受或者忽略一个 Proposer 的提案,如果一个提案被大多数的 Acceptor 接受,这个提案就被通过。

③Learner:学习已经通过的提案。

2. Paxos 算法提案过程

Paxos 算法将提案分成 3 个阶段,即 Prepare 阶段、Accept 阶段和 Learn 阶段。

图 5.9 所示为 Paxos 算法流程图。每条线表示消息的传递,箭头表示传递方向,序号

Proposer   Acceptor   Learner

图 5.8　Paxos 算法的 3 种角色

表示标记消息传递的顺序。

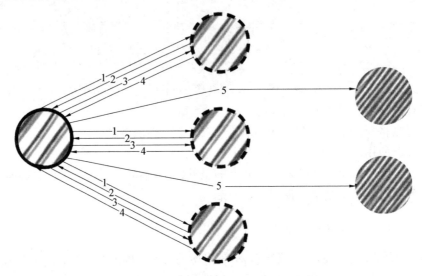

图 5.9　Paxos 算法流程图

1. Prepare 阶段

（1）第一条消息：Proposer 发给所有 Acceptor。Proposer 选取一个没有用过的编号 n，附带在 Prepare 请求中发送给所有的 Acceptor，记为 prepare(n)。

（2）第二条消息：Acceptor 发给 Proposer。Acceptor 从 Prepare 请求中取出编号 n，返回自己已经接受的提案中 n 以下的最大编号提案，如果没有就返回空。同时，Acceptor 会承诺：①不再接收编号等于 n 的 Prepare 请求；②不再接受编号小于 n 的 Propose 请求。

2. Propose 阶段

第三条消息：Proposer 发给所有 Acceptor。Proposer 将所有 Prepare 请求的回复中，取出编号最大的提案。如果这样的提案存在，就把其内容作为编号为 n 的新提案内容发送给所有的 Acceptor；如果提案不存在，Proposer 就可以设置新的提案内容（一般为客户端传输的新提案），然后发送给所有的 Acceptor，记为 Propose(n,v)。

第四条消息：Acceptor 发给 Proposer。如果 Acceptor 没有接受过编号大于等于 n 的提案，就接受这个新的提案返回一个"OK"，同时持久化这个提案编号和提案内容。

经过上面的提按阶段，各个节点已经对提按（执行某条指令）达成了共识。接下来所有 Learner 需要学习已经达成共识的提案。

3. Learn 阶段

第五条消息：Proposer 发给所有 Learner。如果 Proposer 收到大多数 Acceptor 的"OK"回复，说明提案通过了，否则返回到第一阶段。Proposer 将通过的提案作为消息发送给所有的 Learner，让 Learner 学习提案中的内容。

Paxos 算法伪代码如图 5.10 所示。

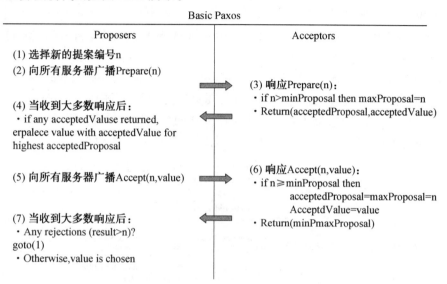

图 5.10　Paxos 算法伪代码

在使用 Paxos 算法实现日志复制时，每个 Paxos 服务器同时扮演 Proposer、Acceptor 和 Learner 这 3 个角色。

4. 算法实现需要解决的问题

（1）单个 Acceptor。

为了使得客户端输入的一系列指令在 Paxos 服务器中执行的顺序都是一样的，可以使用单个 Acceptor，这样每个指令只有通过唯一的 Acceptor 接受之后才能执行。但是，单个 Acceptor 宕机之后，整个服务就不可用了。

解决方法：使用奇数个 Acceptor；如果提案被大多数的 Acceptor 接受就通过；如果一个 Acceptor 宕机了，之前选中的提案内容也还是可用的。

（2）分散投票。

P1 法则：Acceptor 必须接受它收到的第一个提案。

分散投票就是同时有多个 Proposer 提出提案，而有多个 Acceptor 之前都没有收到过提案，所以这些 Proposer 被这些 Acceptor 接受了，只不过是一个 Acceptor 接受一个提案。这样的话，没有提案占大多数，也就没有提案被通过。这些 Proposer 就会再进行一轮提案。这样的情况会降低 Paxos 算法的效率。

解决方法：*Paxos Made Simple* 中通过设置提案编号以及让 Acceptor 接受多个提案解决的。

（3）选择冲突。

已知在一次流程中，Acceptor 可以接受多个提案。那么在图 5.11 所示中，两次 Accept 请求使用相同的提案编号 n：

①S1 向 S2、S3 发出 accept（red）请求。

②S2、S3 作为 Acceptor 会接受这个请求，那么 red 提案就通过了。S2、S3 也学习到 red 提案的内容。

③在 S2、S3 中学习提案 red 时，S5 也提出一个新提案 blue，记作 accept（blue）。

④S3、S4 会接受提案 blue 并学习提案。

现在所有的 Acceptor 中，编号为 n 的提案并不完全相同，有 red 和 blue 两种。

如何解决选择的提案内容冲突呢？就是要保证同一个流程中的多个被通过的提案内容是一样的。而上述的两个 Accept 请求可以放在两个流程中进行。假设 red 提案编号为 n，那么 blue 的提案编号就是 $n+1$，这样就不会出现冲突现象，不过可能导致活锁。

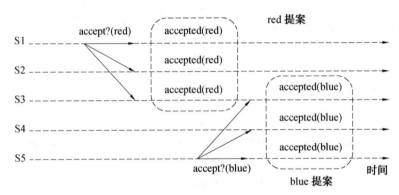

图 5.11　选择冲突情况

（4）活锁（图 5.12）。

以下过程会产生活锁现象。

①S1 提出编号为 3.1 的提案并执行完 Prepare 阶段。

②S5 提出编号为 3.5 的提案并执行完 Prepare 阶段，S3 作为 Acceptor 不会再接受小于 3.5 的 Accept 请求。

③S1 发给 S3 的 Accept 请求被忽略了，所以提案 3.1 没有通过。

④S1 选择编号为 4.1 所提出的新提案，并执行 Prepare 阶段，S3 收到之后就不会再接受低于 4.1 的 Accept 请求。

⑤S5 的 Accept3.5 的请求也就失败了，S5 选择一个新的提案编号并执行新的 Prepare 阶段。

至此，没有提案被通过，但是服务器的资源一直被消耗，这就是活锁。

以上就是活锁产生的情形。

为了防止活锁，必须选出一个且只能有一个 Proposer 来发布提案。如果这个 Proposer 可以与大多数 Acceptor 通信，而且使用的提案编号比之前通过的提案编号都大，那么这个提案通过。如果 Proposer 发现有更高编号的 Proposer，它会放弃现在的提案，然后提出更

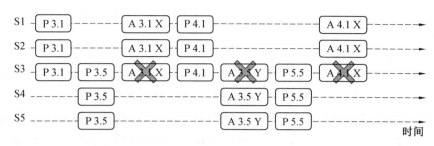

图 5.12　活锁

高编号的提案。这个 Proposer 就称为 Leader,这也是 Multi-Paxos 使用的方法。

（5）提案编号的生成。

每个提案的编号都是独一无二的。编号高的提案的优先级要比编号低的提案的优先级高。Proposer 在提出新提案时,必须选择一个比之前提案都高的编号。

提案编号构成如图 5.13 所示。每个服务器都保存它看到过的最大轮次数。

一个新的提案编号就是将最大轮次数自增,然后与服务器的 ID 连接。例如,"P2.1"表示编号为 2.1 的 Prepare 过程;其中轮次数是 2,服务器 ID 是 1。"A 3.1 X"则是编号为 3.1、内容为 X 的提案的 Accept 过程。Proposer 必须将轮次数保存在磁盘上,而且每次失败重启之后不能使用之前保存的编号。

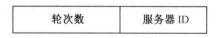

图 5.13　提案编号构成

5.4.3　算法的提出及推导

假设有一个由多个节点组成的集合,集合里的每个节点都可以提议（可能不同的）值。共识算法保证在被提议的这些值中只有一个值能够被选定。一旦一个值被选定,则所有节点都需要获知被选定的值。共识达成后需要满足如下目标：

①只有被提议的值才可以被选定。

②在一次共识中,只能有一个值被选定。节点最后获知的是被选定的值。

Paxos 算法有 Proposer、Acceptor、Learner 3 种角色,各角色的职责如下：

①Proposer：负责给出提案。在集群中,相当于提议一个值,用于投票表决。在绝大多数场景中,将集群中收到客户端请求的节点作为提议者。

②Acceptor：对每个提议的值进行投票,并存储接收的值。一般来说,集群中的所有节点都在扮演接收者的角色,参与共识协商,并接收和存储数据。

③Learner：被告知投票的结果,接收达成共识的值,并存储保存,不参与投票的过程。一般来说,学习者是数据备份节点,比如 Master-Slave 模型中的 Slave,被动地接收数据,进行容灾备份。

每种角色可以有多个节点,任何一个节点都可以身兼数职。每种角色之间使用非拜占庭问题模型,通过发送消息的方式通信。也就是说,节点以任意速度运行,可能因停止而失效,也可能重启,但只要时间足够长,每个节点都会履行自己角色的职责,并且不会发出虚假的消息。

1. 值的选定

为了对提案进行追踪和区别,首先对提案进行全局递增编号,越往后提出的提案编号越大。于是,提案包括提案编号和 value 两部分,value 表示提案内容。

为了保证被批准的 value 的唯一性,要求被批准的 value 应该是被多数 Acceptor 接受的那个。多数 Acceptor 指的是超过一半的 Acceptor。这种机制能够避免多个不同的 value 被批准。

算法运行的目的是选中一个 value。因此,如果只有一个 Proposer 提出唯一的 value,那么就要选中这个 value,因此给出下面的约束。

P1:Acceptor 必须接受第一次收到的提案。

共识要求最终只能批准一个 value,但是并不是只能批准一个提案,所以其实可以批准多个提案,只要这些提案的 value 相同。于是有如下约束:

P2:一旦一个 value v 的提案被批准,那么之后批准的提案必须是 value v。

有了约束 P2,就保证了只会批准一个 value。

批准一个 value 是指多数 Acceptor 接受了这个 value。因此,可以将 P2 所描述的约束施加给所有 Acceptor,毕竟是由它们来落实算法的。于是得到下面的约束。

P2a:一旦一个 value 的提案被批准,那么之后任何 Acceptor 再次接受的提案必须是 value v。

假如这时一个 Proposer 和一个 Acceptor 休眠了,在它们休眠的过程中,一个新的 value v 被批准。然后 Proposer 和 Acceptor 苏醒了,并且 Proposer 给 Acceptor 提出了一个新的提案 value w。根据 P1,Acceptor 必须接受这个提案;而根据 P2a,因为新提案不是 value v,所以 Acceptor 不应接受这个提案。在这里,P1 和 P2a 就产生了矛盾。于是,为了同时满足 P1 和 P2a,将 P2a 这个约束往前推,对 P2a 做进一步加强,不再对 Acceptor 进行约束,而是对 Proposer 进行约束,得到 P2b。

P2b:一旦一个 value v 的提案被批准,那么以后任何 Proposer 提出的提案必须是 value v。

这样,休眠后苏醒的 Proposer 要检查当前的提案被批准情况,确保不违背 P2b。于是这个 Proposer 不会提出 value w,而休眠后苏醒的 Acceptor 也不会在 P1 和 P2a 这两个约束之间不知所措。所以本质上,P2b 是对 P2a 的进一步加强。

但是却有另一个问题,Proposer 如何才能知道哪个提案已经被批准了呢? 一个批准的提案一定被 Acceptor(假设这个 Acceptor 集合为 C1)接受。于是,Proposer 只需要询问多数 Acceptor(假设这个 Acceptor 集合为 C2)接受了哪个 value,就能找出已经被批准的 value。这一点能够成立,是因为多数个 Acceptor 的集合 C1 和 C2 一定会有交集。于是,就产生了下面的约束 P2C,用来保证编号为 n 的提案拥有 value v。

P2c:如果一个编号为 n 的提案是 value v,那么存在一个多数派,要么它们都没有接受编号小于 n 的任何提案,要么接受的所有编号小于 n 的提案中编号最大的那个提案是 value v。

相对于约束 P2b,约束 P2C 更容易落实,可以通过维护 P2c 的约束来满足 P2b 的条件。Proposer 按照约束 P2c 就能确定目前已经批准的 value,具体做法如下:Proposer 在给出提案前,像多数的 Acceptor 询问它们是否已经接受过编号小于 n 的提案。Acceptor 如果接受过,则要返回其中编号最大的提案。然后,Proposer 汇总收到的所有回复,并执行下列过程:

①如果确实收到了 Acceptor 返回的提案,假设这些提案中编号最大的一个的 value v,则该 Proposer 给出的提案的 value 也只能是 v。

②如果没有收到 Acceptor 返回的提案,则该 Proposer 给出的提案可以是任意的 value。

为了维护 P2c 的约束,想要提议编号为 n 的提案的 Proposer 必须获知编号小于 n 的最大编号的提案,如果存在这样的提案,那么它肯定是已经或者即将被大多数 Acceptor 所接受的提案,获知已经被接受的提案很容易实现。但如果不存在被大多数 Acceptor 接受的提案,预测未来哪些提案会被接受则是不可能的。与其尝试预测未来,不如让 Proposer 通过获取一个"不存在这样的接受"的承诺来控制这个过程。换句话说,Proposer 请求 Acceptor 不再接受任何编号比 n 小的提案。这就引出了以下用于提议过程的算法:

(1)一个 Proposer 选择一个新的提案编号 n,然后给由某些 Acceptor 组成的集合中的每一个成员发送一个请求,要求它响应以下信息:

①一个承诺(promise):不再接受任何一个编号比 n 小的提案。

②如果已经接受了这样的提案,返回它已经接受过的编号比 n 小的最大编号的提案编号。

在 Paxos 算法中,把这样一个请求称之为对编号 n 的 Prepare 请求。

(2)如果 Proposer 从大多数的 Acceptor 成功收到期待的响应,则它可以接着提议一个编号为 n 且值为 v 的提案,这里 v 就是它收到的这些响应里最大编号的提案的值,或者是在所有响应都表明没有接受过任何提案的前提下由提议者任意选择的值。

此时,Proposer 向一组 Acceptor 发送一个请求来正式提议提案,把这个请求称之为 Accept 请求。

上述描述了 Proposer 的算法过程。对 Acceptor 来说,它可以接受来自 Proposer 的两种请求,即 Prepare 请求和 Accept 请求。Acceptor 可以忽略任何请求而不影响安全性。但根据 P2c,需要讨论它可以响应哪些请求。Acceptor 对于 Prepare 请求总是要响应的,但它响应 Accept 请求或者接受提案时,必须证以下约束成立:

P2c 要求,存在一个多数派,要么它们都没接受编号小于 n 的提案,要么接受的所有编号小于 n 的提案中编号最大的那个提案是 value v。对于多数派中的节点而言,让它们对过去接受的提案进行保证是可以的。可是这些节点并未保证它们未来不会接受编号小于 n 的提案,进而打破约束 P2c。于是,对 Acceptor 能接受的提案进行约束。

P1a:Acceptor 可以接受编号为 n 的提案,前提是它之前没有响应过任何编号大于 n 的 Prepare 请求。

显然,P1a 是约束 P1 的加强。最终,通过推导得到了约束 P1a 和约束 P2c,这就是 Paxos 算法在提案批准阶段的核心约束。通过约束 P1a 和约束 P2c 便可以完成提案的准备工作。

2. 提案学习

为了获知 value 已被选定,学习者必须找出某个已经被大多数接受者接受的提案。最显而易见的算法让每个接受者一旦接受了提案,就响应给所有学习者,并给它们发送接受了的提案信息。这种方法允许学习者们尽可能快地找出被选定的 value,但这种方法也要求每个接受者要响应每个学习者,当有 m 个 Acceptor 和 n 个 Learner 时,Acceptor 要想 Learner 发送 $m \times n$ 个请求。

Paxos 算法讨论的是非拜占庭容错情况下的共识问题,各个角色之间的通信都没有虚假消息。我们可以让 Learner 之间传递信息,从而减少 Acceptor 向 Learner 发送的请求数,即在 Learner 中 k 个主 Learner,它们接受 Acceptor 的请求,并把批准的提案学习传递给其他 Learner。这样,每个新的提案被批准和学习时,Acceptor 需要向后发送 $m \times k$ 个请求。

3. Paxos 算法描述

(1)阶段1。

①提议者选择一个提案编号 n,向"大多数"接受者发送一个带有编号 n 的 Prepare 请求。

②如果接受者收到一个编号为 n 的 Prepare 请求,且 n 比它已经响应过的任何一个 Prepare 请求的编号都大,则它会向这个请求回复响应。其响应内容包括:一个不再接受任何编号小于 n 的提案的承诺,以及它已经接受过的最大编号的提案(假如有的话)。

(2)阶段2。

①如果提议者从"大多数"接受者收到了对它前面发出的 Prepare 请求的响应,它就会接着给每个接受者发送一个针对编号为 n 且 value 为 v 的提案的 Accept 请求,而 v 就是它所收到的响应中最大编号提案的值,或者它在所有响应都表明没有接受过任何提案的前提下自由选择的 value v。

②如果接受者收到了一个针对编号为 n 的提案的 Accept 请求,它就会接受这个请求,除非它之前已经响应过编号大于 n 的请求。

在这个算法运行过程中,在任何时间中断都不会引发状态的混乱。在 Acceptor 阶段,Acceptor 收到 Accept 请求后立刻接受,除非,该 Acceptor 已经恢复了编号大于 n 的 Propare 请求。这意味着,Paxos 算法在运行过程中可能会出现一个问题。当 Proposer A 提出一个提案后,Proposer B 提出一个编号大的提案,这时可能会终止 Proposer A 的提案。Proposer A 只能重新给出一个编号更大的提案,结果又终止了 Proposer B 的提案。这样一来,Proposer A 和 Proposer B 不断给出更大的提案编号而终止对方的提案,导致无法达成共识的情况,成为活锁。这时可以选择当 Proposer 的提案被终止时,该 Proposer 必须休眠一段随机事件,以此避免互相竞争。

4. 算法剖析

为了更好地理解,先定义一个提议权的概念。提议权是指能够自由指定一个 value 让 Acceptor 进行表决的权力。

在 Paxos 算法中,每个 Proposer 都可以提案,但并不是说每个 Proposer 都具有提议权。若一个 Proposer 给出了提案,但是提案中的 value 却是其他 Proposer 指定的,那么显然这个 Proposer 并没有获得提议权。在一次共识形成过程中,可能有多个 Proposer 提出了多个提案,但其实只有一个 Proposer 拿到了提议权。

有了提议权的概念后,Paxos 的提案过程实际上可以被看作是争夺提议权和表决提案两个部分。争议权部分讨论哪个节点能够发起提案,即能够制定 value。而表决提案部分主要讨论要不要通过提案中的 value。

Paxos 算法之所以复杂难懂,实际是因为将争夺提议权和表决提案两个部分放在一起处理。理解了这一算法改进的思路,后续的主要改进思路是将争夺提议权和提案表决过程拆解开。

5.5　Raft 算 法

Paxos 算法提出后几乎垄断了共识算法领域,在 Raft 协议诞生之前,Paxos 算法几乎成了共识协议的代名词。但是对于大多数人来说,Paxos 算法太难理解,而且难以实现。因此斯坦福大学的两位教授 Diego Ongaro 和 John Ousterhout 设计了一种更容易理解的一致性算法,就是 Raft 算法。Raft 算法是一种更为简单、方便、易于理解的分布式算法,主要解决了分布式系统的共识问题。相比传统的 Paxos 算法,Raft 算法将复杂的共识过程分解成为一些简单的相对独立的子问题。

Raft 算法中一共包含如下 3 类角色:

①Leader:接受客户端请求,并向 Follower 同步请求日志,当日志同步到大多数节点上后告诉 Follower 提交日志。

②Follower:接受并持久化 Leader 同步的日志,在 Leader 告之日志可以提交之后,提交日志。

③Candidate:Leader 选举过程中的临时角色。

Raft 算法要求分布式系统在任意时刻最多只有一个 Leader,正常工作期间只有 Leader 和 Followers。Raft 算法时间分为一个个的任期(Term),每个 Term 的开始都是 Leader 选举。在成功选举 Leader 之后,Leader 会在整个 Term 内管理整个集群。如果 Leader 选举失败,该 Term 就会因为没有 Leader 而结束。

三类角色的转换关系总结如下:

①Follower→Candidate:当开始选举,或者"选举超时"时。

②Candidate→Candidate:当"选举超时",或者开始新的"任期"时。

③Candidate→Leader:获取大多数投票时。

④Candidate→Follower:其他节点成为 Leader,或者开始新的"任期"时。

⑤Leader→Follower:发现自己的任期 ID 比其他节点的任期 ID 小时,会自动放弃 Leader 位置。

Raft 算法的角色转换如图 5.14 所示。

Raft 算法是以日志复制为应用背景提出的,主要包括 Leader 选举和日志复制两个步骤。下面以 3 个节点情况为例,对两个步骤分别进行介绍。

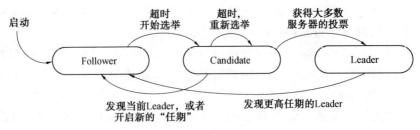

图 5.14　Raft 算法的角色转换

1. Leader 选举

（1）确定 Candidate。

当节点启动时，被初始化为 Followers，且每个节点都有自己的"选举超时时间"，值在 150～300 ms 内随机选择，用于保证出现相同随机时间的概率比较小。当某个节点的超时时间先运行完，该节点将发起一轮选举，将当前 Term 加 1，然后该节点的角色将由 Follower 变成 Candidate。

如图 5.15 所示，在初始情况下，3 个节点 A、B、C 不存在 Leader 节点，由于 B 节点最先超时，B 节点将其 Term 后由 Follower 角色变成 Candidate。

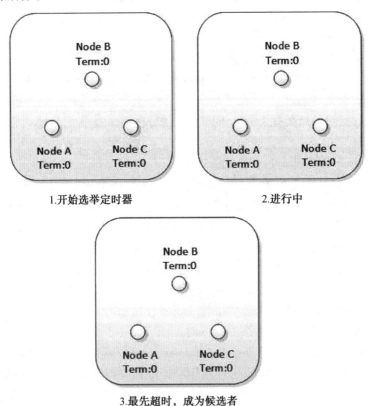

图 5.15　Leader 选举（初始状态）

（2）选举 Leader。

成为 Candidate 后，该节点首先给自己投票，然后向其他 Followers 发起投票请求，得到大多数投票时，它的角色将由 Candidate 变成 Leader。这里要求每个 Follower 总会回复第一个投票,且在该任期内只能投一次票。前一个任期的 Leader 收到大于自己任期的选举请求时,也将由 Leader 变成 Follower 并进行投票。

如图 5.16 所示,Candidate B 开始发起投票,Follower A 和 Follower C 返回投票,当 Candidate B 获取大部分选票后,选举成功,Candidate B 成为领袖。

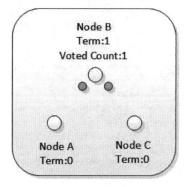

4.候选者通知投票　　　　　　　5.候选者接收投票

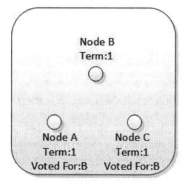

6.投票成功,成为领袖

图 5.16　Leader 选举(B 节点率先发起投票)

(3)心跳探测。

集群拥有 Leader 后,Leader 周期性地向 Follower 发送心跳信息。Follower 收到信息后给 Leader 回复确认,并从此刻开始重新计算"选举超时时间"。在正常运行的情况下,此过程依次反复,直到有某个节点在超时时间内未收到 Leader 的心跳信息。需要注意的是,Leader 广播心跳的周期必须要短于每个节点的"超时时间",否则 Follower 会频繁地成为候选者,也就会频繁地发生选举、切换 Leader 的情况。

如图 5.17 所示,Leader B 周期性地向 Follower A、Follower C 发送心跳信息,当 Follower A 和 Follower C 收到 Leader B 的心跳信息后,Follower A 和 Follower C 的"超时时间"会重置为 0,然后重新计数,等待 Leader 的下一次心跳信息。

(4)重选 Leader。

根据上述过程,在正常情况下,每个 Follower 节点都会周期性地收到 Leader 发来的心跳信息。如果某个 Follower 节点未在超时时间内收到 Leader 的心跳信息,它将率先发起新的 Leader 选举过程,将 Term+1 后变为 Candidate,然后投自己一票,最后请求其他

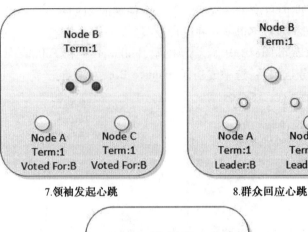

7.领袖发起心跳　　　　8.群众回应心跳

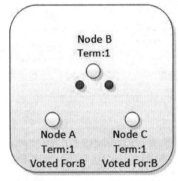

9.领袖再次发起心跳,该过程反复进行

图 5.17　Leader 选举(B 作为 Leader 发送心跳信息)

Follower 投票,如果获得大多数投票,则成为新任 Leader,开始发送心跳信息。

如图 5.18 所示,假设当前 Leader B 宕机,Follower A 和 Follower C 的"选举定时器"会一直运行,若 Follower A 先超,它会成为 Candidate,然后开始重新发起投票,选举 Leader 后,由 Leader 发送心跳信息。

(4)异常情况——出现两个 Leader。

若恰好由两个 Follower 的定时器同时超,两个 Follower 会同时成为 Candidate 并发起投票,如果获取票数不同,则得到大部分投票的节点会成为 Leader 节点;但如果获取票数相同,则会发起新一轮的投票,重置超时时间,等待率先超时的节点作为 Candidate。

如图 5.19 所示,A 节点和 D 节点同时成为 Candidate,同时发起投票,且票数相同,此时选举失败,在 Term 为 4 时没有 Leader,只能等待新一轮的选举。

当 C 节点成为新的 candidate,此时的 Term 为 5,发起新一轮的投票,其他节点发起投票后,会更新自己的任期值,最后选择新的 Leader 为 C 节点,如图 5.20 所示。

2. 日志复制

复制状态机的基本思想是分布式状态机的系统由多个复制单元组成,每个复制单元均是一个状态机,它的状态保存在操作日志中。如图 5.21 所示,服务器上的共识模块负责接收外部命令,然后追加到自己的操作日志中,它与其他服务器上的共识模块进行通信,以保证每个服务器上的操作日志都以相同的顺序包含相同的指令。一旦指令被正确

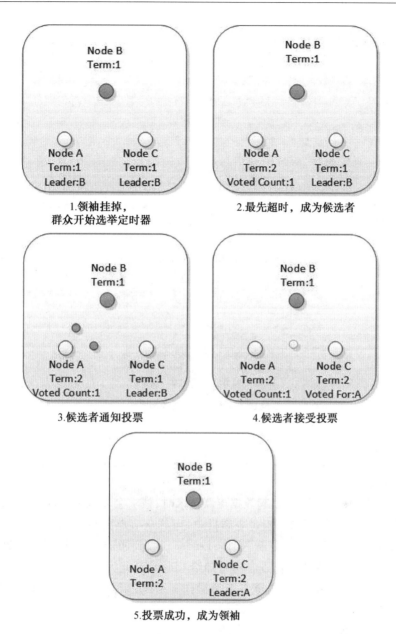

图 5.18　Leader 选举(Leader 宕机)

复制,那么每个服务器的状态机都将按照操作顺序来处理它们,然后将输出结果返回给客户端。

3. 日志更新过程

共识过程借鉴了"复制状态机"的思想,都是先"复制",再"提交"。

客户端的每个请求都包含被复制状态机执行的指令。Leader 把这个指令作为一条新的日志条目写到日志中,然后并行发起 RPC 给其他的服务器,让它们复制这条信息。假如这条日志被安全地复制,Leader 就应用这条日志到自己的状态机中,并返回给客户端。

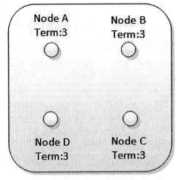
1.开始选举定时器

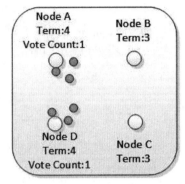
2.同时出现两个候选者，并发起投票

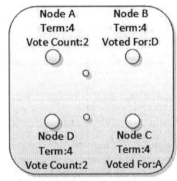
3.候选者接受投票，票数相同

图 5.19　Leader 选举(同时有两个节点到达超时时间)

如果 Follower 宕机或者运行缓慢或者丢包，Leader 会不断地重试，直到所有 Follower 最终都复制了所有的日志条目。

如图 5.22 所示，当 Client 发起数据更新请求时，请求会先到 Leader 节点 C，节点 C 会更新日志数据，然后通知群众节点也更新日志，当群众节点更新日志成功后，会返回成功通知给 Leader C，至此完成了"复制"操作；Leader C 收到通知后，会更新本地数据，并通知群众也更新本地数据，同时会返回成功通知给 Client，至此完成了"提交"操作，如果后续 Client 又有新的数据更新操作，会重复上述操作。由此过程也可以看出 Raft 算法只保证共识，不保证一致性。

4. 日志更新原理

每个日志条目一般包括 3 个属性，即整数索引(log index)、任期号(term)和指令(commond)。每个条目所包含的"整数索引"即该条目在日志文件中的槽位；"任期号"对应到图 5.23 中就是每个方块中的数字，用于在不同服务器上日志的不一致问题；"指令"即被状态机执行的外部命令，在图 5.23 中每个方格代表一条命令。

Leader 决定什么时候将日志条目应用到状态机是安全的，即什么时候可被提交。一旦 Leader 创建的条目已经被复制到半数以上的节点上，这个条目就称为可被提交的。例如，图 5.23 中的 9 号条目在其中 4 节点(一共 7 个节点)上有复制，所以 9 号条目是可被提交的；但 10 号条目只在其中 3 个节点上有复制，因此 10 号条目不是可被提交的。

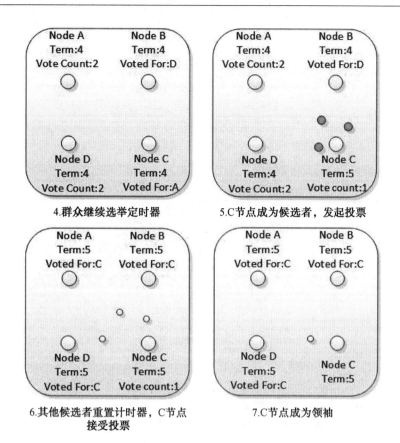

4.群众继续选举定时器　　　5.C节点成为候选者，发起投票

6.其他候选者重置计时器，C节点　　7.C节点成为领袖
　接受投票

图 5.20　Leader 选举（重新选择 Leader）

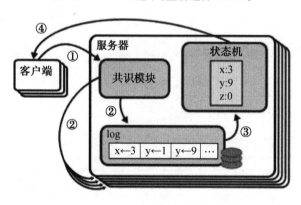

图 5.21　日志复制过程

一般情况下，Leader 和 Follower 的日志都是保存一致的，如果 Leader 节点在故障之前没有向其他节点完全复制日志文件之前的所有条目，会导致日志不一致问题。在 Raft 算法中，Leader 会强制 Follower 和自己的日志保存一致，因此 Follower 上与 Leader 的冲突日志会被领导者的日志强制覆写。为了实现逻辑，就需要知道 Follower 上与 Leader 日志不一致的位置，那么 Leader 是如何精准地找到每个 Follower 日志不一致的那个槽位呢？

Leader 为每个 Follower 维护了一个 nextlndex，它表示领导人将要发送给该追随者的

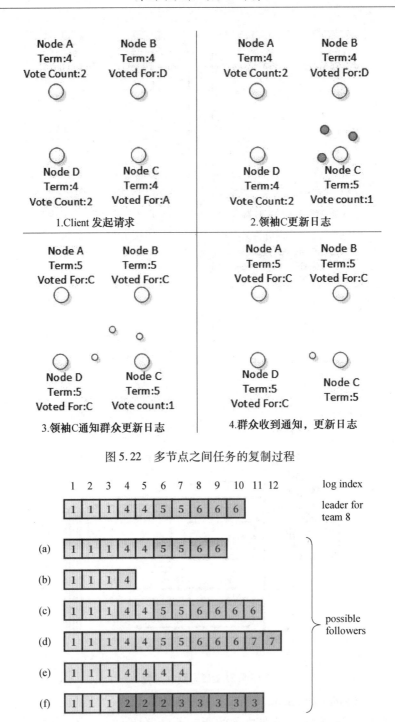

图 5.22　多节点之间任务的复制过程

图 5.23　日志更新原理

下一条目的索引,当一个 Leader 赢得选举时,它会假设每个 Follower 上的日志都与自己的日志保持一致,于是 nextIndex 初始化为它最新的日志条目索引数+1。在图 5.23 中,由于 Leader 最新的日志条目 index 是 10,所以 nextIndex 的初始值是 11。当 Leader 向 Follower

发送 AppendEntries RPC 时,它携带了(item_id,nextIndex-1)二元组信息,item_id 即为
nextIndex-1 这个槽位的日志条目的 Term。Follower 接收到 AppendEntries RPC 消息后,会
进行一致性检查,即搜索自己的日志文件中是否存在这样的日志条目,如果不存在,就向
Leader 返回 AppendEntries RPC 失败,然后 Leadwe 会将 nextIndex 递减,接着进行重试,直
到成功为止。之后的逻辑就比较简单,Follower 将 nextIndex 之前的日志全部保留,之后的
日志全部删除,然后将 Leader 的 nextIndex 之后的日志全部同步过来。

在图 5.23 中,Leader 的 nextIndex 为 11,向 b 发送 Append Entries RPC(6,10),发现 b
没有,继续发送(6,9)(6,8)(5,7)(5,6)(4,5),最后发送(4,4)才找到,所以对于 b,
nextIndex=4 之后的日志全部删除,然后将 Leader 的 nextIndex=4 的日志全部追加过来。

5. 脑裂

如图 5.24 所示,当网络问题导致脑裂,出现双 Leader 情况时,每个网络可以理解为
一个独立的网络,因为原先的 Leader 独自在一个区,所以向它提交的数据不可能被复制
到大多数节点上,所以数据永远都不会被提交,这个可以在图 5.24(d)中体现出来(SET 3
没有被提交)。

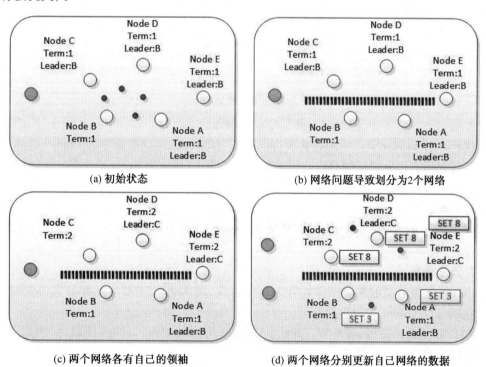

(a) 初始状态　　　　　　　　　　(b) 网络问题导致划分为 2 个网络

(c) 两个网络各有自己的领袖　　　(d) 两个网络分别更新自己网络的数据

图 5.24　脑裂情况

当网络恢复之后,旧的 Leader 发现集群中新 Leader 的 Term 比自己大,则自动降级为
Follower,并从新 Leader 处同步数据达成集群数据一致,如图 5.25 所示。同步数据的方式
可以详见"日志原理"。

6. Leader 选举的限制

在 Raft 协议中,所有的日志条目都只会从 Leader 节点往 Follower 节点写入,且 Leader

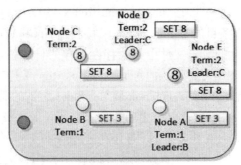

5.两个网络突然互通

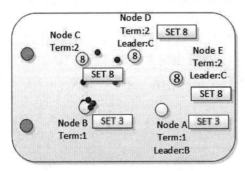

6.两个Leader同时进行心跳检测

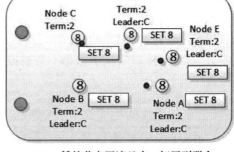

7.Term低的节点回滚日志,切回到群众

图 5.25　重新选举 Leader

节点上的日志只会增加,但绝对不会删除或者覆盖。

这意味着 Leader 节点必须包含所有已经提交的日志,即能被选举为 Leader 的节点一定需要包含所有已经提交的日志。因为日志只会从 Leader 向 Follower 传输,所以如果被选举出的 Leader 缺少已经提交的日志,那么这些已经提交的日志就会丢失,显然这是不符合要求的。

Leader 选举的限制条件:能被选举成为 Leader 的节点,一定包含所有已经提交的日志条目。

7. 算法分析

Raft 算法将复杂的共识操作划分为两个阶段,即 Leader 选举阶段和日志复制阶段,每个任期都以 Leader 选举阶段开始。

在 Leader 选举阶段,各个节点开始新 Leader 的选举工作。只要有多数的节点工作,这一阶段就可以顺利完成。

在日志复制阶段,各个节点在 Leader 的带领下处理日志。Leader 维护了一个日志列表,各个节点要遵循该列表依次处理其中的操作。日志的提交需要得到多数节点的回应,因此,只要有多数节点工作,这一阶段就可以顺利完成。

综上,只要集群中多数节点正常工作,Raft 算法就可以正常运行,并且在运行过程中,能够应对 Leader 宕机、Follower 宕机等异常情况。

习　题

1. 简述一致性及共识的区别与联系。

2. 分布式系统适合哪类共识算法？为什么？

3. 如图 5.26 所示,在叛徒(恶意节点)数量 $m=2$,总将军(节点)数 $n=7$,且 1 号和 2 号副官(节点)为恶意节点的情况下,假设司令(C)发出的命令为攻击,则使用口信消息型解决方案应如何达成？共识结果是什么？

图 5.26　3 题图

4. 假设 A、B、C、D 4 位将军中,C 和 D 是叛将,在 A 发送攻击命令后,C 选择转发消息,D 为了干扰共识选择不发送消息,则使用签名消息型解决方案时,忠将能否达成共识？共识结果是什么？

5. 假设有 5 位同学 S1～S5,通过信件往来讨论聚餐计划。每个提案拥有全局唯一的编号,且编号越大的提案,提出得越晚。请描述在以下 3 种情况中,通过 Paxos 算法达成共识的过程。达成的共识内容是什么？

情况 1:S1 作为唯一的提案发起者,准备发起提案,提案编号为 10,提案内容为 A。

情况 2:S1 同学发起提案,提案编号是 10,提案内容是 A。随后,S5 也发起提案,提案编号为 11,提案内容是 B。假设 S1 的提案信件先到达 S2,并得到了 S2 的同意;S5 的提案信件先到达 S4 并得到了 S4 的同意。此后,S1 的提案到达 S3。

情况 3:与情况 2 不同的是,S5 的提案先到达 S3。

6. 描述 Raft 算法的 Leader 选举过程。

7. 若分布式系统中出现网络故障,导致部分节点不能与 Leader 通信,Raft 算法应如何解决该问题？

第6章 ZooKeeper

ZooKeeper 是一个针对大型分布式系统的高可用、高性能且具有一致性的开源协调服务。对于分布式系统开发人员,ZooKeeper 是一个学习和实践分布式组件的不错的选择。

6.1 ZooKeeper 简介

在大数据和云计算盛行的今天,应用服务由很多独立程序组成,这些独立程序运行在一组计算机上,而如何让一个应用中的多个独立程序协同工作,则是一件非常困难的事情。而 ZooKeeper 就是一个开放源码的分布式应用程序协调服务。它使得应用开发人员可以更多地关注应用本身的逻辑,而不是仅关注协同工作。从系统设计看,ZooKeeper 从文件系统 API 得到启发,提供一组简单的 API,使得开发人员可以实现通用的协作任务,例如选举主节点、管理组内成员的关系、管理元数据等,同时 ZooKeeper 的服务组件运行在一组专用的服务器上,也保证了计算机的高容错性和可扩展性。

6.1.1 工作机制概述

ZooKeeper 从设计模式角度来理解,可以看作是一个基于观察者设计模式的分布式服务协调,它负责存储和管理人们都关心的数据,然后接受观察者的注册,一旦这些数据的状态发生变化,ZooKeeper 就负责通知已经在 ZooKeeper 上注册的那些观察者,观察它们做出相应的反应。ZooKeeper 的结构及功能如图 6.1 所示。

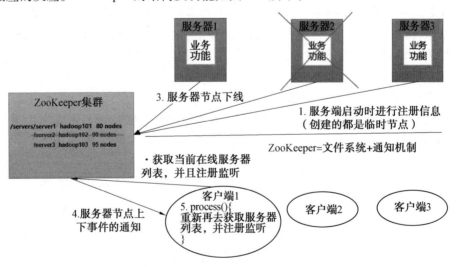

图 6.1 ZooKeeper 的结构及功能

ZooKeeper 作为一个应用广泛的分布式协调服务,具有以下特征:

(1)ZooKeeper:由一个领导者(Leader)、多个跟随者(Follower)组成的集群。

(2)集群中只要有半数以上节点存活,ZooKeeper 集群就能正常服务。所以 ZooKeeper 适合安装奇数台计算机。

(3)全局数据一致:每个服务器保存一份相同的数据副本,Client 无论链接到哪个服务器,数据都是一致的。

(4)更新请求顺序执行,来自同一个 Client 的更新请求按其发送顺序依次执行。

(5)数据更新原子性,一次数据更新要么成功,要么失败。

(6)拥有较好的实时性,在一定时间范围内,Client 能读到最新的数据。

6.1.2　ZooKeeper 中的时间概念

分布式系统中通常需要统一时钟,用来协调各个节点事务的执行顺序。在信息系统领域,时间是一个广义的概念,它不仅可以以秒为单位计算时间,还可以是基准时间(如周期等),甚至可以是只区分先后、不区分长短的事件序列。ZooKeeper 中存在以下 4 种时间相关的定义。

(1)全局变更编号 zxid。ZooKeeper 的树结构或者数据发生变更时,ZooKeeper 会为每次变更分配一个 ZooKeeper 集群范围内全局唯一的变更编号 zxid,这个编号是递增的。通过 zxid,ZooKeeper 可以保证变更操作全局有序。

(2)版本号。每个 znode 都有多个版本号,分别对应 znode 数据版本的 data version、znode 版本的 cversion 及 ACL 版本的 acVersion。当 znode 发生变动时,对应的版本号会增加。当某个 zonde 增加一个子 znode 时,其 cversion 会加 1。

(3)滴答。滴答指 ZooKeeper 中定义 ZooKeeper 服务器期间,ZooKeeper 服务器与客户端交互的一个时间。状态同步、会话超时等操作都以滴答作为时间基准。

(4)时间戳。在 znode 创建和修改时,ZooKeeper 会在 znode 状态中存储对应的时间戳,这一时间戳对应的是机器的时间。

基于以上 4 种时间的定义,ZooKeeper 可以实现全局时间顺序、版本变更、多服务器协作等方面的时间管理。

6.2　ZooKeepe 的部署

6.2.1　单机部署

1. 安装前准备

(1)安装 JDK。

(2)拷贝 apache-zookeeper-3.7.0-bin.tar.gz 到 Linux 操作系统的/opt/zookeeper 目录下。

(3)将安装包解压到指定目录,生成项目目录"apache-zookeeper-3.7.0-bin/conf"。

[root@ lesson zookeeper]# tar -zxvf apache-zookeeper-3.7.0-bin.tar.gz

2. 配置文件修改

（1）将"/opt/zookeeper/apache-zookeeper-3.7.0-bin/conf"下的 zoo_sample. cfg 重命名为 zoo. cfg。

［root@ lesson conf］# mv zoo_sample. cfg zoo_sample. cfg

（2）打开 zoo. cfg 文件,修改 dataDir 路径及 dataDir 变量的内容。

［root@ lesson conf］# vi zoo. cfg

修改以下内容

dataDir＝/opt/zookeeper/zkData # 确保该目录存在

3. 操作 ZooKeeper

（1）启动 ZooKeeper,执行 bin 目录下的 zkServer. sh 脚本。

［root@ lesson apache-zookeeper-3.7.0-bin］# ./bin/zkServer. sh start

ZooKeeper JMX enabled by default

Using config:/opt/zookeeper/apache-zookeeper-3.7.0-bin/bin/../conf/zoo. cfg

Starting zookeeper... STARTED

（2）查看进程是否启动。

［root@ lesson apache-zookeeper-3.7.0-bin］# jps

4204 Jps

3437 QuorumPeerMain

（3）查看状态。

［root@ lesson apache-zookeeper-3.7.0-bin］# ./bin/zkServer. sh status

ZooKeeper JMX enabled by default

Using config：/opt/zookeeper/apache-zookeeper-3.7.0-bin/bin/../conf/zoo. cfg

Client port found：2181. Client address：localhost. Client SSL：false.

Mode：standalone

（4）启动客户端。

［root@ lesson apache-zookeeper-3.7.0-bin］# ./bin/zkCli. sh ［zk：localhost：2181 （CONNECTED）0］

（5）退出客户端。

［root@ lesson apache--zookeeper-3.7.0-bin］# quit

（6）停止 ZooKeeper。

［root@ lesson apache-zookeeper-3.7.0-bin］# ./bin/zkServer. sh stop

STOPPED   # 成功变为 STOPPED 状态

整个安装过程很简单,ZooKeeper 集群中重要的信息都在 zoo. cfg 中配置。zoo. cfg 文件中的参数含义如下:

（1）tickTime＝2000:通信心跳时间,ZooKeeper 服务器与客户端心跳时间,单位为 ms。

（2）initLimit＝10:LF 初始通信时限,代表 Leader 和 Follower 初始连接时能容忍的最多心跳数(tickTime 的数量)。

（3）syncLimit＝5:LF 同步通信时限,代表 Leader 和 Follower 之间通信时间,如果超过

syncLimit＊tickTime，Leader 认为 Follwer 挂掉，从服务器列表中删除 Follower。

（4）dataDir：保存 ZooKeeper 中的数据。需要注意的是，默认的 tmp 目录容易被 Linux 操作系统定期删除，所以一般不用默认的 tmp 目录。

（5）clientPort＝2181：客户端连接端口，通常不做修改。

6.2.2 集群部署

1. 规划集群

根据 Leader 选举规则和 ZAB 协议，ZooKeeper 集群的节点个数一般推荐为奇数个。本书以在 slave1、slave2、slave3 上部署 ZooKeeper 为例进行简单介绍。

2. 解压安装

（1）拷贝 apache-zookeeper-3.6.3-bin.tar.gz 到 Linux 操作系统的/opt 目录下。将 ZooKeeper 安装包解压，生成项目目录 apache-zookeeper-3.6.3-bin。

［root@slave1 opt］# tar −zxvf apache-zookeeper-3.6.3-bin.tar.gz

（2）将目录 apache-zookeeper-3.6.3-bin 重命名为 zookeeper_cluster。

3. 配置服务器编号

（1）在"/opt/zookeeper_cluster"目录下创建 zkData 目录。

［root@slave1 zookeeper_cluster］# mkdir zkData

（2）在"/opt/zookeeper_cluster/zkData"目录下创建 myid 文件，内容为当前 Server 编号，在文件中添加 Server 对应的编号（注意：上下不要空行，左右不要空格）。

#当前节点为 slave1，编号为 1，可任意编号，不重复即可

［root@slave1 zookeeper_cluster］# vi zkData/myid

［root@slave1 zookeeper_cluster］# cat zkData/myid

1

（3）拷贝配置好的 ZooKeeper 项目到 slave2、slave3 节点上。

［root@slave1 opt］#［root@slave1 opt］# scp −r zookeeper_cluster/ root@slave3:/opt

［root@slave1 opt］#［root@slave1 opt］# scp −r zookeeper_cluster/ root@slave3:/opt

（4）在 slave2、slave3 节点上修改 myid 文件中的内容，分别为 2、3。

［root@slave3 zookeeper_cluster］# vi zkData/myid

［root@slave2 zookeeper_cluster］# vi zkData/myid

4. 在 3 个节点配置 zoo.cfg 文件

（1）将"/opt/zookeeper_cluster/conf"下的 zoo_sample.cfg 重命名为 zoo.cfg。

［root@slave1 zookeeper_cluster］# vi conf/zoo.cfg

（2）打开 zoo.cfg 文件。

修改存储路径：

dataDir＝/opt/zookeeper_cluster/zkData

添加集群配置：

```
     A    B    C    D
server.1 = slave1 :2888 :3888
server.2 = slave2 :2888 :3888
server.3 = slave3 :2888 :3888
```

具体解释如下:

A:一个数字,表示第几号服务器。

集群模式下配置一个文件 myid,这个文件在 dataDir 目录下,它里面有一个数是 A 的值,ZooKeeper 启动时读取此文件,将文件里的数据与 zoo.cfg 里的配置信息进行比较,从而判断到底是哪个服务器。

B:这个服务器的地址。

C:服务器 Follower 与集群中的 Leader 服务器交换信息的端口。

D:若集群中的 Leader 服务器挂了,则需要一个端口重新进行选举,选出一个新的 Leader,而这个端口就是用来执行选举时服务器相互通信的端口。

5. 集群操作

分别启动 ZooKeeper:

［root@ slave1 zookeeper_cluster］# ./bin/zkServer.sh star

［root@ slave2 zookeeper_cluster］# ./bin/zkServer.sh star

［root@ slave3 zookeeper_cluster］# ./bin/zkServer.sh star

查看每个节点的状态:

［root@ slave1 zookeeper_cluster］# ./bin/zkServer.sh status

ZooKeeper JMX enabled by default

Using config:/opt/zookeeper_cluster/bin/../conf/zoo.cfg

Client port found:2181. Client address:localhost. Client SSL:false.

Mode:follower

［root@ slave2 zookeeper_cluster］# ./bin/zkServer.sh status

ZooKeeper JMX enabled by default

Using config:/opt/zookeeper_cluster/bin/../conf/zoo.cfg

Client port found:2181. Client address:localhost. Client SSL:false.

Mode:leader

［root@ slave3 zookeeper_cluster］# ./bin/zkServer.sh status

ZooKeeper JMX enabled by default

Using config:/opt/zookeeper_cluster/bin/../conf/zoo.cfg

Client port found:2181. Client address:localhost. Client SSL:false.

Mode:follower

6.3　ZooKeeper 数据模型

ZooKeeper 数据模型(图6.2)的结构与 Linux 操作系统的结构类似,整体上可以看作是一棵树,每个节点称为一个 znode。每个 znode 默认能够存储 1 MB 的数据,每个 znode 都可以通过其路径被唯一标识。

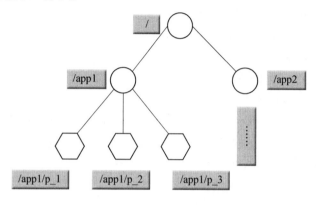

图 6.2　ZooKeeper 数据模型

6.3.1　znode 节点的类型

新建 znode 节点时需要指定其类型。znode 可以分为持久节点和临时节点两个基本类型。持久节点指的是在客户端和服务端断开连接后,不会被自动删除而需要手动删除的节点。临时指的是当客户端服务器断开连接后,将会被自动删除的节点。另外,还可以设置一个递增的顺序号,共组合出 4 种节点类型,即持久节点、临时节点、持久有序节点及临时有序节点。

一般持久节点为应用保存数据,即使 znode 节点的创建者不再属于应用系统,数据也会保存下来而不会丢失。临时 znode 节点仅当创建者的会话有效时,这些信息必须有效保存,当会话超时或者主动关闭时,临时 znode 节点会自动消失。

需要注意的是,ZooKeeper 并不允许局部写入或读取 znode 节点的数据。当设置一个 znode 节点的数据或读取 znode 节点的数据时,znode 节点的内容会被整个替换或者全部被读取,特别是 getChildren,如果数据量比较大,则会获取大量的数据。官方文档给出的节点最大容量是 1 MB。

6.3.2　znode 的数据及状态

每个 znode 包含两部分内容:一部分是数据,另一部分是状态(称为 Stat)。

每个 znode 都可以存储一个二进制形式的数据,可以在创建 zonde 时直接设置数据的值,也可以在 znode 创建后修改数据的值。以 key/value 的形式存储数据,使用 get 命令可以读取数据的值。

每个 znode 除包含数据信息外,还包含自身的状态信息。可以使用 stat 或者 stat-s 命令查看 znode 的状态信息。

每个 znode 数据都可以被客户端原子读写,并且 ZooKeeper 也支持使用 ACL 来控制客户端对 znode 的访问。

czxid:创建该 znode 时对应的全局变更编号 zxid。

ctime:创建该 znode 的时间戳。

mzxid:上次修改该 znode 时对应的 zxid。

mtime:上次修改 znode 的时间戳。

Pzxid:上次修改该 znode 的子 znode 时对应的 zxid。

cversion:该 znode 版本号。

dataVersion:该 znode 的数据版本号。

aclVersion:该 znode 的 ACL 版本号。

ephemeralOwner:如果该 znode 是临时 znode,则此处值为所有者的会话 ID;如果该 znode 不是一个临时 znode 节点,则此处值为 0。

dataLength:znode 中数据的长度。

numChildren:znode 的子 znode 数目。

6.3.3 znode 权限设置

ZooKeeper 实际使用时往往搭建一个共用的 ZooKeeper 集群,统一为若干个应用提供服务。在这种情况下,不同的应用之间往往不会存在共享数据的使用场景,因此需要解决不同应用的权限问题。为了避免存储在 ZooKeeper 服务器上的数据被其他进程干扰或被人为修改,需要对 ZooKeeper 上的数据访问进行权限控制。ZooKeeper 提供了 ACL 的权限控制机制,通过设置 ZooKeeper 服务器上数据节点的 ACL 来控制客户端对该数据节点的访问权限。

ZooKeeper 中的 ACL 的文件访问权限的作用与 UNIX 操作系统类似。UNIX 操作系统将每个文件的用户分为拥有者、用户组和其他人 3 类,针对每类用户分别设置读(r)、写(w)、执行(x)权限,实现了文件的访问控制。而 ZooKeeper 的权限设置更加复杂,它并没有对用户进行分类,而是对每个 znode 的权限进行设置。其设置形式为

[权限模式(scheme):用户(id):权限表示(permissions)]。

1. 权限表示

在 UNIX 操作系统中使用 rw-r--r--或者 644 等来表示权限。ZooKeeper 中则定义了以下几种权限,并为每个权限制订了字母简称。

CREATE:简称为 c,表示创建子 znode。

READ:简称为 r,表示获取 znode 的数据和它的子 znode。

WRITE:简称为 w,表示写入 znode 的数据。

DELETE:简称为 d,表示删除子 znode,注意是删除子 znode,而不是更改 znode 本身。

ADMIN:简称 a,表示修改 ACL 值的权限。

用以上各个权限的简称便可以表示一组权限。例如,"cda"表示具有创建 znode、删除 znode、修改 ACL 值的权限。

除以上操作外,还有一些操作不受 ACL 限制,如查看 znode 状态、查看 znode 限额、删除 znode 本身,即任何用户都可以进行这些操作。

2. 用户识别

权限的设置需要针对某个或某类用户,首先要识别这些用户才能针对用户进行权限设置。例如,UserId 是一个用户识别规则,每个 UserId 能识别出唯一的用户。

与 Linux 操作系统不同,ZooKeeper 的用户一般是客户端。这些客户端并没有在 ZooKeeper 中提前注册,如每个客户端是一个需要解决的问题。ZooKeeper 支持 world、ip、auth、digest 4 种模式,每种模式具有不同的用户识别规则。

(1)world 模式。world 模式中只有一个用户 anyone,这个 anyone 用户代表了所有用户。world 模式格式为 world:anyone。在默认情况下,创建一个 znode 时,采用 world 模式将 znode 的所有权限赋给所有用户。

(2)ip 模式。在 ip 模式中,通过客户端的 ip 地址来识别用户。ip 模式的格式定义为 ip:rule。其中,rule 可以是一个 ip 地址,如 192.168.20.30,也可以包含子网掩码,如 192.168.0.0/16 匹配 192.168.*.*。

(3)auth 模式。在 auth 模式中,通过用户认证来识别用户。在使用这种方案前,需要先使用 addauth 命令建立认证用户,然后使用 auth 模式为 znode 设置权限。其格式为 auth:name:crwa。当客户端与 ZooKeeper 断开连接再重新连接时,会失去用户所具有的权限,只有通过 addauth digest yee:yeecode.top 命令再次认证身份后,才能找回权限。

auth 模式设置的权限信息最终也要使用 digest 模式存储,但还需要客户端通过 addauth 命令文向 ZooKeeper 发送密码,带来了密码泄露。

(4)digtest 模式。digtest 模式和 auth 模式十分类似。auth 模式的格式为 auth:name,而 digest 模式的格式为 digest:name:abstract。其中,abstract 是指该用户的用户名和密码的摘要信息。

在 UNIX 操作系统中,可以用命令在客户端本地生成用户名和密码的摘要信息。获得了用户名的摘要信息,便可以使用 digest 模式为指定的用户设置权限。

6.4　ZooKeeper 客户端命令

6.4.1　zk 服务命令

(1)启动服务。

./zkServer.sh start

(2)查看服务状态。

./zkServer.sh status

(3)停止服务。

./zkServer.sh stop

(4)连接服务。

./zkCli.sh -server 127.0.0.1:2181

6.4.2 节点操作

1. 创建节点

（1）默认创建永久的节点。

语法：create/节点名 值

例：create/zook hello_zookeeper

（2）创建临时节点。

语法：create -e/节点名 值

例：create -e/test hello_ephe

（3）创建有序节点。

语法：create -s/节点名 值

例：create -s/test2 hello_Seri

（4）创建临时有序节点。

语法：create -s -e/节点名 值

例：create -s -e /test3/hello_es

2. 修改节点

语法：set 节点名 值

例：set /test hello_zookeeper

3. 删除节点

语法：delete/节点名

例：delete/test

注意：delete 只能删除不含子节点的节点，如果要删除包含子节点的节点，则需要使用 deleteall 命令。

4. 查询节点

语法：get/节点名

例：get/zook

"hello_zookeeper"

可以使用 stat 命令查询节点状态，它的返回值和 get 命令的返回值类似，但不会返回节点数据。

语法：stat /节点名

例：stat /zook

cZxid = 0x400000010   #数据创建时的事务 id

ctime = Tue Apr 12 09:42:53 CST 2022   ##数据节点创建时的时间

mZxid = 0x400000010   # 数据修改时的数据事务

mtime = Tue Apr 12 09:42:53 CST 2022   #数据节点修改时的时间

pZxid = 0x400000010   #当前节点的子节点最后一次被修改的事务 id

cversion = 0   #c child 子节点的版本号，即子节点的更改次数

dataVersion = 0   #当前节点的更改次数

aclVersion = 0　　　　　　#节点 ACL 的更改次数 ACL access controller Lists

ephemeralOwner = 0x0　　#如果该节点是临时节点,则该值为当前 sessionId,若为持

　　　　　　　　　　　　　　久节点,则当前值为 0x0

dataLength = 15　　　　　　#数据内容的长度

numChildren = 0　　　　　　#数据当前节点的子节点个数

5.监听节点

(1) 监听节点值的变化。

语法:get −w/节点名

例:get −w/zook

hello_zookeeper

[zk:localhost:2181(CONNECTED) 8] set/zook "new value"

WATCHER::

WatchedEvent state:SyncConnected type:NodeDataChanged path:/zook

(2)监听子节的变化。

语法:ls −w/节点名

例: ls −w /zook

[ ]

create/zook/inner

WATCHER::

WatchedEvent state:SyncConnected type:NodeChildrenChanged path:/zook

Created/zook/inner

6.4.3　ACL 操作

(1)查看权限。

获取某个节点的 ACL 权限信息。

语法:getAcl/节点名

[zk:localhost:2181(CONNECTED) 4] create /zook/test 123

Created /test/abc

[zk:localhost:2181(CONNECTED) 6] getAcl /test/abc

'world,'anyone

: cdrwa

(2)设置权限。

ZooKeeper 的 ACL 通过"[scheme:id:permissions]"来构建权限列表,其中 scheme 代表采用的某种权限机制;id 代表允许访问的用户;permissions 代表权限组合字符串。

设置某个节点的 ACL 权限。

语法:setAcl/节点名 [scheme:id:permissions]

#world

setAcl/zook/test world:anyone:rda

```
#ip
create/ip192.168
setAcl/testip ip:127.0.0.1:crdwa
# auth
create/auth
addauth digest liu:111222          #增加授权用户、明文用户名和密码
setAcl/auth auth:liu:cdwra          #授予权限
```

重新连接之后获取会报没权限,需要添加授权用户:

```
get/auth
```

授权后重新连接自然会报没有权限的错误,错误如下:

```
Insufficient permission:/auth
```

需要通过以下命令为用户授权,然后查看:

```
addauth digest liu:111222
get/auth
null
#digest          #用加密后的字符串
setAcl    /digest digest:liu:ZYXDC21S/Vl5oZnm0hClrs0FoNg=:cdraw
getAcl        #需要使用加密后的字符串进行验证
'digest,'liu:ZYXDC21S/Vl5oZnm0hClrs0FoNg=:cdrwa
```

6.5 监 听 器

ZooKeeper 提供了分布式数据的发布、订阅功能。一个典型的发布/订阅模型系统定义了一种一对多的订阅关系,能够让多个订阅者同时监听某一个主题对象,当这个主题对象自身状态变化时,会通知所有订阅者,使它们能够做出相应的处理。ZooKeeper 中引入了 Watcher 机制来实现这种分布式的通知功能。ZooKeeper 允许客户端向服务端注册一个 Watcher 监听,如果服务端的一些指定事件触发了 Watcher,那么就会向指定客户端发送一个事件通知来实现分布式的通知功能。

在 ZooKeeper 中,Watcher 机制实际监听的是客户端与服务端之间的连接状态(通知状态)及节点状态(事件类型),分别对应连接监听和 znode 监听。连接监听用于监听客户端和服务端之间的连接状态发生变化;znode 监听用于监听节点状态的变化情况。本节主要介绍 znode 监听。

znode 监听的时间类型见表6.1。

表 6.1　znode 监听的时间类型

枚举属性名	描述
NodeCreated	Watcher 监听的节点被创建
NodeDeleted	Watcher 监听的节点被删除
NodeDataChanged	Watcher 监听的节点值被修改
NodeChildrenChanged	Watcher 监听的节点的子节点状态变化

监听器的特点如下：

（1）一次性。

ZooKeeper 中的 znode 监听器是一次性的，也就是说，只要监听器被触发，它就被移除了。如果需要持续监听一个 znode，则需要每次实现触发后重新设置一个监听器。这种设计的优点是有效地减轻服务端的压力；缺点是在上次监听器被移除和下次监听器被设立之间可能存在时间差，因而会错过某些时间。

（2）顺序性。

当监听时间发生时，ZooKeeper 会向监听该事件的客户端发送通知。但是，通知在到达客户端之前会经历一段时间。这意味着，事件发生后，客户端要经过一段时间才能收到通知。那么可能存在一种情况，某个客户端 A 监听了 znode "/test" 是否存在。在其他客户端成功删除了"test"之后，客户端 A 收到事件通知之前，如果客户端 A 读取"test"就会导致错误。为了解决这个问题，ZooKeeper 提供了顺序性保障。在客户端 A 收到事件通知之前，如果 A 读取"/test"的数据，则会正常读到"/hi"的数据。直到客户端 A 收到"/hi"删除的事件通知之后，对于客户端 A 而言才会真正删除"/test"。

（3）分类别。

ZooKeeper 中的 znode 监听器是分类别的，它分为数据监听器（用 Java 客户端提供的 getData 和 exsits 方法）和子 znode 监听器（客户端的 getChildren 方法）。当创建某个 znode 时，会触发 znode 正在创建的数据监听器和父 znode 的子 node 监听器。当删除某个 znode 时，则会触发该 znode 的数据监听器、子监听器，并触发父 znode 的子 znode 监听器。

（4）轻量级。

ZooKeeper 中的事件信息是轻量的，仅仅包含连接状态、事件类型及 znode 路径 3 项，而不会包含 znode 的数据值。这种轻量级的通知方式有利于信息的快速传递，如果客户端需要详细信息，可以在接收到通知后主动拉取。

（5）恢复性。

客户端设置的监听器实际保存在客户端中，并在客户端所连接的 ZooKeeper 服务器的对应 znode 上舍弃标志位。当客户端切换连接的服务器时，客户端连接到的新 ZooKeeper 服务器会立刻恢复该客户端对应的监听标识位。但在客户端与旧 ZooKeeper 服务器断开连接到与新服务器建立连接这段时间，可能会错过监听事件。

（6）单线程。

ZooKeeper 客户端与服务器建立连接后，会在客户端中建立两个线程。一个是负责命令发送和结果接收的工作线程，另一个是负责接受监听器通知的监听器线程。所有的监听器(包括 znode 监听器和连接监听器)都工作在监听器线程中。因此,如果一个事件处理函数的操作时间过长,则会阻塞其他监听器。所以要保证监听器处理函数的执行效率,防止阻塞监听器线程,不影响其他监听器接收事件通知。

6.6 连接与会话

会话(session)是 ZooKeeper 中最重要的概念之一,客户端与服务端之间的任何交互操作都与会话息息相关。ZooKeeper 服务器启动之后,便可以接收客户端的连接。客户端连接到 ZooKeeper 服务器后,便可以读取 ZooKeeper 中 znode 的结构和数据。

如果 ZooKeeper 以集群的形式部署,则一个客户端在某个时刻只会连接 ZooKeeper 集群中的一台服务器,而且会根据负载等情况在服务器之间进行切换。

6.6.1 连接的建立

客户端与 ZooKeeper 集群建立连接的方式很简单,需要向 ZooKeeper 集群提供连接字符串、会话超时时间及连接监听器 3 个参数。

1. 连接字符串

连接字符串记录了服务器主机及端口信息,例如"127.0.0.1:4545"。如果 ZooKeeper 以集群方式部署,那么客户端的连接字符串可以提供多个主机、端口信息,它们之间使用","分割即可,如"127.0.0.1:3000,127.0.0.1:3001,127.0.0.1:3002"。如果服务器提供多个可用的主机、端口信息,客户端会从中选择一个可用的服务器连接,而不是同时连接多个服务器。

在 Zookeeper 3.2.0 版本后,可以在主机、端口信息之后增加一个路径信息。该路径将作为此次连接的会话根目录,这类似于 UNIX 操作系统中的 chroot 命令。例如,可以使用"127.0.0.1:3002/foo/bar"创建会话,则该连接中所有会话的根目录将变为/foo/bar,当使用 get/test/liu/命令时,实际的操作路径为/foo/bar/test/liu。这一特性十分适合在多租户集群中使用,每个租户可以设置自身的根目录,避免租户之间相互干扰。

2. 会话超时时间

客户端建立连接时,需要提供会话超时时间(单位是 ms)。需要注意的是,客户端设定的该值并不会被直接采纳。ZooKeeper 服务器会对该值进行调整,将该值限定到滴答时间(tickTime,在 ZooKeeper 服务器的配置文件中设置)的 2 ~ 20 倍。ZooKeeper 服务器会回复最终确定的会话超时时间,在客户端中也可以读取到这个会话超时时间。

客户端连接 ZooKeeper 服务器后,会以一定时间间隔向 ZooKeeper 服务器发送心跳。如果 ZooKeeper 服务器未接收到客户的心跳请求超过会话超时时间,则客户端会人为掉线,近而删除客户端创建的临时节点,并发送相应的时间通知。

心跳请求一方面帮助 ZooKeeper 服务器判断客户端是否在线,另一方面也帮助客户端判断自己连接的 ZooKeeper 服务器是否正常工作。当客户端发现自己连接的 ZooKeeper 服务器停止工作时,会尝试重新连接字符串找出新的 ZooKeeper 服务器进行连接。因此,心跳的时间间隔比会话超时时间短很多,以便客户端检测到自身连接的

ZooKeeper 服务器停止工作后,有充足的时间寻找和连接新的 ZooKeeper 服务器。

3. 连接监听器

ZooKeeper 服务器除了能为 znode 设置监听器外,还为客户端与 ZooKeeper 服务器的连接状态设置一个监听器,该监听器就是建立客户端连接时传入的默认监听器。

连接监听器不是一次性的,它可以被多次触发。每当连接状态发生变化时,客户端都会收到对应事件的通知。

当客户端与 ZooKeeper 集群断开时,客户端也会收到 Discnnected 通知,但实际上此时客户端已经与 ZooKeeper 集群断开,因此这个消息实际上是客户端自己产生的。

假设经过一段事件后,客户端重新连接上服务器,如果这时没有超过会话超时时间,则客户端会再次收到 SyncConnected 通知,表明连接成功;如果已经超过了会话超时时间,则客户端会收到 Expired 通知,表明会话已经过期,该通知是 ZooKeeper 服务器集群发给客户端的。

连接监听器监听的状态包括以下几种:

①SyncConnected:成功连接到 ZooKeeper 集群。

②Disconnected:与 ZooKeeper 集群断开连接,由客户端产生消息。

③AuthFailed:认证失败。

④ConnectedReadOnly:连接到只读的 ZooKeeper 服务器。

⑤SalAuthenticated:通知客户端已通过 SASL 身份验证,客户端可以使用 SASL 授权的权限执行 ZooKeeper 操作。

⑥Expried:与 ZooKeeper 的会话已经过期。

⑦Closed:客户端关闭,该通知是由客户端调用关闭命令时自己生成的,不是由 ZooKeeper 集群发出的。

6.6.2　服务器切换

客户端连接 ZooKeeper 服务器时,可以使用一个用逗号分隔的主机端口号列表,列表中的每个项都代表一个 ZooKeeper 服务器。当与客户端连接的服务器宕机时,客户端会尝试从列表中选择其他 ZooKeeper 服务器与其连接。

ZooKeeper 服务器集群也会使用负载均衡算法协调各个 ZooKeeper 服务器的连接数,当发现某个 ZooKeeper 服务器连接的客户端过多时,会将这些客户端转移到其他 ZooKeeper 服务器上。这个过程会导致 ZooKeeper 客户端与 ZooKeeper 集群暂时断开。

客户端与 ZooKeeper 建立连接后,ZooKeeper 将为该客户创建一个 ZooKeeper 会话,会话 ID 为 64 位数字。ZooKeeper 还为这个会话 ID 设置了密码,ZooKeeper 集群中的任何一个服务器都可以验证该密码。当客户端切换服务器时,它会在握手信息中向新的服务器发送会话 ID 和密码,新服务器可以根据这些信息验证客户端的身份。

6.6.3　会话状态

在客户端与 ZooKeeper 服务器建立连接的请求过程中,会话将处在 Connecting 状态,当连接成功后,会话将变为 Connected 状态。当客户端失效后会话将会转为 Connecting 状态,客户端会重新从连接字符串中搜寻一个可用的 ZooKeeper 服务器进行连接,重新连接成功后再次恢复到 Connected 状态。因此,在正常情况下,客户端的会话状态为 Connecting 或者 Connected。

在客户端连接过程中,如果身份验证失败,则连接会变为 Auth Faild 状态;如果连接超时或主动关闭,则连接会转变为 Closed 状态。

当某个 ZooKeeper 服务器与大多数服务器失联后,它会变为只读状态,此时它接受声明了只读的客户端前来连接。

判断会话是否过期是由 ZooKeeper 集群管理的,而不是由客户端管理的。当集群中的服务器在指定的会话超时时间内没有收到来自某客户端的心跳时,将判断该会话过期。当会话过期后,集群将删除该会话拥有的所有临时的 znode,并通知所有监听这些 znode 的客户端。

6.7 节点角色

在分布式系统中,构成一个集群的每一台机器都有自己的角色,最典型的集群模式就是 Master/Slave 模式(主备模式)。在这种模式中,我们把能够处理所有写操作的服务器称为 Master 服务器,把所有通过异步复制方式获取最新数据,并提供读服务的服务器称为 Slave 服务器。

而在 ZooKeeper 中,这些概念被颠覆了。它没有沿用传统的 Master/Slave 模式,而是引入了 Leader、Follower 和 Observer 3 个角色。ZooKeeper 集群中的所有服务器通过一个 Leader 选举过程来选定一台被称为 Leader 的服务器,Leader 服务器为客户端提供读和写服务。Follower 和 Observer 都能够提供读服务,唯一的区别在于,Observer 不参与 Leader 的选举过程,也不参与写操作的"过半写成功"策略,因此 Observer 可以在不影响写性能的情况下提升 ZooKeeper 集群读的性能。

(1)Leader。

Leader 是 ZooKeeper 集群工作的核心,也是事务性请求(写操作)的唯一调度和处理者,它保证集群事务处理的顺序性,同时负责进行投票的发起和决议,以及更新系统状态。

(2)Follower。

Follower 负责处理客户端的非事务(读操作)请求,如果接收到客户端发来的事务性请求,则会转发给 Leader,让 Leader 进行处理,同时还在 Leader 选举过程中参与投票。

(3)Observer。

Observer 负责观察 ZooKeeper 集群的最新状态,并且将这些状态进行同步。对于非事务性请求,可以进行独立处理;对于事务性请求,则会转发给 Leader 服务器进行处理。它不会参与任何形式的投票,只提供非事务性的服务,通常用于在不影响集群事务处理能力的前提下,提升 ZooKeeper 集群的非事务处理能力(提高 ZooKeeper 集群读的能力,同时也降低 ZooKeeper 集群选举 Leader 的复杂程度)。

ZooKeeper 服务器在工作中处于以下几种状态之一:

①LOOKING:集群已经没有 Leader,或者当前服务器与 Leader 失联。在这种情况下,

Leader 的选举即将或正在展开。

②FOLLOWING：当前服务器的角色是 Follower，且它与 Leader 保持联系。

③LEADING：当前服务器的角色是 Leader。

④OBSERVING：当前服务器的角色是 Observer。

6.8　Leader 选举

Leader 选举是 ZooKeeper 服务器中重要的技术之一，也是保证分布式数据一致性的关键所在。

1. 服务器启动时的 Leader 选举

Leader 选举算法需要在至少由 2 台 ZooKeeper 服务器组成的集群上实施。这里以 3 台 ZooKeeper 服务器组成的集群为例，说明 Leader 的选举过程。当第一台服务器 Server1（myid 为 1）启动时，无法完成 Leader 的选举。当第二台服务器 Server2（myid 为 2）启动后，此时两台服务器之间能够进行互相通信，每台服务器都试图找到一个 Leader，因此进入 Leader 选举过程。具体过程如下：

（1）每个服务器发出一个投票。

由于是初始情况，因此对于 Server1 和 Server2 来说，都会将自己作为 Leader 服务器来进行投票，每次投票包含的最基本的元素有它所推举的服务器的 myid 和 ZXID，以（myid，ZXID）的形式表示。因为是初始化阶段，所以无论是 Server1 还是 Server2，都会投给自己，即 Server1 的投票为（1,0），Server2 的投票为（2,0），然后各自将这个投票发给集群中的其他服务。

（2）接收来自各个服务器的投票。

每个服务器都会接收到来自其他服务器的投票。ZooKeeper 集群中的每个服务器在接收到投票后，首先会判断该投票的有效性，包括检查是否是本轮投票、是否来自 LOOKING 状态的服务器。

（3）处理投票。

在接收到来自其他服务器的投票后，针对每个投票，服务器都需要将其他服务器的投票和自己的投票进行比较。比较的规则如下。

①优先检查 ZXID。ZXID 比较大的服务器优先作为 Leader。

②如果 ZXID 相同，那么就比较 myid。myid 比较大的服务器作为 Leader 服务器。

对于 Server1 来说，它自己的投票是（1, 0），而接收到的投票为（2, 0）。首先会对比两者的 ZXID，因为都是 0，所以无法决定谁是 Leader。接下来会对比两者的 myid，很显然，Server1 发现接收到的投票中 myid 是 2，大于自己，于是就会更新自己的投票为（2, 0），然后重新将投票发出去。而对于 Server2 来说，不需要更新自己的投票信息，只是再一次向 ZooKeeper 集群中的所有服务器发出上一次投票的信息即可。

（4）统计投票。

每次投票后，服务器都会统计所有投票，判断是否已经有过半的服务器接收到相同的投票信息。对于 Server1 和 Server2 来说，它们都统计出集群中已经有 2 台机器接收了（2，

0)这个投票信息。所谓"过半"是指大于集群服务器数量的一半,即大于或等于($n/2+$1)。对于这里是由 3 台服务器构成的集群,大于等于 2 台即为达到"过半"要求。那么,当 Server1 和 Server2 都收到相同的投票信息(2,0)时,即认为已经选出了 Leader。

(5)改变服务器状态。

一旦确定了 Leader,每台服务器就会更新自己的状态:如果是 Follower,那么就变更为 Following;如果是 Leader,那么就变更为 Leading。

2. 服务器运行期间的 Leader 选举

在 ZooKeeper 集群正常运行过程中,一旦选出一个 Leader,那么所有服务器的集群角色一般不会再发生变化。也就是说,Leader 服务器将一直作为集群的 Leader,即使集群中有非 Leader 集群挂了或有新机器加入集群,也不会影响 Leader。但是,一旦 Leader 所在的机器挂了,那么整个集群将暂时无法对外服务,而是进入新一轮的 Leader 选举。服务器运行期间的 Leader 选举过程和启动时期的 Leader 选举过程基本是一致的。

假设当前正在运行的 ZooKeeper 服务器由 3 台机器组成,分别是 Server1、Server2 和 Server3,当前的 Leader 是 Server2。假设在某一个瞬间,Leader 挂了,这时便开始了 Leader 选举。

①变更状态。当 Leader 挂了之后,余下的非 Observer 服务器都将自己的服务器状态变更为 Looking,然后开始进入 Leader 选举流程。

②每个 Server 会发出一个投票。在这个过程中,需要生成投票信息(myid, ZXID)。因为是在运行期间,所以每个服务器上的 ZXID 可能不同。假定 Server1 的 ZXID 为 123,而 Server3 的 ZXID 为 122。在第一轮投票中,Server1 和 Server3 都会投自己,即分别产生投票(1,123)和(3,122),然后各自将这个投票发给集群中的所有机器。

③接收来自各个服务器的投票。

④处理投票。对于投票的处理,与前面提到的服务器启动期间的处理规则是一致的。在这个例子中,由于 Server1 的 ZXID 为 123,Server3 的 ZXID 为 122,因此 Server1 会成为 Leader。

⑤统计投票。

⑥改变服务器状态。

算法分析:以上过程不会出现脑裂,新 Leader 需要获得全部服务器过半数以上的支持,如果 ZooKeeper 网络一分为二,则一分为二的两个集群中总有一个集群的服务器数目少于或者等于半数,这个集群是无法选举出新 Leader 的。

6.9　ZAB 协议

ZooKeeper 使用一种名为 ZooKeeper Atomic Broadcast(ZAB)的协议作为保障数据一致性的核心算法。ZooKeeper 是为分布式协调服务 ZooKeeper 专门设计的一种支持崩溃恢复的原子广播协议。

ZAB 协议的核心是定义了对于会改变 ZooKeeper 服务器数据状态的事务请求(写)的处理方式。所有事务请求必须由一个全局唯一的 Leader 服务器来协调处理。Leader 服务器负责将一个客户端事务请求转换成一个事务 Proposal(提议),并将该 Proposal 分发给集群中所有的 Follower 服务器。之后 Leader 服务器需要等待所有 Follower 服务器的反馈,一旦超过半数的 Follower 服务器进行了正确的反馈,Leader 就会再次向所有的 Follower 服务器分发请求消息,要求其将前一个 Proposal 进行提交。ZAB 协议的实现包括两种基本模式,分别是消息广播和崩溃恢复。

1. 消息广播

在消息广播阶段,集群中已经存在一个公认的 Leader,Leader 可以处理读请求和写请求,Fllower 和 Observer 可以处理读请求,并把写请求转发给 Leader。

Leader 接收到写请求后,会把它当作一个事务来处理,并为该事务分配一个递增的事务编号 zxid。zxid 一共有 64 位,高 32 位记录了 Leader 改变的次数,因此每次重新选举出新的 Leader,高 32 位都会改变;低 32 位记录了事务的编号。

在消息广播阶段,Leader 会采用类似两阶段提交的方式来处理事务,具体过程如下:

①Leader 向集群中的 Follower 广播这一事务。

②Follower 接收到 Leader 的事务广播后,执行但不提交事务,并在执行结束后回复 Leader。

③Leader 收到过半数 Follower 的回复(包含自己的)后向所有 Follower 广播该事务。

这样,一个事务就完成了。在这个过程中,Observer 只负责从 Leader、Follower 中同步最新的事务,但不会参与事务的准备、提交等过程。因此算法过程的讨论,可以暂不考虑 Observer 的存在。事务完成后,ZooKeeper 保证了过半数的服务器(Leader 和 Follower)提交了该事务。

2. 崩溃恢复

当整个服务框架处于启动过程,或 Leader 服务器出现网络中断、崩溃退出与重启等异常情况时,ZAB 协议就会进入恢复模式并选举产生新的 Leader 服务器。当选举产生了新的 Leader 服务器,同时集群中已经有过半的机器与该 Leader 服务器完成了状态同步之后,ZAB 协议就会退出恢复模式。其中,所谓的状态同步是指数据同步,用来保证集群中存在过半的机器能够与 Leader 服务器的数据状态保持一致。

在崩溃恢复阶段,Leade 的选举过程已在前面介绍了,但在此阶段 Leader 选举需要满足以下条件:

①新选举出来的 Leader 不能包含未提交的 Proposal。新 Leader 必须都是已经提交了 Proposal 的 Follower 服务器节点。

②新选举的 Leader 节点中含有最大的 zxid。这样做的好处是可以避免 Leader 服务器检查 Proposal 的提交和丢弃工作。

满足上述约束能够保证凡是 Leader 提交过的数据不会因为选举的发生而丢失。因为只要是旧 Leader 提交过的数据,这些数据就已经保存在过半的服务器上,而新 Leader 的选举要求新 Leader 获得过半数的支持,必定有服务器保存了这个 ID。

进入崩溃恢复阶段,每个 Follower 会向新 Leader 发送自己保存的最大 zxid 值,这代表 Follower 自身的状态进度。如果该状态进度低于 Leader,那么 Leader 会将最新的状态进度同步给这个 Follower。经过同步,集群中各个服务器的状态都达到最新,集群便完成了恢复,开始进入消息广播模式。

ZooKeeper 通过 ZAB 协议保证每个节点的数据一致性,但 CAP 理论已经告诉我们,一个分布式系统不可能同时满足一致性(C)、可用性(A)和分区容错性(P)。ZooKeeper 中保证的是 CP,而不能保证每次服务请求的可用性。在极端环境下,ZooKeeper 可能会丢弃一些请求,客户端程序需要重新请求才能获得结果,所以 ZooKeeper 不能保证服务的可用性。此外,进行 Leader 选举时,集群也都是不可用的。

6.10　序　列　化

ZooKeeper 实现一些功能的主要方式是通过客户端与服务端之间的相互通信。那么首先要解决的问题就是通过网络传输数据,而想通过网络传输已经定义好的 Java 对象数据,必须先对其进行序列化。例如,通过 ZooKeeper 客户端发送 ACL 权限控制请求时,需要把请求信息封装成 packet 类型,经过序列化后才能通过网络将 ACL 信息发送给 ZooKeeper 服务端进行处理。

1. 序列化与反序列化

序列化是指将定义好的 Java 类型转化成字节流的形式。之所以这么做是因为在网络传输过程中,TCP 协议采用"流通信"的方式提供了可以读写的字节流。而这种设计的好处在于避免了在网络传输过程中经常出现的问题,比如消息丢失、消息重复和消息排序等问题。如果需要通过网络传递对象或将对象信息进行持久化,就需要将该对象进行序列化。而反序列化就是将字节流恢复为 Java 对象的过程。

在 Java 中,如果某类的对象需要序列化,则该类需要实现 Serializable 接口进行标识,然后通过 ObjectOutputStream 和 ObjectInputStream 进行序列化和反序列化操作。例如,将 user 对象进行序列化与反序列化的代码如下:

```
//序列化
ObjectOutputStream oos = new ObjectOutputStream( )
oo. writeObject( user) ;
//反序列化
ObjectInputStream ois = new ObjectInputStream( ) ;
User user = ( User) ois. readObject( ) ;
```

2. Zookeeper 中的序列化

在 ZooKeeper 中并没有采用与 Java 一样的序列化方式,而是采用了一个 Jute 的序列解决方案作为 ZooKeeper 框架自身的序列化方式。Jute 框架最早作为 Hadoop 中的序列化组件,之后从 Hadoop 中独立出来,成为一个独立的序列化解决方案。

在 Jute 框架中,要想将某个定义的类进行序列化,首先需要该类实现 Record 接口的 serilize 和 deserialize 方法,这两种方法分别是序列化和反序列化方法。下列代码给出了一般在 ZooKeeper 中进行序列化的具体实现:首先,定义一个 my_jute 类,为了能够对它进行序列化,需要该 my_jute 类实现 Record 接口,并在对应的 serialize 序列化方法和 deserialize 反序列化方法中编辑具体的实现逻辑。例如:

```
class my_jute implements Record{
   private long ids;
   private String name;
   ...
   public void serialize(OutpurArchive a_,String tag){
      ...
   }
   public void deserialize(INputArchive a_,String tag){
      ...
   }
}
```

在 serialize 方法中,需要实现的逻辑是,首先通过字符类型参数 tag 传递标记序列化标识符,之后使用 writeLong 和 writeString 等方法分别将对象属性字段进行序列化。序列化时可以对多个对象进行操作,因此需要用字符类型参数 tag 表示要序列化或反序列化哪个对象。例如:

```
public void serialize(OutpurArchive a_,String tag) throws ...{
   a_. startRecord(this. tag);
   a_. writeLong(ids,"ids");
   a_. writeString(type,"name");
   a_. endRecord(this,tag);
}
```

而在实现反序列化的过程中调用 derseralize 则与前面所述的序列化过程正好相反。例如:

```
public void deserialize(INputArchive a_,String tag) throws{
   a_. startRecord(tag);
   ids = a_. readLong("ids");
   name = a_. readString("name");
   a_. endRecord(tag);
}
```

上述过程展示了如何在 ZooKeeper 中使用 Jute 实现序列化。需要注意的是,在实现了 Record 接口后,具体的序列化和反序列化逻辑要在 serialize 和 deserialize 函数中完成。序列化和反序列化的实现逻辑编码方式相对固定,首先通过 startRecord 开启一段序列化操作,之后通过 writeLong、writeString 或 readLong、readString 等方法执行序列化或反序列化。本例中只是实现了长整型和字符型的序列化与反序列化操作,除此之外,ZooKeeper 中的 Jute 框架还支持整数类型(int)、布尔类型(bool)、双精度类型(double)及 Byte/Buffer 类型。

3. Jute 原理

在 Zookeeper 中,通过简单地实现 Record 接口就可以实现序列化,可以从该接口入手详细分析其底层原理。

Record 接口可以理解为 ZooKeeper 中专门用来进行网络传输或本地存储时使用的数据类型。因此要将实现的类传输或者存储到本地，都要实现该 Record 接口。

Record 接口的内部实现逻辑非常简单，只是定义了一个序列化方法（serialize）和一个反序列化方法（deserialize）。而在 Record 起到关键作用的则是两个重要的类，即 OutputArchive 和 InputArchive，其实这两个类才是真正的序列化和反序列化工具类。

OutputArchive 中定义了可进行序列化的参数类型，根据不同的序列化方式调用不同的实现类进行序列化操作。Jute 可以通过 Binary、Csv、Xml 等方式进行序列化操作。而对应于序列化操作，在反序列化时也会相应地调用不同的实现类来进行反序列化操作。

6.11　应用场景

1. 数据发布/订阅

数据发布/订阅系统，即配置中心。需要发布者将数据发布到 ZooKeeper 的节点上，供订阅者进行数据订阅，进而达到动态获取数据的目的，实现配置信息的集中式管理和数据的动态更新。发布/订阅一般有两种设计模式，即推模式和拉模式。服务端主动将数据更新发送给所有订阅的客户端，称为推模式；客户端主动请求获取最新数据，称为拉模式。ZooKeeper 采用了推拉相结合的模式，客户端向服务端注册自己需要关注的节点，一旦该节点数据发生变更，那么服务端就会向相应的客户端推送 Watcher 事件通知，客户端接收到此通知后，主动到服务端获取最新的数据。

若将配置信息存放到 ZooKeeper 上进行集中管理，在通常情况下，应用程序在启动时会主动到 ZooKeeper 服务端上进行一次配置信息的获取，同时，在指定节点上注册一个 Watcher 监听，这样在配置信息发生变更时，服务端都会实时通知所有订阅的客户端，从而达到实时获取最新配置的目的。

2. 负载均衡

负载均衡是一种相当常见的计算机网络技术，用来对多个计算机、网络连接、CPU、磁盘驱动或其他资源进行分配负载，以达到优化资源使用、最大化吞吐率、最小化响应时间和避免过载的目的。

下面介绍如何使用 ZooKeeper 实现动态 DNS 服务。

（1）域名配置。

在 ZooKeeper 上创建一个节点来进行域名配置，如 DDNS/app1/server. app1. company1. com。

（2）域名解析。

从域名节点中获取 IP 地址和端口的配置，进行自行解析。同时，应用程序还会在域名节点上注册一个数据变更 Watcher 监听，以便及时收到域名变更的通知。

（3）域名变更。

若发生 IP 或端口号变更,此时对指定的域名节点进行更新操作,ZooKeeper 就会向订阅的客户端发送这个事件通知,客户端之后再次获取域名配置。

3. 命名服务

命名服务是分布式系统中较为常见的一类场景。在分布式系统中,被命名的实体通常可以是集群中的机器、提供的服务地址或远程对象等,通过命名服务,客户端可以根据指定名字来获取资源的实体、服务地址和提供者的信息。ZooKeeper 也可帮助应用系统通过资源引用的方式来实现对资源的定位和使用,广义上的命名服务的资源定位都不是真正意义上的实体资源,在分布式环境中,上层应用仅仅需要一个全局唯一的名字。ZooKeeper 可以实现一套分布式全局唯一 ID 的分配机制。

通过调用 ZooKeeper 节点创建的 API 接口就可以创建一个顺序节点,并且在 API 返回值中会返回这个节点的完整名字,利用此特性可以生成全局 ID。其具体步骤如下:

① 客户端根据任务类型,在指定类型的任务下通过调用接口创建一个顺序节点,如"job-"。

② 创建完成后,会返回一个完整的节点名,如"job-00000001"。

③ 客户端拼接 type 类型和返回值后,就可以作为全局唯一 ID 了,如"type2-job-00000001"。

4. 分布式协调/通知

ZooKeeper 中特有的 Watcher 注册于异步通知机制,能够很好地实现分布式环境下不同的机器,甚至是不同系统之间的协调与通知,从而实现对数据变更的实时处理。通常的做法是不同的客户端都对 ZooKeeper 上的同一个数据节点进行 Watcher 注册,监听数据节点的变化(包括节点本身和子节点),若数据节点发生变化,那么所有订阅的客户端都能够接收到相应的 Watcher 通知,并做出相应的处理。

MySQL 数据复制总线是一个实时的数据复制框架,用于在不同的 MySQL 数据库实例之间进行异步数据复制和数据变化通知,整个系统是由 MySQL 数据库集群、消息队列系统、任务管理监控平台、ZooKeeper 集群等组件共同构成的一个包含生产者、复制组件、数据消费等部分的数据总线系统。分布式协调过程如图 6.3 所示。

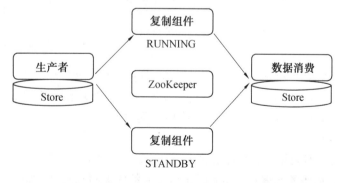

图 6.3　分布式协调过程

ZooKeeper 主要负责分布式协调工作,在具体实现上,根据功能将数据复制组件划分为 3 个模块:Core(实现数据复制核心逻辑,将数据复制封装成管道,并抽象出生产者和消费者概念)、Server(启动和停止复制任务)、Monitor(监控任务的运行状态,若数据复制期间发生异常或出现故障,则进行告警)。分布式协调服务的实现如图 6.4 所示。

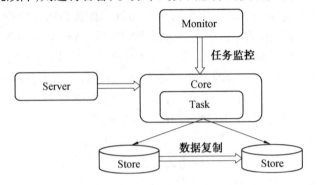

图 6.4　分布式协调服务的实现

每个模块作为独立的进程运行在服务端,运行时的数据和配置信息均保存在 ZooKeeper 上。节点结构如图 6.5 所示。

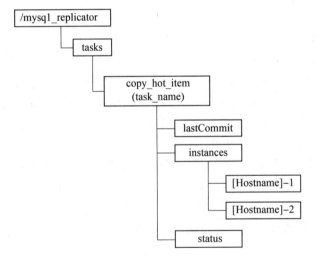

图 6.5　节点结构

(1)任务创建。

Core 进程启动时,向/mysql_replicator/tasks 节点注册任务,如创建一个子节点/mysql _replicator/tasks/copy_hot/item。若注册过程中发现该子节点已经存在,说明已经有其他 Task 机器注册了该任务,因此其自身不需要再创建该节点。

(2)任务热备份。

为了应对任务故障或者复制任务所在主机故障,复制组件采用"热备份"的容灾方式,即将同一个复制任务部署在不同的主机上,主备任务机通过 ZooKeeper 互相监控运行状况。无论在第一步是否创建了任务节点,每台机器都需要在/mysql_replicator/tasks/copy_ hot_item/instances 节点上将自己的主机名注册上去,节点类型为临时顺序节点,在完成子节点创建后,每天任务机器都可以获取自己创建的节点名及所有子节点列表,然后通过对比判断自己是否为所有子节点中序号最小的,若是,则将自己的运行状态设置为 RUNNING,其他机器设置为 STANDBY,这种策略称为小序号优先策略。

（3）热备切换。

完成运行状态的标示后,其中标记为 RUNNING 的客户端机器进行正常的数据复制,而标记为 STANDBY 的机器则进入待命状态,一旦 RUNNING 机器出现故障,所有标记为 STANDBY 的机器就再次按照小序号优先策略选出新的 RUNNIG 机器(STANDY 机器需要在/mysql_replicator/tasks/copy_hot_item/instances 节点上注册一个子节点列表变更监听,RUNNING 机器宕机与 ZooKeeper 断开连接后,对应的节点也会消失,于是所有客户端收到通知,进行新一轮选举)。

（4）记录执行状态。

RUNNING 机器需要将运行时的上下文状态保留给 STANDBY 机器。

（5）控制台协调。

Server 的主要工作就是进行任务控制,通过 ZooKeeper 来对不同任务进行控制和协调,Server 会将每个复制任务对应生产者的元数据及消费者的相关信息以配置的形式写入任务节点/mysql_replicator/tasks/copy_hot_item 中,以便该任务的所有任务机器都能够共享复制任务的配置。

在上述热备份方案中,针对一个任务,都会至少分配两台任务机器来进行热备份(RUNNING 和 STANDBY,即主备机器),若 MySQL 实例需要进行数据复制,那么会消耗太多机器。此时,需要使用冷备份方案,其对所有任务进行分组。热备实现方案如图 6.6 所示。

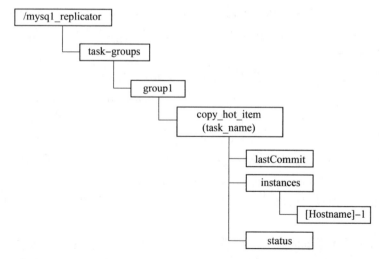

图 6.6　热备实现方案

Core 进程被配置了所属组(group),若一个 Core 进程被标记为 group1,那么在 Core 进程启动后,会到对应的 ZooKeeper group1 节点下面获取所有的 Task 列表,假如找到任务"copy_hot_item"之后,就会遍历这个 Task 列表的 instances 节点,如果还没有子节点,则创建一个临时的顺序节点,如/mysql_replicator/task-groups /group1/copy_hot_item/instances /[Hostname]-1,当然,在这个过程中,其他 Core 进程也会在这个 instances 节点下创建类似的子节点,按照小序号优先策略确定 RUNNING,不同的是,其他 Core 进程会自动删除自己创建的子节点,然后遍历下一个 Task 节点,这样的过程称为冷备份扫描。所有 Core 进程在扫描周期内不断地对相应的 Group 下的 Task 进行冷备份。

在绝大多数分布式系统中,系统机器之间的通信无外乎心跳检测、工作进度汇报和系统调度。具体如下:

(1)心跳检测。

不同机器之间需要检测到彼此是否在正常运行,可以使用 ZooKeeper 实现机器之间的心跳检测,基于其临时节点特性(临时节点的生存周期是客户端会话,客户端若宕机后,其临时节点自然不再存在),可以让不同机器都在 ZooKeeper 的一个指定节点下创建临时子节点,不同的机器之间可以根据这个临时子节点来判断对应的客户端机器是否存活。通过 ZooKeeper 可以大大减少系统耦合。

(2)工作进度汇报。

通常任务被分发到不同机器后,需要实时地将自己的任务执行进度汇报给分发系统,可以在 ZooKeeper 上选择一个节点,每个任务客户端都在这个节点下面创建临时子节点,这样不仅可以判断机器是否存活,同时各个机器还可以将自己的任务执行进度写到该临时节点中去,以便中心系统能够实时获取任务的执行进度。

(3)系统调度。

ZooKeeper 能够实现如下系统调度模式:分布式系统由控制台和客户端系统两部分构成。控制台的职责是需要将一些指令信息发送给所有的客户端,以控制它们进行相应的业务逻辑,后台管理人员在控制台上做一些操作,实际上就是修改 ZooKeeper 上某些节点的数据,ZooKeeper 可以将数据变更以时间通知的形式发送给订阅客户端。

5. 集群管理

客户端如果对 ZooKeeper 的数据节点注册 Watcher 监听,那么当该数据及节点内容,或其子节点列表发生变更时,ZooKeeper 服务器就会向订阅的客户端发送变更通知。对在 ZooKeeper 上创建的临时节点,一旦客户端与服务器之间的会话失效,临时节点就会被自动删除。利用其两大特性,可以实现集群机器存活监控系统,若监控系统在/clusterServers 节点上注册一个 Watcher 监听,那么但凡进行动态添加机器的操作,就会在/clusterServers 节点下创建一个临时节点/clusterServers/[Hostname],这样,监控系统就能够实时监测机器的变动情况。下面通过分布式日志收集系统的典型应用来学习 ZooKeeper 是如何实现集群管理的。

分布式日志收集系统的核心工作就是收集分布在不同机器上的系统日志。在典型的日志系统架构设计中,整个日志系统会把所有需要收集的日志机器分为多个组别,每个组别对应一个收集器,这个收集器其实就是一个后台机器,用于收集日志,对于大规模的分布式日志收集系统场景,通常需要解决两个问题:①变化的日志源机器;②变化的收集器机器。

无论是日志源机器的变更还是收集器机器的变更,最终都可以归结为如何快速、合理、动态地为每个收集器分配对应的日志源机器。使用 ZooKeeper 的场景步骤如下：

（1）注册收集器机器。

在 ZooKeeper 上创建一个节点，该节点作为收集器的根节点，例如/logs/collector 的收集器节点，每个收集器机器启动时都会在收集器节点下创建自己的节点，如/logs/collector/［Hostname］。

（2）任务分发。

所有收集器机器创建完对应节点后，系统根据收集器节点下的子节点的个数，将所有日志源机器分成对应的若干组，然后将分组后的机器列表分别写到这些收集器机器创建的子节点上，如写到/logs/collector/host1 上。这样，收集器机器就能够根据自己对应的收集器节点获取日志源机器列表，进而开始进行日志收集工作。集群管理方案实现过程如图 6.7 所示。

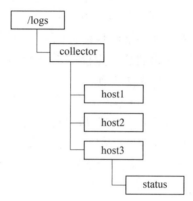

图 6.7　集群管理方案实现过程

（3）状态汇报。

完成任务分发后，机器随时会宕机，所以需要有一个收集器的状态汇报机制，每个收集器机器上创建完节点后，还需要在对应子节点上创建一个状态子节点，如/logs/collector/host/status，每个收集器机器都需要定期向该节点写入自己的状态信息，这可看作心跳检测机制，通常收集器机器都会写入日志收集状态信息，日志系统通过判断状态子节点最后的更新时间来确定收集器机器是否存活。

（4）动态分配。

若收集器机器宕机，则需要动态进行收集任务的分配，收集系统在运行过程中关注/logs/collector 节点下所有子节点的变更，一旦有机器停止汇报或有新机器加入，就开始进行任务的重新分配。此时通常有两种做法：

①全局动态分配。当收集器机器宕机或有新的机器加入时，系统根据新的收集器机器列表，立即对所有的日志源机器重新进行分组，然后将其分配给剩下的收集器机器。

②局部动态分配。每个收集器机器在汇报自己日志收集状态的同时，也会把自己的负载汇报上去，如果一台机器宕机了，那么日志系统就会把之前分配给这台机器的任务重新分配给那些负载较低的机器，同样，如果有新机器加入，则会从那些负载高的机器上转移一部分任务给新机器。

上述步骤已经完整地说明了整个日志收集系统的工作流程，其中有两点注意事项：

（1）节点类型。

在/logs/collector 节点下创建临时节点可以很好地判断机器是否存活，但是若机器挂了，其节点会被删除，记录在节点上的日志源机器列表也会被清除，所以需要选择持久节点来标识每一台机器，同时在节点下分别创建/logs/collector/[Hostname]/status 节点来表征每个收集器机器的状态，这样，既能实现对所有机器的监控，也能在机器挂掉后依然将分配任务还原。

（2）日志系统节点监听。

若采用 Watcher 机制，则通知消息量的网络开销非常大，需要采用日志系统主动轮询收集器节点的策略，这样可以节省网络流量，但是存在一定的延时。

6. Master 选举

在分布式系统中，Master 往往用来协调集群中其他系统单元。它具有对分布式系统状态变更的决定权，如在读写分离的应用场景中，客户端的写请求往往由 Master 处理，也用来处理一些复杂的逻辑并将处理结果同步给其他系统单元。利用 ZooKeeper 的强一致性，在分布式高并发情况下，节点的创建一定能够保证全局唯一性，即 ZooKeeper 保证客户端无法重复创建一个已经存在的数据节点。

首先创建/master_election/2016-11-12 节点，客户端集群每天会定时在该节点下创建临时节点，如/master_election/2016-11-12/binding，在这个过程中，只有一个客户端能够成功创建，此时其变成 Master，其他节点都会在节点/master_election/2016-11-12 上注册一个子节点变更的 Watcher，用于监控当前的 Master 机器是否存活，一旦发现当前 Master 机器挂了，其余客户端将会重新进行 Master 选举。

7. 分布式锁

分布式锁主要分为排它锁和共享锁，是控制分布式系统之间同步访问共享资源的一种方式，可以保证不同系统访问一个或一组资源时的一致性。

（1）排它锁。

排它锁又称写锁或独占锁，若事务 T1 对数据对象 O1 加上了排它锁，那么在整个加锁期间，只允许事务 T1 对 O1 进行读取和更新操作，其他任何事务都不能对这个数据对象进行任何类型的操作，直到 T1 释放了排它锁。排它锁实现方案如图6.8所示。

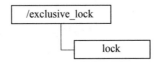

图6.8　排它锁实现方案

①获取锁。在需要获取排它锁时，所有客户端通过调用接口，并在/exclusive_lock 节点下创建临时子节点/exclusive_lock/lock。ZooKeeper 可以保证只有一个客户端能够创建成功，没有成功的客户端需要注册/exclusive_lock 节点进行监听。

②释放锁。获取锁的客户端宕机或者正常完成业务逻辑都会导致临时节点的删除，此时，所有在/exclusive_lock 节点上注册监听的客户端都会收到通知，可以重新发起分布式锁获取。

（2）共享锁。

共享锁又称读锁，若事务 T1 对数据对象 O1 加上共享锁，那么当前事务只能对 O1 进行读取操作，其他事务也只能对这个数据对象加共享锁，直到该数据对象上的所有共享锁都被释放。共享锁实现方案如图 6.9 所示。

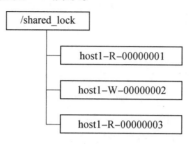

图 6.9　共享锁实现方案

①获取锁。在需要获取共享锁时，所有客户端都会到/shared_lock 下面创建一个临时顺序节点，如果是读请求，那么就创建如/shared_lock/host1-R-00000001 的节点，如果是写请求，那么就创建如/shared_lock/host2-W-00000002 的节点。

②判断读写顺序。不同事务可以同时对一个数据对象进行读写操作，而更新操作必须在当前没有任何事务进行读写的情况下进行，通过 ZooKeeper 来确定分布式读写顺序。大致分为以下步骤：

①创建完节点后，获取/shared_lock 节点下的所有子节点，并对该节点变更注册监听。

②确定自己的节点序号在所有子节点中的顺序。

③对于读请求，若没有比自己序号小的子节点或所有比自己序号小的子节点都是读请求，那么表明自己已经成功获取到共享锁，同时开始执行读取逻辑，若有写请求，则需要等待。对于写请求，若自己不是序号最小的子节点，那么需要等待。

④接收到 Watcher 通知后，重复步骤①。

上述共享锁的实现方案，可以满足一般分布式集群竞争锁的需求，但是如果机器规模扩大，则会出现一些问题。下面针对如图 6.10 所示的情况，着重分析读写顺序的步骤③。

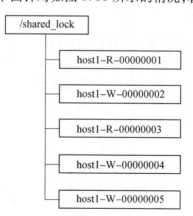

图 6.10　共享锁实现方案

host1 首先进行读操作,完成后将/shared_lock/host1-R-00000001 节点删除。

余下 4 台机器均收到这个节点被移除的通知,然后重新从/shared_lock 节点上获取一份新的子节点列表。

每台机器判断自己的读写顺序,其中 host2 检测到自己序号最小,于是进行写操作,余下的机器则继续等待。

……

可以看到,host1 客户端在移除自己的共享锁后,ZooKeeper 发送子节点更变 Watcher 通知给所有机器,然而该通知除了对 host2 产生影响外,对其他机器没有任何影响。大量的 Watcher 通知和子节点列表获取两个操作会重复运行,这样会造成系统性能的影响和网络开销。更为严重的是,如果同一时间有多个节点对应的客户端完成事务或事务中断,ZooKeeper 服务器就会在短时间内向其他所有客户端发送大量的事件通知,这就是所谓的"羊群效应"。

以下操作可以避免羊群效应:

①客户端调用 create 接口创建类似于/shared_lock/[Hostname]-请求类型-序号的临时顺序节点。

②客户端调用 getChildren 接口获取所有已经创建的子节点列表(不注册任何 Watcher)。

③如果无法获取共享锁,就调用 exist 接口来对比自己小的节点注册 Watcher 监听。对于读请求,向比自己序号小的最后一个写请求节点注册 Watcher 监听;对于写请求,向比自己序号小的最后一个节点注册 Watcher 监听。

④等待 Watcher 通知,继续进入步骤②。

此方案主要在于:每个锁竞争者只需要关注/shared_lock 节点下序号比自己小的那个节点是否存在即可。

8. 分布式队列

分布式队列可以分为先入先出队列模型和等待队列元素聚集后统一安排处理执行的 Barrier 模型。

(1)先入先出对列模型。

先进入队列的请求操作先完成后,才开始处理后面的请求。先入先出队列模型类似于全写的共享模型,所有客户端都会在/queue_fifo 这个节点下创建一个临时节点,如/queue_fifo/host1-00000001。先入先出队列模型实现方案如图 6.11 所示。

创建完节点后,按照如下步骤执行。

①通过调用 getChildren 接口来获取/queue_fifo 节点的所有子节点,即获取队列中的所有元素。

②确定自己的节点序号在所有子节点中的顺序。

③如果自己的序号不是最小的,那么需要等待,同时向比自己序号小的最后一个节点注册 Watcher 监听。

④接收到 Watcher 通知后,重复步骤①。

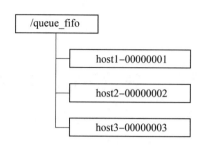

图 6.11　先入先出队列模型实现方案

（2）Barrier 模型。

最终的合并计算需要基于很多并行计算的子结果来进行，开始时，/queue_barrier 节点已经默认存在，并且将节点数据内容赋值为数字 n 来代表 Barrier 值，之后，所有客户端都会到/queue_barrier 节点下创建一个临时节点，例如/queue_barrier/host1。

创建完节点后，按照如下步骤执行。

①通过调用 getData 接口获取/queue_barrier 节点的数据内容。

②通过调用 getChildren 接口获取/queue_barrier 节点下的所有子节点，同时注册对子节点变更的 Watcher 监听。

③统计子节点个数。

④如果子节点个数还不足 10 个，那么需要等待。

⑤接收到 Wacher 通知后，重复步骤③。

习　　题

1. 创建 3 台虚拟机并完成 ZooKeeper 集群的分布式部署。

2. ZooKeeper 中 Znode 的作用是什么？它有哪几种类型？

3. 在默认情况下，ZooKeeper 集群中 2181、2888、3888 端口的作用分别是什么？

4. 监听/test 节点下是否有新建子节点？命令是什么？

5. ZooKeeper 集群中的节点共有哪几种角色？其作用分别是什么？

6. 请描述 ZooKeeper 集群的 Leader 选举过程。

7. 请给出基于 ZooKeeper 实现共享锁的过程。

第7章 分布式存储系统

7.1 概 述

分布式存储系统很早就已经被提出,但直到最近几年,大数据和人工智能应用的兴起才将它应用到工程实践中。相对于传统的存储系统,新一代分布式存储系统有两个重要特点:低成本与大规模。基于互联网行业的实际需求,互联网公司重新定义了大规模分布式存储系统。这些互联网公司所提供的各种应用,其背后基础设施的一个关键目标就是构建高性能、低成本、可扩展、易用的分布式存储系统。

7.1.1 分布式存储系统的基本概念

分布式存储系统将为数众多的普通计算机或服务器通过网络进行连接,同时对外提供一个整体的存储服务。

分布式存储系统具有以下特性:

①高性能。对于整个集群或单台服务器,分布式存储系统都要具备高性能。

②可扩展。在理想情况下,分布式存储系统可以近乎无限扩展到任意集群规模,并且随着集群规模的增长,系统整体性能也应成比例增长。

③低成本。分布式存储系统的自动负载均衡、容错等机制使其可以构建在普通计算机或服务器之上,成本大大降低。

④易用性。分布式存储系统能够对外提供方便、易用的接口,同时包含完善的监控、运维等工具,方便与其他系统进行集成。

分布式存储系统的技术挑战包括数据和状态信息的持久化、数据的自动迁移、系统的自动容错、读写数据的一致性等方面。与分布式存储相关的关键技术包括:

①数据一致性。将数据的多个副本复制到不同的服务器上,即使存在异常,也能保证不同副本之间的一致性。

②数据的均匀分布。将数据分布到不同的服务器上,并且保证数据分布的均匀性,实现高效的跨服务写操作。

③容错与数据迁移。及时检测服务器故障,能自动将出现故障的服务器上的数据和服务迁移到集群中其他服务器上。

④负载均衡。新增服务器和集群在正常运行过程中需要实现自动负载均衡,因此在数据迁移的过程中不影响已有的服务。

⑤事务与并发控制。能实现分布式事务及多版本并发控制。

⑥易用。对应于应用性,对外接口应容易使用,监控系统能将系统的状态通过数据的形式发送给运维人员。

190

⑦压缩与解压缩算法。由于数据量大,要根据数据的特点设计合理的压缩与解压缩算法,并且平衡压缩与解压缩算法所节省的存储空间和消耗的 CPU 计算资源之间的关系。

7.1.2 分布式存储系统的分类

分布式存储系统面临的应用场景和数据需求都比较复杂,根据数据类型,可以将其分为以下 3 类。

①非结构化数据:包括文本、图片、图像、音频和视频信息等。

②结构化数据:对应存储在关系数据库中的二维关系表结构,结构化数据的模式和内容是分开的,数据需要预先定义。

③半结构化数据:介于非结构化数据和结构化数据之间,例如,HTML 文档就是典型的半结构化数据。半结构化数据的模式和内容混合在一起,没有明显的区分,也不需要预先定义数据的模式。

正是由于数据类型的多样性,不同的分布式存储系统可以处理不同类型的数据,因此可以将分布式存储系统分为 4 类,即分布式文件系统、分布式键值(key-value)系统、分布式表系统和分布式数据库。

1. 分布式文件系统

互联网应用中往往需要存储大量的图片、音频、视频等非结构化数据,这类数据采用对象的形式,一般这样的数据称为 BLOB(binary large object,二进制大对象)数据。典型的分布式文件系统存储应用有 Taobao File System(TFS)。分布式文件系统也常作为分布式表系统及分布式数据库的底层存储,如谷歌的 GFS(google file system)可以作为分布式表系统 Google Bigtable 的底层存储;Amazon 的 EBS(elastic block store,弹性块存储)系统可以作为分布式数据库(例如,AmazonRDS)的底层存储。

总体来说,分布式文件系统用来存储 3 种类型的数据,即 Blob 对象、定长块及大文件。在系统实现层面,分布式文件系统内部按照数据块(Chunk)来组织数据,每个数据块可以包含多个 Blob 对象或者定长块,一个大文件也可以被拆分为多个数据块,如图 7.1 所示。分布式文件系统将这些数据块分散地存储在集群内的服务器上,通过软件系统处理数据一致性、数据复制、负载均衡、容错等问题。

2. 分布式键值系统

分布式键值系统用于存储关系简单的半结构化数据,它提供基于主键的 CRUD(Create/Read/Update/Delete)功能,即根据主键创建、读取、更新或者删除一条键值记录。典型的分布式键值系统应用有 Amazon Dynamo。分布式键值系统是分布式表系统的一种简化,一般用作缓存,比如 Memcache。从数据结构的角度看,分布式键值系统支持将数据分布到集群中的多个存储节点。一致列是分布式键值系统中常用的数据分布技术,由于它在众多系统中被采用而变得非常有名。

3. 分布式表系统

分布式表系统主要用于存储半结构化数据。与分布式键值系统相比,分布式表系统不仅支持简单的 CRUD 操作,还支持扫描某个主键范围。分布式表系统以表格为单位组

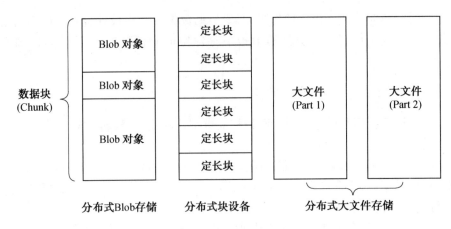

图 7.1 分布式文件系统

织数据,每个表格包括很多行,通过主键标识一行,支持根据主键的 CRUD 功能以及范围查找功能。典型的分布式表系统应用包括 Google Bigtable、Microsoft Azure Table Storage、Amazon Dynamo DB 等。

4.分布式数据库

分布式数据库是从传统的基于单机的关系型数据库扩展而来,用于存储大规模的结构化数据。分数据库采用二维表格组织数据,提供经典的 SQL 关系查询语言,支持嵌套子查询、多表关联等,并提供数据库事务及并发控制。典型的分布式数据库应用有 Amazon RDS MySQL 数据库分片(MySQL Sharding)集群以及 Microsoft SQL Azure 数据库。

分布式数据库支持的功能非常丰富,符合用户的使用习惯,但可扩展性往往受到限制,但近些年这种限制已经得很大改善。例如,Google 的 Spanner 系统是一个支持多数据中心的分布式数据库,它不仅支持丰富的关系数据库功能,还能扩展到多个数据中心的成千上万台机器上;而阿里巴巴的 OceanBase 系统也是一个支持自动扩展的分布式关系数据库,它在很多应用领域取得了成功。

关系数据库是目前最为成熟的存储技术,其功能丰富,有完善的商业关系数据库软件的支持,包括 Oracle、Microsoft SQL Server、IBM DB2、MySQL 等,其上层的工具及应用软件生态链也非常强大。然而,随着大数据时代的到来,关系数据库在可扩展性上面临着巨大的挑战,传统关系数据库的事务二维关系模型很难高效地扩展到多个存储节点上。为了解决关系数据库面临的可扩展性、高并发等方面的问题,各种各样的非关系数据库不断涌现,这类非关系数据库被称为 NoSQL 系统。NoSQL 可以理解为"Not Only SQL"。每个 NoSQL 系统都有自己的独到之处,适合解决特定场景下的问题。

7.1.3 分布式存储系统的发展历史

作为计算机的重要组成部分,存储伴随着计算机的发展,而分布式存储技术也历经几十年的变迁。分布式存储系统的发展历程如图 7.2 所示。

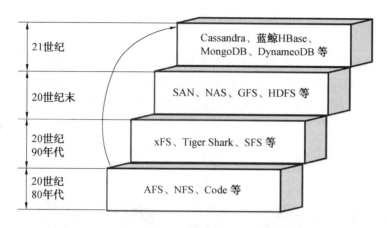

图 7.2　分布式文件系统的发展历程

1. 20 世纪 80 年代的代表:AFS、NFS、Coda

(1) AFS。

1983 年,CMU 和 IBM 共同合作开发了 Andrew 文件系统(andrew file system, AFS)。AFS 的设计目标是将至少 7 000 个工作站连接起来,为每个用户提供一个共享的文件系统,将高扩展性、网络安全性放在首位,客户端高速缓存,即便没有网络,也可以对部分数据进行缓存。

(2) NFS。

1985 年,Sun 公司基于 UDP 开发了网络共享文件系统(network file system, NFS)。NFS 是由一系列 NFS 命令和进程组成的客户机/服务器(C/S)模式,后续加入了基于 TCP 的传输功能。

(3) Coda。

1987 年,CMU 在基于 AFS 的基础上开发了 Coda 文件系统,它是为 Linux 工作站组成的大规模分布式计算环境而设计的文件系统,为服务器和网络故障提供了容错机制。Coda 注重可靠性和性能优化,为各种场景提供了高度的一致性功能。

2. 20 世纪 90 年代的代表:xFS、Tiger Shark、SFS

Windows 的问世极大地促进了微处理器的发展和台式计算机的普及,互联网和多媒体技术迅速发展起来。多媒体数据的实时传输和应用越来越流行,同时大规模并行计算技术的发展和数据挖掘技术,也迫切需要支持大容量和高速的分布式存储系统。

加州大学伯克利分校(UC Berkeley)开发了 xFS 文件系统,该系统克服了以往分布式文件系统只适用于局域网而不适用于广域网和大数据存储的问题,提出了广域网进行缓存较少网络流量设计思想,采用层次命名结构,减少 Cache 一致性状态和无效写回 Cache 一致性协议,从而减少了网络负载。

3. 20 世纪末的代表:SAN、NAS、GFS、HDFS

到了 20 世纪末,计算机技术和网络技术得到了飞速发展,磁盘存储成本不断降低,磁盘容量和数据总宽的增长速度已无法满足应用需求,海量数据的存储逐渐成为互联网技术发展急需解决的问题。基于光纤通道的存储区域网络(storage area network, SAN)技术和网络附连存储(network attached storage,NAS)技术得到了广泛的应用。

(1)SAN。

通过将磁盘存储系统和服务器直接相连的方式提供一个易扩展高可靠的存储环境,高可靠的光纤通道交换机和光纤通道网络协议保证各个设备之间连接的可靠性和高效性。设备之间的连接主要是采用 FC 或 SCSI。SAN 网络结构如图 7.3 所示。

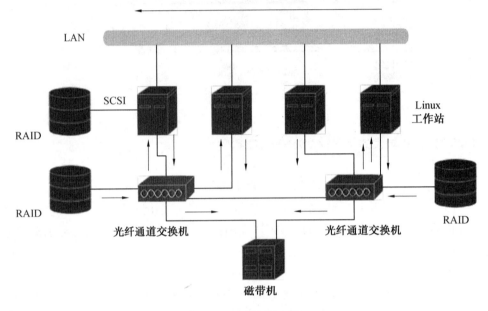

图 7.3　SAN 网络结构

(2)NAS。

通过基于 TCP/IP 的各种上层应用在各工作站和服务器之间进行文件访问,直接在工作站客户端和 NAS 文件共享设备之间建立连接,NAS 隐藏了文件系统的底层实现,注重上层的文件服务实现,具有很好的扩展性。

(3)GFS。

Google 是为大规模分布式数据密集型应用设计的可扩展的分布式文件系统。GFS 能够将一万多台廉价的 PC 机连接成一个大规模的 Linux 集群,具有高性能、高可靠性、易扩展性、超大存储容量等优点。GFS 采用 Master 服务器多 Chunk 来实现系统之间的交互,Master 中主要保存命名空间到文件的映射、文件到文件块的映射、文件块到 Chunk Server 的映射,每个文件块对应 3 个 Chunk Server。GFS 文件架构如图 7.4 所示。

(4)HDFS(hadoop distributed file system)。

HDFS 是 Hadoop 项目的核心子项目,是分布式计算中数据存储管理的基础,是为了满足基于流数据模式访问和处理超大文件的需求而开发的,可以运行于商用服务器上。它所具有的高容错、高可靠性、高可扩展性、高获得性、高吞吐率等特征为海量数据提供了存储,为超大数据集(large data set)的应用处理带来了很多便利。HDFS 总体结构如图 7.5 所示。

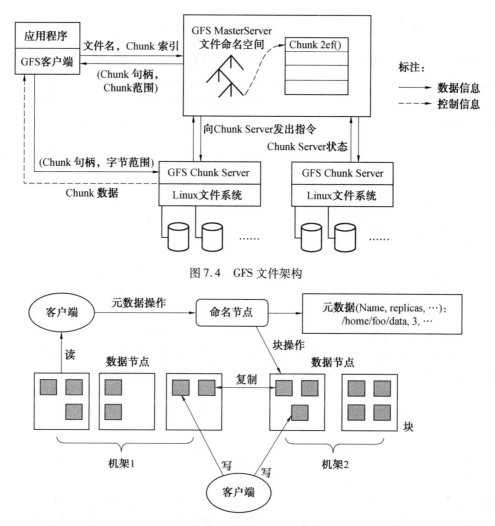

图 7.4 GFS 文件架构

图 7.5 HDFS 总体结构

4. 21 世纪的代表：Cassandra、HBase、MongoDB、DynamoDB

（1）Cassandra。

Cassandra 是一套开源分布式 NoSQL 数据库系统，最初由 Facebook 开发，用于存储收件箱等简单格式的数据。它集 Google Bigtable 的数据模型及 Amazon Dynamo 的完全分布式架构于一身。由于 Cassandra 良好的可扩展性，被 Twitter 等多家互联网公司采纳，成为一种流行的分布式结构化数据存储方案。

（2）HBase。

HBase 是列存储数据库，擅长以列为单位读取数据，面向列存储的数据库具有高扩展性，即使数据量以多大量增加，也不会降低相应的处理速度，特别是写入速度。

（3）MongoDB。

MongoDB 是文档型数据库，与键值（key-value）型数据库类似，是键值型数据库的升级版，允许嵌套键值。Value 值是结构化数据，数据库可以理解 Value 的内容，提供复杂的查询,类似于 RDBMS 的查询条件。

(4)DynamoDB。

DynamoDB 是 Amazon 公司的一个分布式存储引擎,也是一个经典的分布式键值存储系统,具有去中心化、高可用性、高扩展性的特点。Dynamo DB 在 Amazon 中得到了成功的应用,能够跨数据中心为上万个节点提供服务,它的设计思想也被后续的许多分布式存储系统借鉴。

7.2　分布式存储系统的数据分区和数据复制

分布式存储系统面临的重要问题是如何存储海量数据以及如何保障数据的可靠性和可用性。海量数据必然不能存储在单台服务器上,甚至如果数据大小超过任何一台存储服务器的存储能力,此时就需要使用分区技术,将数据划分为更小的块。另外,大规模分布式存储系统往往采用性价比较高的通用服务器,这种服务器的性能好,但故障率较高,因此需要基于复制技术实现系统容错。数据分区(分片)与数据复制是紧密联系的两个概念。对于海量数据,通过数据分片实现系统的水平扩展,而通过数据复制来保证数据的可用性。下面将介绍数据分区与数据复制的概念及其相关算法。

数据分区通常与数据复制结合使用,使得每个分区的副本存储在多个节点上,即使每条记录属于同一个节点,这个分区仍有可能分布在不同的节点上,以提高系统的容错性。

7.2.1　数据分区

分布式存储系统的优点之一是实现了存储的可扩展性,使人们能够存储和处理比单台机器所能容纳的多得多的数据集。实现可扩展性的主要方式之一是对数据进行分区。

分区是指将一个数据集拆分为多个较小的数据集,同时将存储和处理这些较小数据集的责任分配给分布式存储系统中的不同节点。数据分区后,就可以通过向系统中增加更多节点来增加系统存储数据的规模。数据分区增加了数据的可管理性、可用性和可扩展性。

1. 数据分区算法的分类

分区分为垂直分区(vertical partitioning)和水平分区(horizontal partitioning),这两种分区方式普遍认为起源于关系型数据库,在设计数据库架构时十分常见。图 7.6 直观地展示了关系型表格的垂直分区与水平分区。

需要注意的是,图 7.6 展示的是常用的行式数据库,而列式数据库也被广泛使用。列式数据库以列为单行数据存储架构的数据库,主要适用于批量数据处理和即时查询。一般来说,行式数据库更适用于事务处理(OLTP)这类频繁处理事务的场景,列式数据库更适用于联机分析处理(OLAP)这类复杂查询的场景。

(1)垂直分区。

垂直分区是对表的列进行拆分,将某些列的整列数据拆分到特定的分区,并放入不同的表中。垂直分区减小了表的宽度,每个分区都包含其中的列对应的所有行。垂直分区也被称为行拆分(row splitting),因为表的每一行都按照其列进行拆分。例如,可以将不

ID	name	email	age
1	Alice	alice@distsys.com	18
2	Bob	bob@distsys.com	20
3	David	david@distsys.com	35
4	Sam	sam@distsys.com	30

垂直分区

ID	name
1	Alice
2	Bob
3	David
4	Sam

ID	email	age
1	alice@distsys.com	18
2	bob@distsys.com	20
3	david@distsys.com	35
4	sam@distsys.com	30

水平分区

ID	name	email	age
1	Alice	alice@distsys.com	18
2	Bob	bob@distsys.com	20

ID	name	email	age
3	David	david@distsys.com	35
4	Sam	sam@distsys.com	30

图 7.6 关系型表格的垂直分区与水平分区

经常使用的列或者一个包含大 text 类型或 BLOB 类型的列垂直分区,在确保数据完整性的同时提高了数据的访问性能。值得一提的是,列式数据可以看作已经被垂直分区的数据库。

(2)水平分区。

水平分区是对表的行进行拆分,将不同的行放入不同的表中,因为所有在表中定义的列在每个分区中都可以找到,所以表的特性依然得以保留。举个简单的例子:一个包含十年订单记录的表可以水平拆分为不同的分区,每个分区包含其中一年的记录。

垂直分区与列相关,而一个表中的列是有限的,这就导致垂直分区不能超过一定的限度,而水平分区则可以被无限拆分。另外,表中数据以行为单位不断增长,而列的变动很少,因此,水平分区更常见。在分布式系统领域,水平分区常称为分片(sharding)。

需要说明的是,很多文献中会纠结分片和分区的具体区别。一种观点认为,分片意味着数据在多个节点上,而分区只是将单个存储文件拆分成多个小的文件,并没有跨物理节点存储。由于本节讨论的是分布式存储系统,因此无论是分区还是分片,都认为其数据分布在不同的物理机器上,因此这里认为两个概念是同一个概念。

2. 水平分区算法

水平分区算法用来计算某个数据应该划分到哪个分区上,不同的分区算法有着不同的特性。本节将研究一些经典的分区算法,讨论每种算法的优缺点。为了方便讨论,假设数据都是键值对(key-value)的组织形式,通常表示为<Key,Value>。键值对数据结构可以通过关键字(key)快速找到值(value)。基本上所有编程语言都内置了基于内存的键值对结构,比如 C++STL 中的 map、Python 的 dict 及 Java 的 HashMap 等。

(1)范围分区。

范围分区(range partitioning)是指根据指定的关键字将数据集拆分为若干个连续的

范围,每个范围存储到一个单独的节点上。用来分区的关键字称为分区键。将一张订单表按年份拆分就是一个范围分区的例子,对于 2011 年到 2020 年这 10 年的订单记录,以年为范围,可以划分为 10 个分区,然后将 2011 年的订单记录存储到节点 N1 上,将 2012 年的订单记录存储到节点 N2 上,以此类推。图 7.6 中可以按年份进行范围分区,将数据划分成如图 7.7 所示的分区。

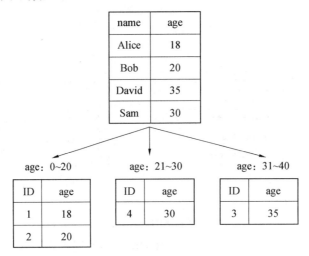

图 7.7　范围分区算法

如何划分范围可以由管理员设定,或者由存储系统自行划分。通常会选择额外的负载均衡节点或者系统中的一个节点来接受客户端请求,然后根据范围分区算法,确定请求应该重定向(路由)到哪个节点上。

范围分区的优点如下:

①实现起来相对简单。

②能够对用来进行范围分区的关键字执行范围查询。

③当查询的范围较小且位于同一个节点时,性能良好。

④很容易通过修改范围边界来增加或减少范围数据,能够简单、有效地调整范围(重新分区),以达到平衡。

范围分区的缺点如下:

①无法使用分区键之外的其他关键字进行范围查询。

②当查询的范围较大且位于多个节点时,性能较差。

③可能产生数据分布不均或请求流量不均的问题,导致某些数据的热点现象,导致某些节点的负载高。例如,当将姓氏作为分区键时,某些姓氏的人非常多(比如姓李或者姓王),就会造成数据分布不均。又如,图 7.6 中按年份拆分订单的例子,虽然数据分布较为均衡,但根据日常生活习惯,一年的订单查询流量可能比前几年的查询流量加起来还要多,这就会造成请求流量不均。总之,一些节点需要存储和处理更多的数据与请求,一般通过继续拆分范围分区来避免出现热点问题。

使用范围分区的分布式存储系统有 Google Bigtable、Apache HBase 和 PingCAP TiKV。范围分区适用于需要实现范围查询的系统。

（2）哈希分区。

哈希分区（hash partitioning）的策略是将指定的关键字经过一个哈希函数计算得到的值来决定该数据集的分区，如图 7.8 所示。

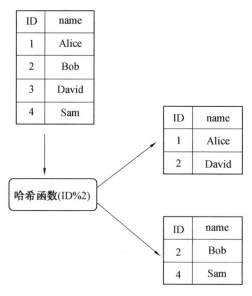

图 7.8　哈希分区

哈希分区的优点是数据的分布几乎是随机的，所以分布相对均匀，能够在一定程度上避免热点问题。哈希分区的缺点是在不额外存储数据的情况下，无法执行范围查询。

在添加或删除节点时，由于每个节点都需要一个相应的哈希值，所以增加节点需要修改哈希函数，这会导致许多现有的数据都要重新映射，引起数据大规模移动，并且在此期间，系统可能无法继续操作。

（3）一致性哈希算法。

一致性哈希算法是将整个哈希值组织成一个抽象的圆环，该圆环称为哈希环（hashing ring）。哈希函数的输出值一般在 0 到 INT_MAX（通常为 $2^{32}-1$）之间，这些输出值可以均匀地映射到哈希环边上。例如，假设哈希函数 hash() 的输出值大于等于 0，小于等于 11，那么整个哈希环看起来如图 7.9（a）所示。

接下来将分布式存储系统的节点映射到圆环上。假设系统中有 N1、N2 和 N3 3 个节点，系统管理员可通过机器名称或 IP 地址将节点映射到圆环上，假设节点分布到哈希环上，如图 7.9（b）所示。

接下来确定数据存储在哪个节点上。在一致性哈希算法中，数据存储在按照顺时针方向遇到的第一点上。例如图 7.9（b）中，关键字 a 顺时针方向遇到的第一个节点是 N2，所以 a 存储在节点 N2 上；同理，关键字 b 存储在节点 N3 上，关键字 c 存储在节点 N1 上。数据分布方法如图 7.9（c）所示。

如果向集群中添加一个节点会发生什么？假设集群此时要添加一个节点 N4，节点 N4 添加到如图 7.9（d）所示哈希环的位置上。那么，按照顺时针计算的方法，原本存储到节点 N2 上的关键字 a 将转移到节点 N4 上，其他保持不动。

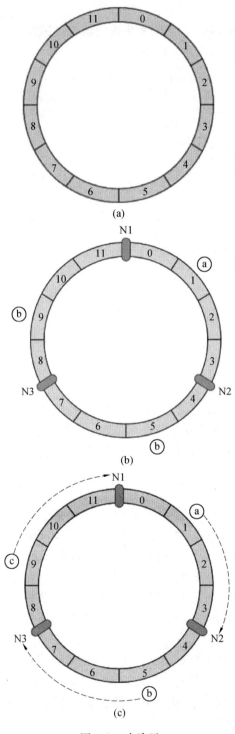

图 7.9 哈希环

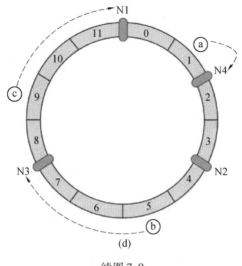

续图 7.9

可见,普通的哈希分区在添加或删除节点时会导致大量映射失效,而一致性哈希算法很好地处理了这种问题。

对于添加一台服务器的情况,受影响的仅仅是新节点在哈希环上与相邻的另一个节点之间的数据,其他数据并不会受到影响。例如图 7.9(d)中,只有节点 N2 上的一部分数据会迁移到节点 N4,而节点 N1 和 N3 上的数据不需要进行迁移。

一致性哈希算法对于节点的增减只需要重新分配哈希环上的一部分数据,改善了哈希分区的大规模迁移。此外,一致性哈希算法也不需要修改哈希函数,而是直接将新节点指定到哈希环上的某个位置即可。相比哈希分区,一致性哈希算法有着更好的可扩展性和可管理性。

但是,一致性哈希算法仍然有明显的缺点,当系统节点太少时,容易产生数据分布不均的问题。另外,当一个节点发生异常而需要下线时,该节点上的数据全部转移到顺时针方向的节点上,从而导致顺时针方向节点存储大量数据,大量负载会倾斜到该节点。

解决这个问题的方法是引入虚拟节点(virtual node)。虚拟节点并不是真实的物理服务器,而是实际节点在哈希环中的副本,一个物理节点不再只对应哈希环上的一个点,而是对应多个节点。一个物理节点要映射到哈希环中的 3 个点,引入虚拟节点后的哈希环如图 7.10 所示。

可以很直观地发现,虚拟节点越多,数据分布就越均匀。当节点发生异常被迫下线时,数据会分给其余的节点,避免某个节点独自承担存储和处理数据的压力。如果系统中有不同配置、不同性能的机器,那么虚拟节点也很有用。例如,系统中有一台机器的性能是其他机器的两倍,那么可以让这台机器映射出两倍于其他机器的节点数,让它来承担更多的负载。不过,在不额外存储数据的情况下,一致性哈希算法依然无法高效地进行范围查询。任何范围查询都会发送到多个节点上。

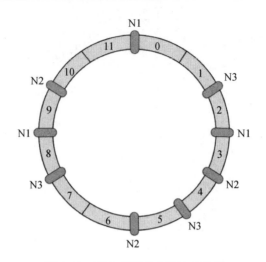

图 7.10　引入虚拟节点后的哈希环

7.2.2　数据复制

数据分片用来确定数据位置,而数据复制是用来实现数据可靠性的关键方法。在实际情况中,仅考虑数据分片是无法真正应用到生产环境的。因为,故障导致数据丢失和不可用是很常见的情况。因此,在进行分布式数据存储设计时,通常会考虑对数据进行备份,以提高数据的可用性和可靠性,而实现备份的关键技术就是数据复制技术。

数据复制技术是一种实现数据备份的技术。比如,现在有节点 1 和节点 2,节点 1 上存储了 10 MB 用户数据,直观地说,数据复制技术就是将节点 1 上的这 10 MB 数据拷贝到节点 2 上,以使得节点 1 和节点 2 上存储相同的数据,也就是节点 2 对节点 1 的数据进行了备份。当节点 1 出现故障时,可以通过获取节点 2 上的数据实现分布式存储系统的自动容错。

也就是说,数据复制技术可以保证存储在不同节点上的同一份数据是一致的。这样当一个节点出现故障后,可以从其他存储该数据的节点获取数据,避免数据丢失,进而提高分布式存储系统的可靠性。例如,在分布式数据库系统中,通常会设置主数据库和备用数据库,当主数据库出现故障时,备用数据库可以替代主数据库继续工作,从而保证业务的正常运行。这里,备用数据库继续提供服务就是提高了分布式存储系统的可用性及可靠性。但该架构下可能存在以下两个问题。

①在该架构下,如果只有一个主数据库,可能会出现单点故障,当主数据库出现故障时,即使有备用数据库也会导致数据丢失,因此出现了单主复制算法、多主复制算法、无主复制算法。

②在复制过程中,如何实现备用数据库替代主数据库呢?这就涉及数据一致性的问题,即只有主备用数据库中的数据保持一致时,才可实现主备用数据库的替换,因此出现了不同的复制方案,包括单主复制、多主复制、无主复制及复本更新策略。

1. 单主复制

单主复制也称主从复制或主从同步,指定系统中的一个副本为主节点,客户端的写请求必须发送给主节点,其余的副本称为从节点。从节点只能处理读请求,并从主节点同步最新的数据。主节点收到请求时,除了将数据写入本地存储之外,还要负责将这次数据变更同步到所有从节点,以确保所有数据保持一致。主从复制架构如图 7.11 所示。

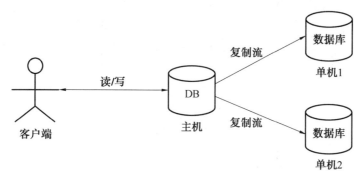

图 7.11　主从复制架构

这种模式是最早发展起来的复制模式,不仅被广泛应用在传统数据库中,如 PostgreSQL、MySQL、Oracle、SQL Server,同时也被广泛应用在一些分布式数据库中,如 MongoDB、RethinkDB 和 Redis 等。

单主复制的优点如下:

①简单易懂,易于实现。

②仅在主节点执行并发写的操作,能够保证操作顺序,避免在各个节点处理数据冲突这类复杂的情况。这个特性使得单主复制更容易支持事务类操作。

③对于大量读请求工作负载的系统,单主复制是可扩展的,可以通过增加多个从节点来提升读的性能。

单主复制的缺点如下:

①对于大量写请求工作负载的系统很难进行扩展,因为系统只有一个主节点能支持写请求。

②当主节点宕机时,将从节点提升为主节点不是即时的,可能会造成一些停机时间。

2. 多主复制

单主复制由于主节点只有一个,因此在写性能和可扩展性方面存在局限性。对于写请求负载要求严格的系统,一个自然的想法是增加多个主节点来分担写请求的负载,这种由多个节点充当主节点的数据复式就是多主复制。多主复制架构如图 7.12 所示。

多主复制和单主复制的区别:由于多主复制不止一个节点处理写请求,而且网络存在延迟,意味着节点可能会对某些请求的正确顺序产生分歧。

此时,可能造成数据的不一致。可以通过避免冲突和解决冲突来解决上述问题。

(1)避免冲突。

将特定的请求总是交给特定的主节点来处理,使用一个哈希函数来路由,这样可以避免同一数据在多个节点上更新。

(2)解决冲突。

①客户端解决冲突。在客户端读取系统中的冲突数据时,将冲突的数据全部返回给客户端,客户端选择合适的数据并返回给存储系统,存储系统以此作为最终确认的数据,

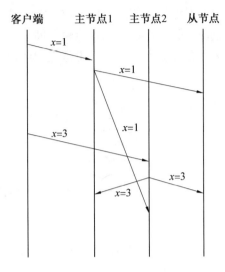

图 7.12 多主复制架构

覆盖所有冲突数据。

②最后写入胜利。让系统中的每个节点为每个写入请求标记上唯一时间戳或唯一自增 ID,当冲突发生时,系统选择具有最新时间戳或最新 ID 版本的数据,并丢弃其他写入的数据。然而,分布式存储系统中很难有一个统一的全局时钟的概念。

③因果关系跟踪。系统使用一种算法来跟踪不同请求之间的因果关系,并以此判断请求的先后顺序。

多主复制的优点如下:

①增加主节点的容错性,一个主节点发生故障,另一个主节点仍然能够正常工作。

②可以在多个主节点上执行写请求,分担写负载的压力。

多主复制的缺点如下:

①增加了系统的复杂度,在多个节点上执行写操作,随着写节点数量的增加,可能会产生更多的数据。

②多主复制带来的复杂性远超它的好处,因此一般很少在单个数据中心使用多主复制。多主复制一般用于具有多个数据中心的存储系统。

3. 无主复制

无主复制指的是完全没有主节点,这项技术在几十年前就出现了,但直到亚马逊发布了关于 Dynamo 架构的论文,并在其中使用了无主复制,才让该技术重新引起关注。无主复制的基本思想是,客户端不仅向一个节点发送写请求,而且将请求发送给多个节点,在某些情况下甚至会发送给所有节点,如图 7.13 所示。

但是,在无主复制下,一个绕不开的问题是数据冲突,写请求在节点 1 和节点 3 成功,但在节点 2 上失败,如图 7.14 所示。

与写请求一样,客户端不止会从一个节点读取数据,读请求也会同时发送给多个节点,然后获取节点上的数据和数据版本号,客户端可以根据所有响应中的版本号决定应该使用哪个值,应该丢失哪个值。通过这种方式,客户端可以识别出旧的数据,但旧的数据

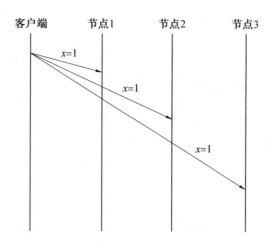

图 7.13　无主复制

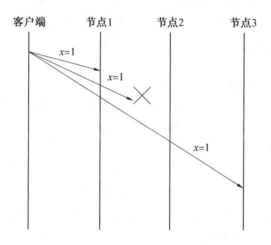

图 7.14　数据冲突的多主复制

需要修复,保证节点之间的数据一致。

(1)读修复。

读修复就是让客户端从多个节点读取到数据后,可以检测到其中哪些节点数据是旧的,然后将最新的数据发送到这些旧数据所在的节点上,以此更新节点数据。

(2)反熵。

反熵就是新建一个后台进程来修复数据,该进程找出错误的数据,并将存储的最新数据节点的数据复制到错误的节点上。

Quorum(法定人数)机制是分布式存储系统中用来保证数据冗余和最终一致性的一种算法。在前面,客户端要向一些节点发送读写请求,用于确定到底要读、写多少个节点才能够保证读取到最新的数据,以及增加或者减少请求的节点数量,系统会发生怎样的变化。

现在考虑在一个具有 3 节点的系统中,假设客户端只需要写一个节点成功就认为此次写请求成功,同样读请求也只需要从一个节点中读取。由于这些节点之间没有互相同步的数据,因此客户端每次除向唯一成功的节点以外发送读请求时,都会读到过期的数据。

显然,一个节点是不够的,需要增加读写请求的节点数量,来保证读到节点中至少有一个存储了最新写入的数据。现在,假设要求至少 2 个节点写入成功,至少从 2 个节点中读取数据,以保证读取的两个返回值中至少有一个是最新写入的数据,因为三选二总会读到最新的数据节点,最后可以根据时间戳或者数据版本判断哪个节点是最新的数据。

推广至更普遍的情况,基于 Quorum 的数据冗余机制保证了在一个由 N 个节点组成的系统中,要求至少 W 个节点写入成功,并且需要同时从 R 个节点中读取数据,只要 $W+R>N$,且 $W>N/2$,则读取的 R 个返回值中至少包含一个最新的值。基于 Quorum 数据冗余机制的 NRW 算法如下:

①分布式系统中的每一份数据拷贝对象都被赋予一票,系统共有 V 票(即有 V 份数据冗余)。

②每个读操作获得的票数必须小于最小读票数 V_r,如果票数不够 V_r,就不能读。

③每个写操作获得的票数必须小于最小写票数 V_w,如果票数不够 V_w,就不能写。

V_r 和 V_w 满足以下限制:

①$V_r+V_w>V$。

②$V_w>V/2$。

NRW 算法看起来可以从理论上保证每次读取到最新的数据,但是实际上没那么简单:复制是由客户端驱动的,客户端直接向多个 Servers 发起写请求,多个客户端的并发操作应如何处理?如何保证多个节点数据的一致性?

脏读:读写并发,读到的数据可能还没完成复制;部分写失败也可能被读到。

无主复制的优点:可以更轻松地容忍节点故障。

无主复制的缺点:数据冲突更多,需要花费更多的精力去处理数据冲突问题。

4. 副本更新策略

(1)同步复制。

同步复制是指当用户请求更新数据时,主数据库必须要同步到备用数据库之后才可给用户,即如果主数据库没有同步到备用数据库,用户的更新操作会一直阻塞。这种方式保证了数据的一致性,但牺牲了系统的可用性。

MySQL 集群中的全复制模式就采用了同步复制技术,如图 7.15 所示,客户端向主数据库发起更新操作 V,将 x 设置为 2,主数据库会将写请求同步到备用数据库,备用数据库操作完成后会通知主数据库同步成功,最后主数据库才会告诉客户端更新操作成功。

在同步复制过程中,主数据库需要等待所有备用数据库均操作成功才可以响应用户,性能不是很好,影响用户体验,因此,同步复制经常用于分布式数据库主备场景(对于一主多备场景,由于多个点均要更新成功后主节点才响应,所需时延比较长)或对数据一致性有严格要求的场合,比如金融、交易之类的场景。

(2)异步复制。

异步复制是指当用户请求更新数据时,主数据库处理完请求后可直接给用户响应,而不必等待数据库完成同步,即备用数据库会异步进行数据的同步,用户的更新操作不会因

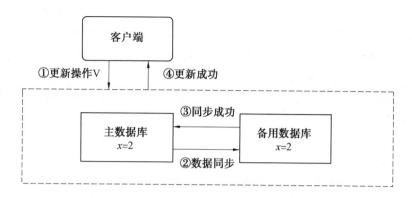

图 7.15 同步复制

为备用数据库未完成数据备份而导致数据阻塞。

显然,这种方式保证了系统的可用性,但牺牲了数据的一致性。如图 7.16 所示,客户端 1 向主数据库发起更新操作 V,主数据库执行该操作,将 $x=1$ 修改为 $x=2$,执行后直接返回给客户端 1,更新操作成功,而未将数据同步到备用数据库。因此,当客户端 2 请求主数据库的数据 x 时,可以得到 $x=2$,但客户端 3 请求备用数据库中的数据 x 时,却只能得到 $x=1$,从而导致请求结果不一致。

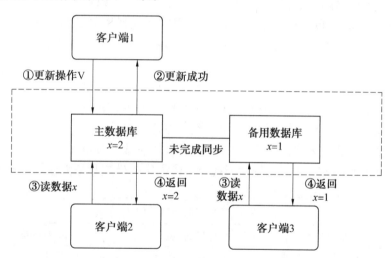

图 7.16 异步复制

异步复制技术大多应用在对用户请求响应时延要求很高的场景,比如很多网站或 App 需要面向实际用户,这时后台的数据库或缓存如果采用同步复制技术,可能会流失用户,因此这种场景采用异步复制技术就比较合适。MySQL 集群默认的数据复制模式采用的是异步复制技术,缓存数据库 Redis 集群中采用的也是异步复制技术,因此它们(MySQL 和 Redis)的性能较高(Redis 中还会有其他机制来保证数据的一致性)。

(3)半同步复制。

同步复制会满足数据的强一致性,但会牺牲一定的可用性;异步复制会满足高可用,但在一定程度上牺牲数据的一致性。介于两者中间的是半同步复制。半同步复制的核心是,用户发出写请求后,主数据库会执行写操作,并给备用数据库发送同步请求,但主数据库不用等待所有备用数据库回复数据同步成功便可响应用户。也就是说,主数据库可以等待一部分备用数据库同步完成后响应用户操作执行成功。

半同步复制通常有两种方式:

①当主数据库收到多个备用数据库中的某一个回复数据同步成功后,便可给用户响应写操作完成。

②主数据库等超过一半节点(包括主数据库)回复数据更新成功后,再给用户响应写操作。

显然,第二种半同步复制方案要求的一致性比第一种同步复制方案要求的一致性高一些,但相对可用性会低一些。前面所讲的 MySQL 集群在一主多备场景下也支持半同步复制模式,一般采用的是第一种半同步复制方案,这种方案既不会影响过多的性能,还可以更好地实现对数据的保护。而 ZooKeeper 集群采用的数据复制技术就是第二种半同步复制方案。在 ZooKeeper 集群中,写请求必须由 Leader 节点进行处理,每次写请求 Leader 会征求其他 Follower 的同意,只有当多数节点同意后写操作才可成功,因此保证了较高的一致性。除此之外,还有很多系统采用了第二种半同步复制方案,比如微软云关系型数据库 Microsoft SQL Azure 的后端存储系统 Cloud SQL Server,Kubenetes 中保存集群所有网络配置和对象状态信息的 Etcd 组件(该组件采用的是 Raft 一致性协议)。

实际上,多数的分布式存储系统可以通过配置来选择不同的数据复制技术。例如,MySQL 集群就支持同步复制、异步复制和半同步复制 3 种模式。又如,Oracle 数据库也提供了 3 种模式:

①最大保护模式。对于写请求,要求主数据库必须完成至少一个备用数据库的数据同步才可成功返回给客户端,采用的是半同步复制中的第一种方式。

②最大性能模式。对于写请求,只要主数据库执行成功即可返回给客户端,采用的是异步复制。这种方式极大地提高了系统的可用性,但一致性难以保证。

③最大可用性模式。最大可用性模式介于最大保护模式和最大性能模式两者之间。

3 种复制技术的对比见表 7.1。

表 7.1　3 种复制技术的对比

	一致性	可用性	应用场景	类型的框架/系统
同步复制	强	弱	适用于一主一备或对数据一致性有严格要求的场景,比如与金融相关的分布式存储数据库	MySQL
异步复制	弱	强	适用于对性能要求很高的场景,比如直接服务用户的网站或 App 后台的数据库或缓存	MySQL、Redis、Oracle

表7.1(续)

一致性	可用性	应用场景	类型的框架/系统
半同步复制	较强	较弱	适用于大多数分布式场景	MySQL、ZooKeeper、Etcd、Cloud SQL Server、Oracle 等

7.3　分布式存储——Ceph

7.3.1　Ceph 简介

Ceph 最初是一项关于存储系统的研究项目,由塞奇·维尔(Sage Weil)在加利福尼亚大学圣克鲁兹分校(UCSC)开发。Ceph 是一个统一的、分布式的存储系统,具有出众的可靠性和可扩展性。其中,"统一"和"分布式"是理解 Ceph 设计思想的出发点。

"统一"意味着 Ceph 可以以一套存储系统同时提供"对象存储""块存储"和"文件系统"3 种功能,以满足应用的需求。

"分布式"意味着无中心结构和系统规模的无限(至少理论上没有限制)扩展。在实践当中,Ceph 可部署在成千上万台服务器上。

从 2004 年提交第一行代码到现在,Ceph 已经走过了二十多年的历程。Ceph 近几年的迅速发展既有无可比拟的设计优势,也有云计算尤其是 OpenStack 的大力推动。首先,Ceph 本身确实具有较为突出的优势,包括统一的存储能力、可扩展性、可靠性、自动化维护等。Ceph 的核心设计思想是,充分发挥存储设备自身的计算能力,同时消除对系统单一中心节点的依赖,实现真正的无中心结构。基于此,Ceph 一方面实现了高度的可靠性和可扩展性;另一方面保证了客户端访问的相对低延迟和高聚合带宽。Ceph 目前在 OpenStack 社区中备受重视。

7.3.2　设计思想

Ceph 最初设计的目标应用场景就是大规模的、分布式的存储系统,即至少能够承载 PB 量级的,并且由成千上万个存储节点组成。在 Ceph 的设计思想中,对于一个大规模的存储系统,主要考虑场景变化特征,即存储系统的规模变化、存储系统中的设备变化以及存储系统中的数据变化。

上述 3 个变化就是 Ceph 目标应用场景的关键特征。Ceph 所具备的各种主要特性也都是针对这些场景特征提出的。针对这些应用场景,Ceph 在设计之初就包括以下技术特性。

①高可靠性。首先是针对存储系统中的数据而言,既可能保证数据不会丢失,也能保证数据写入过程中的可靠性,即在用户将数据写入 Ceph 存储系统的过程中,不会因为意外情况的出现而造成丢失数据。

②高度自动化。高度自动化指数据的自动复制、自动均衡、自动故障检测和自动故障

恢复。总体而言,这些自动性既保证了系统的高度可靠,也保障了在系统规模扩大之后,其运维难度仍能保持在一个相对较低的水平。

③高可扩展性。高可扩展性指系统规模和存储容量的可扩展,包括随着系统节点数增加、聚合数据访问带宽的线性扩展,还包括基于功能丰富强大的底层 API 提供多种功能、支持多种应用的功能性可扩展。

Ceph 的设计思路基本上可以概括为以下两点。

①充分发挥存储设备自身的计算能力。采用具有计算能力的设备作为存储系统的存储节点。

②去除所有中心点。一旦系统中出现中心点,一方面面临引入单点故障点,另一方面也必然面临系统扩大时的规模和性能瓶颈。并且,如果中心点出现在数据访问的关键路径上,也必然导致数据的延迟增大。

除此之外,一个大规模分布式存储系统必须要解决以下两个基本问题。

①数据写到什么地方。当用户提交需要写入的数据时,系统必须迅速决策,为数据分配一个存储位置和空间。

②到哪里读取数据。高效、准确地处理数据寻址。

针对上述两个问题,传统的分布式存储系统常常引入专用的元数据服务节点,并在其中存储用于维护数据存储空间映射关系的数据结构。这种解决方案容易导致单点故障和性能瓶颈,同时也容易导致操作延迟。而 Ceph 改用基于计算的方式,即任何一个 Ceph 存储系统的客户端程序,仅使用不定期更新的少量本地元数据,经简单计算,就可以根据一个数据的 ID 决定其存储位置。

7.3.3　整体架构

Ceph 存储系统在逻辑上自下而上分为 RADOS、Librados、高层应用接口和应用层 4 个层次。Ceph 存储系统架构如图 7.17 所示。

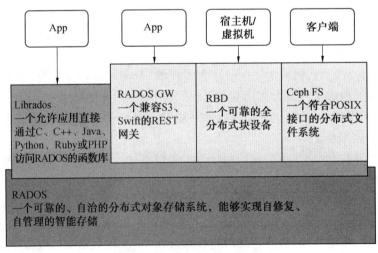

图 7.17　Ceph 存储系统架构

1. RADOS

RADOS(reliable,autonomic,distributed object store)意为可靠的、自动化的、分布式的对象存储。这一层本身就是一个完整的对象存储系统,Ceph 系统中的所有用户数据最终都是由这一层来存储的,而 Ceph 的高可靠、高可扩展、高性能、高自动化等特性也是由这一层提供的。

在物理上,RADOS 由大量的存储设备节点组成,每个节点拥有自己的硬件资源(CPU、内存、硬盘及网络),并运行操作系统和文件系统。

2. Librados

Librados 是对 RADOS 进行抽象和封装,并向上层提供 API,以便直接基于 RADOS 进行应用开发。

RADOS 是一个对象存储系统,Librados 实现的 API 也只是针对对象存储功能的。

RADOS 采用 C++语言开发,所提供的原生 LibradosAPI 包括 C 和 C++两种语言。在物理上,Librados 和基于其上开发的应用位于同一台机器上,因此也被称为本地 API。先调用本机上的 Librados API,再由后者通过 Socket 与 RADOS 集群中的节点通信并完成各种操作。

3. 高层应用接口

这一层包括对象存储(RADOS GW)、块存储(RBD)和文件系统(Ceph FS)3 部分,其作用是在 Librados 的基础上提供抽象层次更高、更便于应用和客户端使用的上层接口。

①RADOS GW 是一个提供与 Amazon S3 和 Swift 兼容的 RESTful API 网关,以供相应的对象存储应用开发使用。

②RBD 提供了一个标准的块设备接口,常用于在虚拟化的场景下为虚拟机创建 volume。目前,Red Hat 已经将 RBD 驱动集成在 KVM/QEMU 中,以提高虚拟机的访问性能。

③Ceph FS 是一个兼容 POSIX 的分布式文件系统,由于它还处在开发阶段,因此 Ceph 官网并不推荐将其用于生产环境中。

4. 应用层

应用层就是在不同场景下对于 Ceph 各个应用接口的应用。例如,基于 Librados 直接开发的对象存储应用、基于 RADOS GW 开发的对象存储应用及基于 RBD 实现的云硬盘等。

习　　题

1.分布式存储分为哪几类？请分别举例说明。

2.数据分区算法分为哪几类？常用的是哪类？为什么？

3.分布式存储系统中数据分区与数据复制的作用分别是什么？

4.单主复制的优势与劣势分别是什么？

5.假设共有 10 个节点,根据 Quorum 的数据冗余机制,读写节点个数分别为多少时能够确保到最新的数据？共有几种方案？

6.阅读 Ceph 文档,尝试安装 Ceph 分布式存储系统。

第8章 云计算概述

由于大数据的数据量巨大,对大数据的挖掘与分析必然无法用普通的个人计算机完成,往往需要借助高性能服务器甚至大量计算机构成的集群。然而,对于个人及中小型企业来说,它们难以承担高性能服务器的价格,同时又很难有足够的服务器和技术能力来构建集群。云计算正是以上困境的最佳解决方案。云计算本质上是一个分布式架构,不仅能够为海量数据提供充足的计算存储资源,使原本难以处理的海量数据能够得到充分挖掘,更重要的是,还能够以服务的方式为个人及中小企业提供大数据的存储与处理能力,使用者可根据自身的数据量、实时性需求、投入成本等因素决定租用资源的数量。可以说,没有云计算,大数据就不能得到充分的应用,就不会有大数据的蓬勃发展。旨在通过本章的学习,读者可对云计算有初步的认识。

8.1 云计算的产生背景

"云计算"一词最早被大范围地传播是在 2006 年。2006 年 8 月,在 SES(搜索引擎战略)大会上,时任谷歌(Google)首席执行官埃里克·施密特(Eric Schmidt)在回答一个有关互联网的问题时提出了"云计算"这个概念。几周后,亚马逊(Amazon)公司推出了 EC2 计算云服务。云计算自此出现之后,各种有关"云计算"的概念层出不穷,"云计算"开始流行。

实际上,云计算本身无论是商业模式还是技术,都已经发展了很长时间,并在实践的过程中逐步演进。云计算最初源于互联网公司对公司成本的控制。早期不少互联网公司都起源于学生宿舍,费用的捉襟见肘使这些公司尽可能合理利用每一个硬件,最大限度地发挥服务器的性能。所以早期的互联网公司自己选主板、硬盘等配件,然后进行组装,完成服务器的硬件设计。这种传统沿袭下来,就是现在定制化日趋流行的原因。如今谷歌、脸书(Facebook)等公司都会自己动手设计和生产服务器,使配件最大可能地支持特定功能需求,并降低服务器的能耗。

谷歌公司在 1998 年日访问量约为 1 万次,但到 2007 年,日访问量已达到 5 亿多次,服务器数量也已经超过 50 万台。对大多数互联网企业而言,虽然服务器规模不至于如此庞大,但随着用户的增加,少则数百台、多则上千台的服务器仍然对企业的运维管理能力提出了挑战。对于企业来说,随着系统越来越庞大,维护人员却不能对应成比例地增加,因为企业要考虑人力成本,还要顾及运维效率的问题。即便如此,公司在某一阶段有大量的成本耗在旧设备和系统的维护上,而无法把大部分资金转到新业务的开拓中。公司能创造新价值的部分越来越少,创新也越来越少,只能求变。

除了大规模系统维护外,海量数据的存储问题同样是互联网公司遇到的棘手问题。随着网络和服务的快速发展,用户平均在线时间的延长和用户网络行为的多样化,导致各类数据不断涌现,终端的出现更是扩充了网络服务的内容与范围,这些都大大增加了互联网公司需要承载的数据量。用户数据对每个公司而言都是宝贵的信息财富,如何有效地利用这些信息财富成为互联网公司的首要任务。因此,在流量和服务器数量都高速增长的情况下,一个能够与网页增长速度保持同步的系统必不可少。

业界有一种很流行的说法,将云计算模式比喻为发电厂集中供电的模式。也就是说,通过云计算,用户可以不必去购买新的服务器,更不用去部署软件,就可以得到应用环境或者应用本身。对于用户,软硬件产品也就不再需要部署在用户身边,这些产品也不再是专属于用户自己的产品,而变成了可利用的、虚拟的资源。

8.2　云计算的定义

由于云计算是一个概念,而不是指某项具体的技术或标准,于是不同的人从不同的角度出发就会有不同的理解。业界关于云计算定义的争论也从未停止,并不存在一个权威的定义。但这些概念侧重及表述虽然不同,但实质是相同的。

1. 工业界对云计算的定义

IBM 公司认为,云计算是一种计算风格,其基础是用公共或私有网络实现服务、软件及处理能力。云计算的重点是用户体验,核心是将计算服务的交付与底层技术相分离。云计算也是一种实现设施共享的方式,利用资源池将公共或私有网络连接在一起为用户提供 IT 服务。

Google 公司的前 CEO 埃里克·施密特认为,云计算把计算和数据分布在大量的分布式计算机上,这使计算力和存储获得了很强的可扩展能力,用户可通过多种接入方式(如计算机、手机等)方便地接入网络获得应用和服务。其重要特征是开放式的,不会有一个企业控制和垄断它。Google 公司前全球副总李开复认为,整个互联网就是一片美丽的云彩,网民们需要在"云"中方便地连接任何设备,访问任何信息,自由地创建内容,并与朋友分享。云计算就是要以公开的标准和服务为基础,以互联网为中心,提供快速、便捷的数据存储及网络计算服务,让互联网这片"云"成为每一个网民的数据中心和计算中心。云计算其实就是 Google 公司的商业模式,Google 公司也一直在不遗余力地推广这个概念。

相比于 Google 公司,微软公司对于云计算的态度就要矛盾许多。如果未来计算能力和软件全集中在云上,那么客户端就不需要很强的处理能力,Windows 也就失去了大部分的作用。因此,微软公司的提法是"云+端"。微软认为,未来的计算模式是云端计算,而不是单纯地云计算。这里的"端"是指客户端,也就是说,云计算一定要有客户端来配合。微软公司前全球资深副总裁张亚勤博士认为:"从经济学角度,带宽、存储和计算不会是免费的,消费者需要找到符合他们需要的模式,因而端的计算一定是存在的。从通信的供求关系来说,虽然带宽增长了,但内容也在同步增长,例如视频、图像等,带宽的限制总是存在的。从技术角度来说,'端'的计算能力强,才能带给用户更多精彩的应用。"微软对于云计算本定义并没有什么不同,只不过是强调了"端"在云计算中的重要性。

2. 学术界对云计算的定义

"网格计算之父"伊安·福斯特(Ian Foster)认为,云计算是一种大规模分布式计算模式,其推动力来自规模化所带来的经济性。在这种模式下,一些抽象的、虚拟化的、可动态扩展和被管理的计算、存储、平台及服务汇聚成,资源池通过互联网按需交付给外部用户。他认为云计算的几个关键点如下:大规模可扩展性;可以被封装成一个抽象的实体,并提供不同的服务水平给外部用户使用;由规模化带来经济型;服务可以被动态配置(通过虚拟化或者其他途径),按需支付。

来自加州大学伯克利分校的一篇技术报告指出,云计算既指透过互联网交付的应用,也指在数据中心提供这些服务的硬件和软件系统。前半部分是 SaaS,而后半部分则被称为 Cloud。简单地说,他们认为云计算就是"SaaS+效用计算"。如果这个基础架构可以按照按使用付费的方式提供给外部用户,那么这就是公共云,否则便是私有云。公共云即计算。SaaS 的提供者同时也是公共云的用户。

根据以上这些不同的定义,不难发现,人们对于云计算的基本看法是一致的,只是在某些范围的划定有所区别。来自维基百科(Wikipedia)的定义基本涵盖了各个方面的看法:"云计算是一种计算模式,在该模式下,动态可扩展而且通常是虚拟化的资源通过互联网以服务的形式提供出来。终端用户不需要'云'中基础设施的细节,不必具有相应的专业知识,也无须直接进行控制,而只需关注自己真正需要什么的资源,以及如何通过网络来得到相应的服务。"

云计算以"软件即服务"为起步,进而将所有的 IT 资源都转化为服务来提供给用户。这种思路正是美国国家标准技术学院(NIST)给云计算提供的定义:"云计算是一种按使用量付费的模式,这种模式提供可用的、便捷的、按需的网络访问,进入可配置的计算资源共享池(资源包括网络、服务器、存储、应用软件及服务),这些资源能够被快速提供,只需投入很少的管理工作,或与服务供应商进行很少的交互。"云计算具有以下 5 个基本特征:

(1)按需自助服务。

消费者可以单方面地按需自动获取计算能力,如服务器时间和网络存储,从而免去每个服务提供者进行交互的过程。

(2)广泛的网络访问。

网络中提供许多可用功能,通过各种统一的标准机制从多样化的"瘦"客户端或者"胖"客户端平台获取(如移动电话、笔记本电脑或 PDA 掌上电脑)。

(3)共享的资源池。

服务提供者将计算资源汇集到资源池中,通过多租户模式共享给多个消费者,根据消费者的需求对不同的物理资源和虚拟资源进行动态分配或重分配。资源的所在地具有保密性,消费者不知道资源的确切位置,也无力控制资源的分配,但是可以指定较精确的概要位置(如国家、省或数据中心)。资源类型包括存储、处理、内存、带宽和虚拟机等。

(4)快速弹性能力。

能够快速而灵活地提供各种功能以实现扩展,并且可以快速释放资源来实现收缩。对消费者来说,可取用的功能是应有尽有的,并且可以在任何时间进行任意数量的购买。

（5）计量付费服务。

云系统利用一种计量功能（通常通过一个付费使用的业务模式）来自动调控和优化资源利用，根据不同的服务类型按照合适的度量指标进行计量（如存储、处理、带宽和活跃用户）、监控、控制和报告资源的使用情况，提升服务提供者和服务消费者的透明度。

简单地说，对于一般用户而言，云计算是指通过网络以按需、易扩展的方式获取所需的服务，即随时随地只需要能上网就能使用各种各样的服务，这种服务可以是 IT、软件，与互联网相关的服务，也可以是其他服务。而对于专业人员来说，云计算是分布式计算、并行计算和网格计算的发展，或者说是这些计算技术的商业实现，是基于互联网的超级计算模式，即将原本存储于个人计算机、移动设备等个人计算机上的大量信息集中在一起，使其在强大的服务端工作。云计算是一种新型的共享计算资源的方法，能够将巨大的系统连接在一起，以提供各种计算服务。

8.3　云计算的特征与分类

8.3.1　云计算的特征

通过对不同云计算方案的特征进行归纳和分析，可发现这些方案所提供的云服务有显著的公共特征，这些特征也使云计算明显区别于传统的服务。

1. 弹性伸缩

云计算可以根据访问用户的多少，增减相应的 IT 资源（包括 CPU、存储、带宽和中间件应用等），使 IT 资源的规模动态伸缩，满足应用和用户规模变化的需要。在资源消耗达到临界点时可自由添加资源，资源的增加和减少完全透明，这个特点是继承弹性计算的特点而来的。

2. 快速部署

云计算模式具有极大的灵活性，足以适应各个开发和部署阶段的各种类型及规模的应用程序。提供者可以根据用户的需要及时部署资源，最终用户也可按需选择。

3. 资源抽象

最终用户不知道云上的应用运行时的具体物理资源位置，同时云计算支持用户在任意位置使用各种获取应用的服务。所请求的资源来自"云"，而不是固定的有形的实体。应用在"云"中某处运行，但实际上用户无须了解，也不用担心应用运行的具体位置。

4. 按用量收费

即付即用的方式已广泛应用于存储和网络宽带技术中（计费单位为字节）。虚拟化的不同导致了计算能力的差异。例如，Google 的 App Engine 按照增加或减少负载来达到其可伸缩性，而其用户按照使用 CPU 的周期来付费；Amazon 的 AWS 则是按照用户所占用的虚拟机节点的时间来付费（以小时为单位），根据用户指定的策略，系统可以根据负载情况进行快速扩张或缩减，从而保证用户只使用自己所需要的资源，达到为用户省钱的目的。而目前包括腾讯云、阿里云、Ucloud 等在国内的云提供商也都采用按需计费的模式。

5. 宽带访问

云计算的宽带访问属于松散耦合服务,每个服务之间独立运转,一个服务的崩溃一般不影响另一个服务的继续运转。

云计算的特点很多,其核心特点为:一是计算范式,即计算作为服务;二是商业模式,即效用计算,随用随付;三是实现方式,即软件定义的数据中心。如果用一句话来概括,那就是"互联网上的应用和架构服务",再简单一点,就是"IT 作为服务"。

8.3.2 按照服务模式分类

云计算不仅仅是一项技术,更是一种商业模式。因此,可以按照提供服务的类型对其进行分类,将云计算分为基础设施即服务(IaaS)、平台即服务(PaaS)以及软件即服务(SaaS)。

1. IaaS

IaaS 通过互联网提供数据中心、基础架构硬件和软件资源。IaaS 可以提供服务器、操作系统、磁盘存储、数据库或信息资源。IaaS 的最高端代表产品是亚马逊的 AWS,不过 IBM、VMware 和惠普以及其他一些传统的 IT 厂商也提供此类服务。IaaS 通常会按照"弹性云"的模式引入其他的使用方式和计价模式,也就是在任何一个特定的时间,都只使用用户需要的服务,并且只为之付费。

许多大型电子商务企业积累了大规模 IT 系统设计和维护的技术与经验,同时 IT 设备面临着业务淡季的限制,于是将设备、技术和经验作为一种打包产品为其他企业提供服务,利用贡献值的 IT 设备来创造价值。Amazon 是第一家将"基础是谁"作为服务出售的公司,于是可以为用户和开发人员提供一个虚拟的环境(EC2)。目前越来越多有实力的企业提供额外的资源,如国内的阿里云、腾讯云都属于 IaaS。

IaaS 的主要功能如下:

①资源抽象。使用资源抽象的方法,能更好地调度和管理物理资源。

②负载管理。通过负载管理,不仅使部署在基础设施上的应用能更好地应对突发情况,还能更好地利用系统资源。

③数据管理。对云计算而言,数据的完整性、可靠性和可管理性是对 IaaS 的基本要求。

④资源部署。资源部署是将整个资源从创建到使用的流程自动化。

⑤安全管理。IaaS 安全管理的主要目标是保证基础设施及其提供的资源被合法地访问和使用。

⑥计费管理。通过细致的计费管理方法,用户可以更灵活地使用资源。

几年前,如果用户想在办公室或者公司的网站上运行一些企业应用,需要去买服务器或者其他昂贵的硬件来控制本地应用,让业务运行起来。但是使用 IaaS,用户可以将硬件外包到其他地方。涉足 IaaS 市场的公司会提供场外服务器、存储和网络硬件,用户可以租用,这样就节省了维护成本和办公场地,并可以在任何时候利用这些硬件运行其应用。

较大的 IaaS 提供商有亚马逊、微软、VMware、Rackspace 和 Red Hat。这些供应商都有自己的专长,例如亚马逊和微软提供的不只是 IaaS,还会将其计算能力出租给用户来管理自己的网站。

2. PaaS

PaaS 提供了基础架构,软件开发者可以在这个基础架构上创建新的应用或扩展已有的应用,同时不必购买设备、安装操作系统、数据库和中间件。

Salesforce 的 Force. com、Google 的 App Engine 和微软的 Azure(微软云计算平台)都采用了 PaaS 模式。这些平台允许公司创建个性化应用,也允许独立软件厂商或者其他第三方机构针对垂直细分行业创造新的解决方案。

3. SaaS

SaaS 是一种通过互联网络提供软件的模式,用户无须购买软件,而是向提供商租用基于 Web 的软件,以管理企业的经营活动。

可以将 SaaS 理解为一种软件分布模式,在这种模式下,应用软件安装在厂商或者服务提供商,可以通过某个网络(通常是互联网)来使用这些软件。

这种模式通常也被称为"随需应变"软件,是最成熟的云计算模式,因为这种模式具有高度的灵活性、可靠的支持服务、强大的扩展性,因此能够降低客户的维护成本和投入,而且这种模式采用灵活租赁的方式收费,客户的运营成本也得以降低。

4.3 种服务模式的对比

SaaS、PaaS 和 IaaS 3 个交付模型之间没有必然的联系,只是它们拥有 3 种不同的服务模式,都是基于互联网,按需、按时付费。

但是在实际的商业模式中,PaaS 的发展确实促进了 SaaS 的发展,因为 PaaS 提供了开发平台后,SaaS 的开发难度就降低了。

从用户体验角度而言,它们之间的关系是独立的,因为它们面向的是不同的用户。从技术角度而言,它们并不是简单的继承关系,首先,SaaS 可以基于 PaaS 或者直接部署在 IaaS 之上;其次,PaaS 可以构建在 IaaS 之上,也可以直接构建在物理资源之上。

表 8.1 对 3 种基本服务模型进行了比较。

表 8.1　3 种基本服务模型对比

云服务模型	服务对象	使用方式	关键技术	用户的控制等级	系统实例
IaaS	需要硬件资源的用户	使用者上传数据、程序代码、环境配置	虚拟化技术、分布式海量数据存储等	使用和配置	Amazon EC2、Eucalyptus 等
PaaS	程序开发者	使用者上传数据、程序代码	云平台技术、数据管理技术等	有限的管理	Google App Engine、Microsoft Azure 等
SaaS	企业和需要软件应用的用户	使用者上传数据	Web 服务技术、互联网应用开发技术等	完全的管理	Google Apps、Salesforce CRM 等

8.3.3 按照部署和使用范围分类

按照部署和使用范围分类的云分类主要是根据云的拥有者、用途、工作方式来进行。这种分类关心谁拥有云平台、谁在运营云平台、谁可以使用云平台。从这个角度来看,云可以分为公共云、私有云、混合云和社区云等。

1. 公有云

公有云(public cloud)通常指第三方提供商用户能够使用的云。公有云一般可通过 Internet 使用,一般是免费的或成本低廉的。这种云有许多实例,可在整个开放的公有网络中提供服务。公有云的最大意义是能够以低廉的价格,提供有吸引力的服务给最终用户,创造新的业务价值。公有云作为一个支撑平台,还能够整合上游的服务(如增值业务及广告等)提供者和下游最终用户,打造新的价值链和生态系统。它使客户能够访问和共享基本的计算机基础设施,其中包括硬件、存储和带宽等资源。

目前,典型的公有云有微软的 Windows Azure Platform、亚马逊的 AWS,以及国内的阿里巴巴、用友、伟库等。对于用户而言,公有云的最大优点是其所应用的程序、服务及相关数据都存放在公有云的提供者处,自己无须做相应的投资和建设;最大的缺点是,由于数据不存储在用户自己的数据中心,其安全性存在一定的风险。同时,公有云的可用性不受使用者控制,在这方面也存在一定的不确定性。

2. 私有云

私有云(private clouds)是为一个客户单独使用而构建的,提供对数据、安全性和服务质量最有效的控制。私有云可部署在数据中心的防火墙内,也可以部署在一个安全的主机托管场所。私有云极大地保障了安全问题,目前有些企业已经开始构建自己的私有云。

私有云的优缺点如下:

优点:私有云提供了更高的安全性,因为单个公司是唯一可以访问它的指定实体,这也使组织更容易定制其资源以满足特定的 IT 要求。

缺点:安装成本很高;企业仅限于访问合同中规定的云计算基础设施资源;私有云的高度安全性使得从远程位置访问变得很困难。

3. 混合云

混合云(hybrid cloud)是公有云和私有云两种服务方式的结合。由于安全和控制原因,并非所有的企业信息都能放置在公有云上,这样大部分已经应用云计算的企业会使用混合云模式。很多企业选择同时使用公有云和私有云,有一些企业也会建立混合云。因为公有云只会向用户使用的资源收费,所以混合云将会变成处理需求高峰的一个非常便宜的方式。比如对一些零售商来说,他们的操作需求会随着假日的到来而剧增,或者是有些业务会有季节性的上扬。同时混合云也为其他目的的弹性需求提供了一个很好的基础,比如灾难恢复。这意味着私有云把公有云作为灾难转移的平台,并在需要的时候去使用它。这是一个极具成本效应的理念。另一个好的理念是,使用公有云作为一个选择性的平台,同时选择其他的公有云作为灾难转移平台。

混合云的优缺点如下:

优点:允许用户利用公共云和私有云的优势;为应用程序在多云环境中的移动提供了

极大的灵活性;具有成本效益,因为企业可以根据需要决定使用成本更昂贵的云计算资源。

缺点:因设置复杂而难以维护和保护;由于混合云是不同的云平台、数据和应用程序的组合,因此整合可能是一项挑战;在开发混合云时,基础设施之间也会出现兼容性问题。

4. 社区云

社区云是指一些由有着共同利益(如任务、安全需求、政策、遵约考虑等),并打算共享基础设施的组织共同创立的云,可以由该用户、机构或第三方管理,包括 on premise(内部部署)或 off premise(外部部署)两个状态。

5.3 种部署模式的对比

部署云计算服务的模式有三大类,即公有云、私有云和混合云。公有云是云计算服务商为公众提供服务的云计算平台,理论上任何人都可以通过授权接入该平台。公有云可以充分发挥云系统的规模经济效益,但同时也增加了安全风险。私有云则是云计算服务提供商为企业在其内部建设的专有云计算系统。私有云存在于企业防火墙之内,只为企业内部服务。与公有云相比,私有云的安全性更好,但管理复杂度更高,云计算的规模经济效益也受到了限制,整个基础设施的利用率要远低于公有云。混合云则是同时提供公有服务和私有服务的云计算系统,它是介于公有云和私有云之间的一种折中方案。

第三方评测机构曾经做过市场调查,发现公有云的使用成本在某些客户中高于私有云的使用成本,这与客户建设私有云所采用的厂商品牌有关。同时,公有云对外提供的服务是按月收取费用,而对于大型部门,有时往往无法及时、准确地洞察下属部门对公有云的使用量,因此造成了很大的浪费。

8.4　云计算的体系架构

随着云计算技术的不断发展和成熟,各大 IT 厂商根据自身业务的需求和发展,各自提出了的算解决方案,这些方案首先就要给出云计算的整体架构。虽然各厂商的解决方案各有特色,但整个架构比较相似,都是用了类似甚至相同的技术和开发平台来构建云计算系统。

从整体上看,云架构由基础设施和上层应用程序组成。基础设施包括硬件和管理软件两个部分。其中硬件包括服务器、存储器、网络交换机等,通常被称为云体。管理软件负责高可用性、可恢复性、数据一致性、应用伸缩性、程序可预测性和云安全性等,通常被称为云栈或云平台,如开源的 OpenStack、微软的 Windows Azure、谷歌的 App Engine、VMWare 的 Cloud Foundry 等。从云的设计和搭建角度,我们更关心基础设施部分,即如何利用硬件搭建云平台。通常,云计算基础设施部分的体系结构如图 8.1 所示,包括物理资源层、虚拟化资源池层、管理中间件层和 SOA 构建层。

(1)物理资源层。

最底层的物理资源层由各种软硬件资源构成,包括计算、网络、存储等,具体包括服务器集群(计算机)、存储设备、网络设施、数据库和软件等。

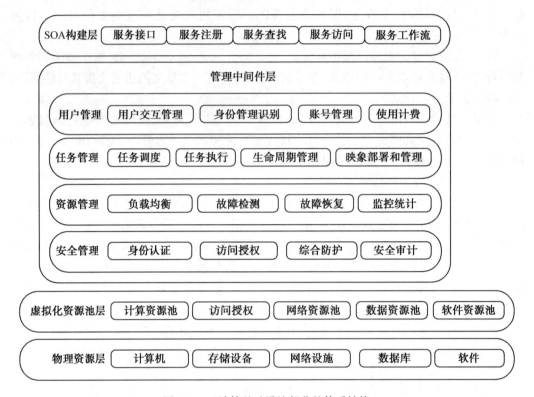

图 8.1　云计算基础设施部分的体系结构

（2）虚拟化资源池层。

云计算普遍利用虚拟化或容器等技术对物理资源进行封装，构建可以共享使用的资源池，从而为上层应用和服务提供支撑。虚拟化资源池层作为实际物理资源的集成，可以更加有效地对资源进行管理和分配。

（3）管理中间件层。

为了整个云计算可以有序地运行，还需要管理云计算的中间件，负责对云计算的用户、任务、资源和安全等进行管理。

（4）SOA 构建层。

SOA 构建层是一个面向应用和服务的构建层，为各种应用提供不同的服务，并且有效地管理应用，提供诸如服务注册、服务工作流等一系列用户可选择的操作。SOA 构建层将云服务封装并提供服务接口，用户只需要调用接口就可以方便地使用云服务。

无论是公有云还是私有云，都可以按照上述体系架构来构建，但也会有不同的侧重点。例如，相比于私有云，公有云是不同单位、机构和个人共享使用的平台，容易存在安全隐患，所以公有云不仅强调对用户应用的隔离，如使用虚拟化、虚拟机或容器等技术对每个用户进行有效的隔离，做到互不干扰，还特别关注使用计费等模块。

8.5 虚拟化技术

虚拟化是指为运行的程序或软件营造它所需要的运行环境。在采用虚拟化技术后，程序或软件不再独享底层的物理计算资源，它只是运行在一个虚拟化的计算资源中，而对底层的影响可能与之运行的计算机结构完全不同。虚拟化的主要目的是对 IT 基础设施和资源管理方式进行简化。虚拟化的消费者可以是最终用户、应用程序、操作系统、访问资源或与资源交互相关的其他服务。虚拟化是云计算的基础，虚拟化使得在一台物理服务器上可以运行多台虚拟机，虚拟机共享物理机的 CPU、内存、输入/输出硬件资源，但逻辑上虚拟机之间是相互隔离的。IaaS 是基础设施架构平台，可实现底层资源虚拟化，云计算、OpenStack 等云平台都离不开虚拟化，因为虚拟化是云计算重要的支撑技术之一。

8.5.1 什么是虚拟化

1. 虚拟化的定义

虚拟化把物理资源转变为逻辑上可以管理的资源，以打破物理结构之间的壁垒，让资源在虚拟的而不是真实的环境中运行，是一个可简化管理、优化资源的解决方案。虚拟化让所有的资源都运行在各种各样的物理平台上，资源的管理都将按逻辑方式进行，完全实现资源的自动化分配，而虚拟化技术就是它的理想工具。下面通过对比虚拟化前后来直观地理解虚拟化的作用。

（1）虚拟化前。

一台主机对应一个操作系统，后台多个应用程序会对特定的资源进行争抢，存在相互冲突的风险；在实际情况中，业务系统与硬件绑定，不能灵活部署；就数据的统计来说，虚拟化前的系统利用率一般只有 15% 左右。

（2）虚拟化后。

一台主机可以虚拟出多个操作系统，独立的操作系统和应用拥有独立的 CPU、内存和 I/O 资源，相互隔离；业务系统独立于硬件，可以在不同的主机之间进行迁移；充分利用系统资源，对机器统资源利用率可以达到 60%。

2. 虚拟化的体系架构

我们通常所说的虚拟化主要是指服务器虚拟化技术，即通过使用控制程序隐藏特定计算平台的实际物理特性，为用户提供抽象的、统一的、模拟的计算环境（称为虚拟机）。虚拟机中运行的操作系统被称为客户操作系统（guest OS），运行虚拟机监控器（VMM）的操作系统被称为主机操作系统（host OS）。当然，某些虚拟机监控器可以脱离操作系统直接运行在硬件之上（如 VMware 的 ESX 产品）。运行虚拟机的真实系统称为主机系统。引入虚拟化后，不同用户的应用程序由自身的客户操作系统管理，并且这些客户操作系统可以独立于主机操作系统，同时运行在同一套硬件上，这通常是通过新添加一个称为虚拟化层的软件来完成，该虚拟化层称为 Hypervisor 或虚拟机监控器。虚拟化前后的计算机体系结构如图 8.2 所示。

虚拟化软件层的主要功能是将一个主机的物理硬件虚拟化为可被各虚拟机互斥使用

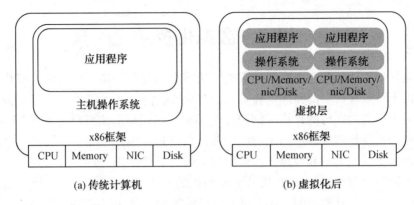

(a) 传统计算机　　　　　　　　　　(b) 虚拟化后

图 8.2　虚拟化前后的计算机体系结构

的虚拟资源,这可以在不同层上实现。如图 8.3 所示,虚拟化软件层可以位于主机操作系统之上(称之为寄居架构),也可以直接位于计算机硬件资源之上(称之为裸金属架构)。

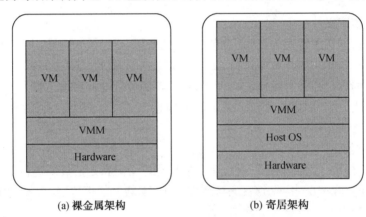

(a) 裸金属架构　　　　　　　　　　(b) 寄居架构

图 8.3　虚拟化软件层所处的位置

(1)物理机。

物理机是相对于虚拟机而言的对实体计算机的称呼。物理机是实际存在的计算机,又称宿主计算机。当虚拟机嵌套时,运行虚拟机的虚拟机也是主机,但不是物理机。主机操作系统是指物理机的操作系统,在主机操作系统上安装的虚拟机软件可以在计算机上模拟一台或多台虚拟机。

(2)虚拟机。

虚拟机指在物理机上运行的操作系统中模拟出来的计算机,又称客户机,理论上完全等同于实体的物理机。每个虚拟机都可以安装自己的操作系统或应用程序,并连接网络,运行在虚拟机上的系统称为客户操作系统。

Hypervisor 基于主机的硬件资源给虚拟机提供了一个虚拟的操作平台并管理每个虚拟机的运行,虚拟机独立运行并共享主机的所有硬件资源。Hypervisor 是提供虚拟机硬件模拟的专门软件。下面讨论 Hypervisor 的实现。

8.5.2 虚拟化的实现原理

x86 泛指一系列由英特尔公司开发的处理器架构,最早为 1978 年面世的 Inte 8086 CPU,之后 x86 架构成为个人计算机的标准平台。由于 x86 架构设计的操作系统直接运行在硬件设备上,因此认为它们完全占有计算机硬件,不管是来自用户的指令还是操作系统的指令,都会直接在物理硬件上执行。如图 8.4 所示,x86 架构给操作系统和应用程序提供 4 个特权级别来访问硬件,Ring 0 是最高级别,Ring 1 次之,Ring 2 更次之,Ring 3 级别最低。

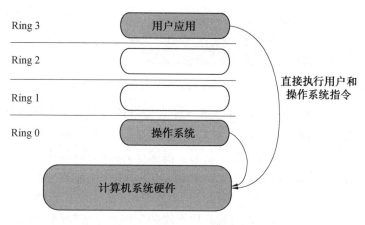

图 8.4 VMM 直接执行用户和操作系统指令

操作系统(内核)需要直接访问硬件和内存,因此它的代码需要运行在最高运行级别 Ring 0 上,它可以使用特权指令、控制中断、修改页表、访问设备等。

应用程序的代码运行在最低运行级别 Ring 3 上,不能执行受控操作。如果要执行,比如访问磁盘、写文件,则需要执行系统调用。执行系统调用时,CPU 的运行级别会发生从 Ring 3 到 Ring 0 的切换,并跳转到系统调用对应的内核代码位置执行,这样内核就完成了设备访问,完成之后再从 Ring 0 返回 Ring 3。这个过程也称为用户态和内核态的切换。

虚拟化在这里遇到了一个难题,主机操作系统是工作在 Ring 0 上的,客户操作系统就不能也在 Ring 0 上工作了,但是它不知道这一点,就会以前执行什么指令,现在还执行什么指令,但因为没有执行权限而引起系统出错。所以这时候虚拟机监控器(VMM)需要避免这件事情发生。通过 VMM 可实现客户操作系统对硬件的访问。根据其原理不同分为全虚拟化、半虚拟化和硬件辅助虚拟化。

1. 全虚拟化

由于上述限制,x86 架构的虚拟化起初看起来是不可能完成的任务。直到 1998 年,VMware 公司才攻克了这个难关,其使用了优先级压缩技术和二进制翻译技术,使 VMM 运行在 Ring 0 级以达到隔离和性能的要求,将操作系统转移到比应用程序所在 Ring 3 级别高、比虚拟机监控器所在 Ring 0 级别低的用户级。因此,客户操作系统的核心指令无法直接下达至计算机系统硬件执行,而是需要经过 VMM 的捕获和模拟执行。使用 VMM

翻译客户操作系统的请求如图 8.5 所示。

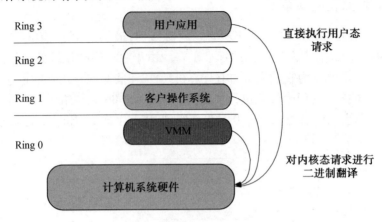

图 8.5　使用 VMM 翻译客户操作系统的请求

二进制翻译(binary translation,BT)是一种直接翻译可执行二进制程序的技术,能够把一种处理器上的二进制翻译到另一种处理器上执行。二进制翻译技术将机器代码从源机器平台映射至目标机器平台,包括指令语义与硬件资源的映射,使源机器平台上的代码"适应"目标平台。因此翻译后的代码更适应目标机器,具有更高的运行时效率。二进制翻译是位于应用程序和计算机硬件之间的一个软件层,它能很好地降低应用程序和底层硬件之间的耦合度,使二者可以相对独立地发展和变化。二进制翻译也是一种编译,它与传统编译的差别在于其编译处理对象不同。传统编译的处理对象是某一种高级语言,经过编译生成某种机器的目标代码;二进制翻译的处理对象是某种机器的二进制代码,该二进制代码是通过传统编译过程生成的,再经过二进制翻译处理后生成另一种机器的二进制代码。

二进制翻译和直接指令执行相结合的全虚拟化使虚拟机系统与下层的物理硬件彻底解耦。虚拟机没有意识到它是被虚拟化的,因此不需要虚拟机系统做任何修改。全虚拟化是不需要硬件辅助或操作辅助来虚拟化敏感指令和特权指令的唯一方案。虚拟化软件层将操作系统的指令翻译并将结果缓存后使用,而用户级指令无须修改就可以运行,具有与物理机一样的执行速度。

2. 半虚拟化

半虚拟化指的是虚拟机系统和虚拟化软件层通过交互来改善其性能和效率。如图 8.6 所示,半虚拟化修改操作系统的内核,将不可虚拟化的指令替换为可直接与虚拟化层交互的超级调用(hypercalls)。虚拟化软件层同样为其他关键的系统操作如内存管理、中断处理、计时等提供了超级调用接口。

半虚拟化与全虚拟化不同,全虚拟化时未经修改的虚拟机系统不知道自身被虚拟化,系统的敏感指令调用陷入虚拟化层后再进行二进制翻译。半虚拟化的价值在于更低的虚拟化代价,但是相对于全虚拟化,半虚拟化的性能优势根据不同的工作负载有很大差别。半虚拟化不支持未经修改的操作系统(如 Windows),因此它的兼容性和可移植性较差。由于半虚拟化需要系统内核的深度修改,在生产环境中,在技术支持和维护上会有很大的问题。开源的 Xen 项目是半虚拟化的一个例子,它使用一个经过修改的 Linux 内核来虚拟化处理器,而用另一个定制的虚拟机系统设备驱动来虚拟化 I/O。

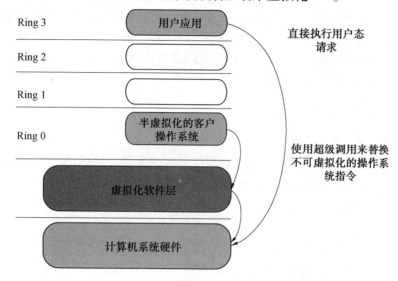

图 8.6　将不可虚拟化的操作系统指令替换为超级调用

3. 硬件辅助虚拟化

随着虚拟化技术的不断推广和应用,硬件厂商也迅速采用虚拟化并开发出新的硬件特性来简化虚拟技术。第一代技术包括 Intel 的 VTx 和 AMD 的 AMD-V,两者都针对特权指令为 CPU 添加了一个执行模式,即 VMM 运行在一个新增的根模式下。如图 8.7 所示,特权和敏感调用都自动陷入虚拟化层,不再需要二进制翻译或半虚拟化。虚拟机的状态保存在虚拟机控制结构(VMCS,VTx)或虚拟机控制块(VMCB,AMD-V)中。

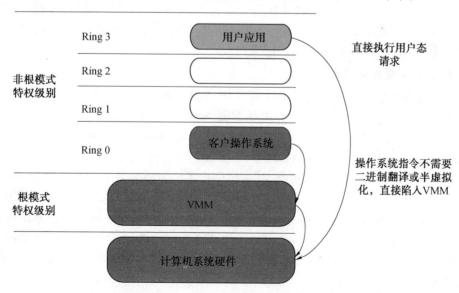

图 8.7　通过将 VMM 运行在新增的根模式下,直接捕获特权指令

Intel 和 AMD 的第一代硬件辅助特性在 2006 年发布，是虚拟化层可以不依赖于二进制翻译和修改系统的半虚拟化的第一步。这些早期的硬件辅助特性使创建一个不依赖于二进制翻译和半虚拟化技虚拟化层容易得多。随着时间的推移，可以预见到硬件辅助的虚拟化性能会超越处理器和内存半虚拟化的性能。随着对 CPU、内存和 I/O 设备进行硬件辅助开发，半虚拟化相对于硬件辅助虚拟化的性能优势将逐渐缩小。第二代硬件辅助技术正在开发之中，它将对虚拟化性能的提升有更大的影响，同时降低内存消耗代价。

8.5.3　常用的虚拟化技术

1. Xen 虚拟化技术

Xen 虚拟机技术是英国剑桥大学计算机实验室开发的。之后，Xen 社区负责 Xen 的后续版本开发，并将其作为免费开源的软件，以 GNU（通用公众执照）（GPLv2）进行使用。Xen 虚拟机技术目前支持的计算机架构包括 Intel 公司的 IA-32、x86-64 和 ARM 公司的 ARM。

目前 Xen 已经有很多版本，著名的亚马逊 Web 服务（AWS）就建立于 Xen 虚拟机技术之上。Xen 虚拟机的最大商用支持者为美国的 Citrix 公司。

2. KVM 虚拟化技术

KVM（kernel-based virtual machine，基于内核的虚拟机）与 Xen 虚拟机一样，KVM 也是为 Linux 环境而设计的虚拟化基础设施，后来移植到 FreeBSD 和 Illumos KVM 支持硬件辅助的虚拟化技术（即能够充分利用硬件厂商提供的硬件虚拟化机制）。其一开始支持的架构为 Intel 公司的 x86 和 x86-64 处理器，后来则被 IBM 公司移植到 S/390、PowerPC 和 IA-6L。

KVM 虚拟机监视器既可以在全虚拟化模式下运行，也能够为部分操作系统提供准虚拟化支持。在准虚拟化模式下，KVM 使用一种称为 Virtio 的框架作为后端驱动。该框架能够支持准虚拟化的以太网卡、准虚拟化的控制器，调整宿主内存容量的设备，以及使用 SPICE 或 VMware 驱动程序的 VGA 图形界面。

3. Hyper-V 虚拟化技术

Hyper-V 是微软公司使用的虚拟机监视器，其前身是 Windows 服务器虚拟化。该虚拟机监视器支持 x86-64 系统，其 Beta 测试版随 Windows Server 2008 的某些 x86-64 版本一起发布，定型版于 2008 年 6 月 26 日发布。自此以后，Hyper-V 作为免费单机版发布给公众使用，Windows Server 2012 又对其进行了升级。

Hyper-V 也是准虚拟化的监视器，其主机操作系统为经过 Hyper-V 修改的 Windows 服务器（目前为 Windows Server 2008）。Hyper-V 提供的虚拟机容器称为划分，其中根划分里面容纳的是主机操作系统，子划分里面则运行宿主操作系统。宿主操作系统可以是非 Windows 操作系统。所有的划分之间由虚拟总线进行连接，不同的主机或宿主操作系统之间的通信均通过该总线进行。目前，Hyper-V 的使用者主要是微软的 Windows Azure。

4. VMWare ESX 和 EsXi 虚拟化技术

VMware 公司的 ESX 虚拟机监视器是一个企业级的虚拟化产品，为 VMware 虚拟化产品家族(被称为 VMWare 基础设施)里的一员。目前,VMware 公司正在用 ESXi 来替换 ESX。ESX 和 ESXi 均为全虚拟化产品,都是运行在裸机上的虚拟机监视器,它们无须主机操作系统的协作,就能够将硬件的全部功能虚拟化,提供给上面的宿主操作系统使用。它之所以被称为企业级虚拟化就是这个原因,以区分于那些准虚拟化监视器。VMware 提供一个很小的管理程序对 ESX 进行控制,这个很小的管理程序被称为控制操作系统(VMware 自己开发的一种微型的 Linux 操作系统)。

ESX 和 ESXi 所支持的服务基本是相同的,不同点在于其对下层物理硬件的要求。ESX 是所谓的基本服务器版本,需要某种形式的持久存储机制(通常为硬盘驱动器)来存放虚拟机监视器的可执行文件和辅助文件。ESXi 为 ESX 的微缩版(也可以看作其升级版),允许将所需信息保存在专有的紧凑存储设备上。

ESX 和 ESXi 上可以运行任意操作系统,如 Windows、Linux、BSD 等。ESX 和 ESXi 的商用范围极为广泛,是目前市面上最成功的虚拟化产品之一。

5. VmWware Workstation

VmWare Workstation 是运行在 x86-64 体系架构上的虚拟机监视器。该虚拟机监视器与 ESX 的不同之处在于它是一个准虚拟化系统,能够桥接现有的主机网络适配器,并与虚拟机共享物理磁盘和 USB。此外,它还能模拟磁盘驱动器,将 ISO 镜像挂载为一个虚拟的光盘驱动器,这与虚拟光驱类似;它也能将.vmdk 文件虚拟成一个虚拟硬盘驱动器供用户使用。VmWare Workstation 的一个比较独特的功能是可以将多个虚拟机作为一个组来看待,一起启动、关闭、挂起、复活等,这对于搭建测试环境来说非常有用。

8.5.4　容器虚拟化

在普通的虚拟化方案中,无论是寄居架构还是裸金属架构的服务器虚拟化技术都有一个共同的,即每个隔离出的空间都拥有一个独立的操作系统。这种虚拟化方式的好处在于可以上下扩展,有可控的计算资源,安全隔离,并可以通过 API 进行部署等。但其缺点也很明显,每台虚拟机都消耗了一部分资源用于运转一个完整的操作系统。所以,与此同时还发展了一种操作系统层面上的轻量级虚拟化技术——容器技术。

1. 容器技术

Docker 是基于 Go 语言实现的云开源项目,主要目标是"Build,Ship and Run Any App,Anywhere",即通过对应用组件的封装、分发、部署、运行等生命周期的管理,使用户的 App(可以是一个 Web 应用或数据库应用等)及其运行环境能够做到"一次镜像处处运行"。

随着云原生等概念的出现,容器技术近年来日趋流行,但其并非一种新兴的技术。图 8.8 对容器技术的发展过程做了一个简单的梳理。

(1)1979 年——Chroot。

容器技术的概念可以追溯到 1979 年的 UNIX Chroot。这项功能将 Root 目录及其子目录变更至文件系统内的新位置,且只接受特定进程的访问,其设计目的在于为每个进程提供一套隔离化磁盘空间。1982 年它被添加至 BSD。

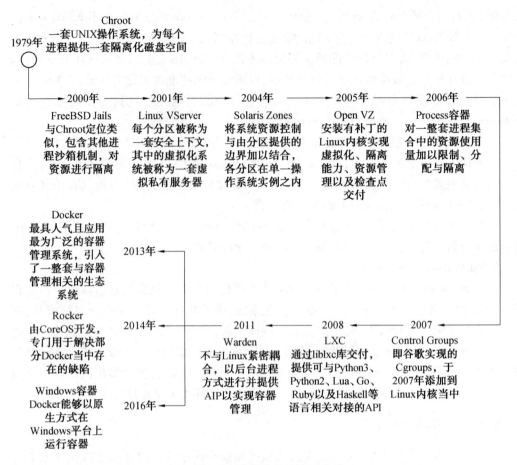

图8.8　容器技术的发展过程

（2）2000 年——FreeBSD Jails。

FreeBSD Jails 与 Chroot 的定位类似，其中包含进程沙箱机制，以对文件系统、用户及网络等资源进行隔离。通过这种方式，它能够为每个 Jail、定制化软件安装包乃至配置方案等提供一个对应的 IP 地址。Jails 技术为 FreeBSD 系统提供了一种简单的安全隔离机制，其不足在于这种简单性的隔离会影响 Jails 中的应用访问系统资源的灵活性。

（3）2004 年——Solaris Zones。

Zone 技术为应用程序创建了虚拟层，让应用在隔离的 Zone 中运行，并实现有效的资源管理。每一个 Zone 拥有自己的文件系统、进程空间、防火墙、网络配置等。Solaris Zone 技术真正引入了容器资源管理的概念。应用部署时为 Zone 配置一定的资源，在运行中可以根据 Zone 的负载来动态修改这个资源限制并且实时生效，在其他 Zone 不需要资源的时候，资源会自动切换给需要资源的 Zone，这种切换是即时的、不需要人工干预的，可以最大化资源的利用率，在必要的情况下，也可以为单个 Zone 隔离一定的资源。

（4）2008 年——LXC。

LXC（Linux containers）的功能通过 Cgroups 以及 Linux 命名空间实现。它是第一套完整的 Linux 容器管理实现方案。在 LXC 出现之前，Linux 上已经有了 Linux－Vserver、

OpenVZ 和 FreeVPS,虽然这些技术都已经成熟,但是还没有将它们的容器支持集成到主流 Linux 内核。相较于其他容器技术,LXC 能够在无须任何额外补丁的前提下运行在原版 Linux 内核之上。目前 LXC 项目由 Canonical 公司负责赞助及托管。

(5)2013 年———Docker。

Docker 项目最初是由一家名为 DotCloud 的平台(即服务厂商)打造的,后来该公司更名为 Docker。Docker 在起步阶段使用 LXC,而后利用自己的 Libcontainer 库将其替换下来。与其他容器平台不同,Docker 引入了一整套与容器管理相关的生态系统。其中包括一套高效的分层式容器镜像模型、一套全局及本地容器注册表、一个精简化 RESTAPI 以及一套命令行界面等。与 Docker 具有同样目标功能的一种容器技术就是 CoreOS 公司开发的 Rocket。Rocket 基于 App Container 规范并使其成为一项更为开放的标准。

(6)2016 年——Windows 容器。

微软公司也于 2016 年正式推出 Windows 容器。Windows 容器包括两个不同的容器类型。一是 Windows Server 容器,通过进程和命名空间隔离技术提供应用程序隔离。Windows Server 容器与容器主机和该主机上运行的所有容器共享内核;二是 Hyper-V 容器,其通过在高度优化的虚拟机中运行每个容器,在 Windows Server 容器提供的隔离上进行扩展。在此配置中,容器主机的内核不与 Hyper-V 容器共享。Hyper-V 容器是一个新的容器技术,它通过 Hyper-V 虚拟化技术提供高级隔离特性。

2. 容器与传统虚拟化技术的对比

为了较为直观地理解容器与虚拟机的差别,我们可以通过图 8.9 来做对比。可以看到,利用虚拟机方式进行虚拟化的显著特征就是每个客户机除了容纳应用程序及其运行所必需的各类组件(例如系统二进制文件及库)之外,还包含完整的虚拟硬件堆栈,其中包括虚拟网络适配器、存储以及 CPU。这意味着它也拥有自己的完整客户操作系统。从内部看,这套客户机自成体系拥有专用资源;而从外部看,这套虚拟机使用的则是由主机设备提供的共享资源。假设我们需要运行 3 个相互隔离的应用,则需要使用 Hypervisor 启动 3 个客户操作系统,也就是 3 个虚拟机。因为包含了完整的操作系统,通常这些虚拟机都非常大,这就意味着它们将占用大量的磁盘空间。更糟糕的是,它们还会消耗更多 CPU 和内存。与之相反,每套容器都拥有自己的隔离化用户空间,从而使多套容器能够运行在同一主机系统之上。可以看到,全部操作系统层级的架构都可实现跨容器共享。唯一需要独立构建的就是二进制文件与库。正因为如此,容器才拥有极为出色的轻量化特性。

3. 容器的实现原理

目前每个厂商对容器的实现方式都存在差别,但整体的设计思想大同小异。下面以 Docker 为例,对容器背后的内核知识进行简要的介绍。Docker 容器本质上是宿主机上的一个进程,通过 Namespace 实现了资源隔离,通过 Cgroups 实现了资源限制,通过写时复制技术实现了高效的文件操作。

(1)Namespace 资源隔离。

假如我们要实现一个资源隔离的容器,需要考虑哪些方面呢? 最先想到的或许是 chroot 指令,这个指令可以切换进程的根目录,让用户感受到文件系统被隔离了。接着为

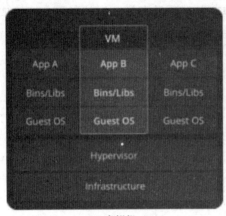

(a) 虚拟机

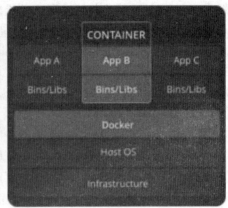

(b) 容器

图 8.9 虚拟机与容器的区别

了在网络环境中能够定位某个容器,它必须具有独立的 IP、端口、路由等,这就需要对网络进行隔离。同时,容器还需要一个独立的机器名以便在网络中标识自己。在隔离的空间中,进程应该有独立的进程号,进程之间的通信也应该与外界隔离。最后,还需要对用户和用户组进行隔离,以便实现用户权限的隔离。

Linux 内核中提供了 6 种 Namespace 系统调用,基本实现了容器需要的隔离机制。具体见表 8.2 所示。

表 8.2 Namespace 系统调用信息

Namespace	系统调用参数	隔离内容
UTS	CLONE-NEWUTS	主机名与域名
IPC	CLONE-NEWIPC	信号量、消息队列和共享内存
PID	CLONE-NEWPID	进程编号
Network	CLONE-NEWNET	网络设备、网络栈、端口等
Mount	CLONE-NEWNS	挂载点(文件系统)
User	CLONE-NEWUSER	用户和用户组

实际上,Linux 内核实现命名空间的主要目的是实现轻量级虚拟化(容器)服务。同一个命名空间中的进程可以感知彼此的变化,而对外界的进程一无所知。这样就可以让容器中的进程产生错觉,仿佛自己置身于一个独立的系统环境中,以此达到独立和隔离的目的。

(2)Cgroups 资源控制。

Linux Cgroups 的全称是 Linux control groups,它是 Linux 内核的特性,主要作用是限制、记录和隔离进程组使用的物理资源(如 CPU、内存、I/O 等)。

2006 年,Google 的工程师 Paul Menage 和 Rohit Seth 启动了 Cgroups 项目,最初的名字为 process containers。因为 container 在内核中有歧义,2007 年将它改名为 ControlGroups,并合并到 2008 年发布的 2.6.24 内核版本中。最初的版本被称为 v1,这个版本的 Cgroups

设计并不友好,理解起来非常困难。后续的开发工作由 Tejun Heo 接管,他重新设计并重写了 Cgroups,新版本被称为 v2,并首次出现在 4.5 内核版本中。

目前 Cgroups 已经成为很多技术的基础,如 LXC、Docker、systemd 等。Cgroups 设计之初的使命就很明确,即为进程提供资源控制。它的主要功能包括:

①资源限制:限制进程使用的资源上限,如最大内存、文件系统缓存使用限制。

②优先级控制:不同的组可以有不同的优先级,如 CPU 使用和磁盘 I/O 吞吐。

③审计:计算组的资源使用情况,可以用来计费。

④控制:挂起一组进程,或者重启一组进程。

对于开发者来说,Cgroups 的特点如下:

①Cgroups 的 API 以一个伪文件系统的方式实现,用户可以通过操作文件系统来实现对 Cgroups 的组织管理。

②Cgroups 的组织管理操作单元可以细粒度到线程级别,用户可以创建和销毁 Cgroup,从而实现资源的再分配和管理。

③所有资源管理的功能都以子系统方式实现,接口统一。

④子任务创建之初与其父任务处于同一个 Cgroups 的控制组。

(3)写时复制技术。

在 Docker 中,镜像是容器的基础,Docker 镜像是由文件系统叠加而成的。最底端是一个引导文统,即 bootfs。当一个容器启动后,引导文件系统随即从内存被卸载。第二层是根(root)文件系统 rootfs。rootfs 可以是一种或多种操作系统,如 Debian 或 Ubuntu。在 Docker 中 root 文件系统永远只能是只读状态,并且 Docker 利用联合加载(union mount)技术又会在 root 文件系统层上加载更多的只读文件系统。Docker 将此称为镜像。一个镜像可以放到另一个镜像的顶部。位于下面的镜像称为父镜像(parent image),而最底部的镜像称为基础镜像(base image)。最后,当从一个镜像启动容器时,Docker 会在该镜像之上加载一个读写文件系统,这才是我们在容器中执行程序的地方。

图 8.10 所为 Docker 镜像的文件结构。当 Docker 第一次启动一个容器时,初始的读写层是空的,当文件系统发生变化时,这些变化都会应用到这一层之上。例如,如果想修改一个文件,这个文件首先会从该读写层下的只读层复制到该读写层。由此,该文件的只读版本依然存在于只读层,只是被读写层的该文件副本所隐藏,这个机制则称为写时复制(copy on write)。

8.5.5　Docker 实践

本节将在 Centos 7 中部署 Docker,能够让读者更直观地体验什么是虚拟化,什么是容器虚拟化。完成该部分实践需要事先准备好一台 Centos 7 物理机或虚拟机。

步骤 1:关闭防火墙,并查询防火墙是否关闭。

#systemctl stop firewalld

\# systemctl disable firewalld

\# systemctl status firewalld

　firewalld. service-firewalld-dynamic firewall daemon

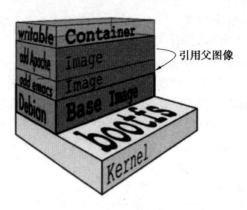

图 8.10　Docker 镜像的文件结构

Loaded：loaded（/usr/lib/systemd/system/firewalld. service；disabled；vendor preset：enabled）

＊＊Active：inactive（dead）

若出现"Active：inactive（dead）"提示，则表示防火墙已关闭。

步骤 2：修改/etc/selinux 目录中的 config 文件，设置 SELINUX 为 disabled 后，保存并退出文件。

\#setenforce 0 // 临时关闭 SELINUX

\# vi /etc/selinux/config

//将 SELINUX 参数值设置为 disabled

SELINUX＝disabled

参数编辑完成后，按 ESC 键，输入":wq"，保存文件并返回到命令行。

步骤 3：测试与外网的连通性。

［root@ localhost ～］\# ping −c 4 www. baidu. com. cn

PING spool. grid. sinaedge. com（58. 49. 227. 129）56（84）bytes of data.

64 bytes from 58. 49. 227. 129：icmp_seq＝1 ttl＝58 time＝2. 72 ms

64 bytes from 58. 49. 227. 129：icmp_seq＝2 ttl＝58 time＝3. 64 ms

64 bytes from 58. 49. 227. 129：icmp_seq＝3 ttl＝58 time＝3. 25 ms

64 bytes from 58. 49. 227. 129：icmp_seq＝4 ttl＝58 time＝3. 28 ms

——— spool. grid. sinaedge. com ping statistics ———

4 packets transmitted, 4 received, 0% packet loss, time 3005ms

rtt min/avg/max/mdev ＝ 2. 722/3. 228/3. 647/0. 337 ms

步骤 4：使用 root 权限登录 CentOS 7，利用 yum 命令将 yum 包更新到最新版本。

\# yum −y update

步骤 5：如果安装过旧版本，则需卸载已安装的旧版本；否则，此步骤可以略过。

\# yum remove docker docker−common docker−selinux docker−engine

步骤 6：安装必需的软件包。

yum install -y yum-utils device-mapper-persistent-data lvm2

步骤 7:设置 yum 源。

yum-config-manager --add-repohttp://mirrors. aliyun. com/docker-ce/linux/centos/docker-ce. repo

步骤 8:更新 yum 软件包索引。查看仓库中的所有 Docker 版本,可以选择特定版本进行安装。

yummakecache fast

yum list docker-ce --showduplicates | sort -r

Loading mirror speeds from cachedhostfile

Loaded plugins:fastestmirror

docker-ce. x86_64 3:18.09. 2-3. el7 docker-ce-stable

……

Available Packages

步骤 9:安装 Docker。

安装 docker-ce 最新版,可执行如下命令。

yum -y install docker-ce docker-ce-cli containerd. io

如需安装指定版本的 docker-ce,则可执行如下命令。例如,安装 docker 18.03.0. ce。

yum install - y docker-ce-18.03.0. ce

步骤 10:启动 Docker 并设置开机自启动。

#systemctl start docker

#systemctl enable docker

利用 ps 命令,查看 Docker 进程是否已启动。

#ps -ef | grep docker

root 67557 1 0 05:46 ? 00:00:00 /usr/bin/dockerd -H fd:// --containerd =/run/containerd/containerd. sock

root 67709 17182 0 05:47 pts/0 00:00:00 grep --color=auto docker

也可利用 docker version 命令查看已安装 Docker 的版本。

docker version

步骤 11:配置阿里云镜像加速器。若访问 Docker Hub 时遇到困难,可以配置镜像加速器。国内很多云服务商提供了加速器服务,如阿里云加速器、DaoCloud 加速器等,这里选择阿里云加速器。

①地址 https://promotion. aliyun. com/ntms/act/kubernetes. html。

②注册自己的阿里云账户(可用淘宝账号)。

③登录阿里云开发者平台(见步骤 1)。

④点击控制台(图 8.11)。

⑤选择容器镜像服务(图 8.12)。

⑥获取加速器地址(图 8.13)。

⑦按照文档进行配置操作(用自己的地址),或者添加以下内容后,保存并退出。

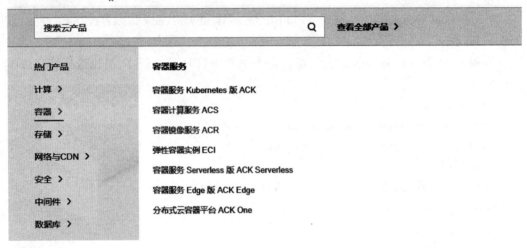

图 8.11　阿里云开发者平台首页

图 8.12　容器镜像服务

```
# vi /etc/docker/daemon. json
{
"registry-mirrors" : [ "https://{自己的编码}. mirror. aliyuncs. com" ]
}
#systemctl daemon-reload
#systemctl restart docker
```

步骤 12：运行 hello-world 镜像来测试安装是否成功。

```
# docker run -dit -p 8888 :80 nginx :latest
```

步骤 13：测试启动和帮助命令。

图 8.13　获取加速器地址

启动 docker：systemctl start docker。

停止 docker：systemctl stop docker。

重启 docker：systemctl restart docker。

查看 docker 状态：systemctl status docker。

开机启动：systemctl enable docker。

查看 docker 概要信息：docker info。

查看 docker 总体帮助文档：docker – help。

查看 docker 命令帮助文档：docker 具体命令-help。

步骤 14：运行 nginx 镜像来测试安装是否成功。

docker run –dit –p 8888:80 nginx:latest

打开浏览器，在地址栏中输入实验主机的 IP 地址，本实验主机的 IP 地址为 192.168.
5.100，如图 8.14 所示。

步骤 15：运行 redis 容器。

docker run –d –p 6379:6379 redis:latest

进入容器

docker exec –it 镜像 id /bin/bash

图 8.14　测试是否安装成功

8.6　云计算网络

云计算是基于分布式计算原理而诞生的一种新的计算模式。尽管同以前的网格计算、服务计算相比,云计算在面向多用户时有着更灵活的服务能力,但分布式计算仍然是云计算的实现基础。计算机网络在云计算的方方面面都扮演着重要的角色:云计算的系统供应商需要通过网络协调资源的管理与调度,云计算的服务商需要通过网络将不同类型的资源以服务的形式供用户访问,而云计算的租户需要对自身所获取的虚拟化资源通过网络进行管理。这些需求都对云计算系统的网络架构提出了巨大的挑战。为了应对这些挑战,现代云计算网络架构从基础设施的构建、网络行为的控制、网络资源的虚拟化到网络功能的管理都做出了一系列解决方案的革新。

8.6.1　网络术语

通俗地讲,计算机网络指的是为多个计算设备提供信息交换支持的系统。它不仅包括底层的物理硬件、通信线路,同时也包括构建在这些硬件基础设施之上的软件驱动、协议抽象、控制与管理服务等。计算机网络是一个极其复杂的系统,解决了网络中信息交换的稳定性问题、一致性问题及性能问题。

为了更好地描述云计算网络,下面将介绍此网络术语,本书中的计算机网络相关术语将参照以下定义。

①网络节点(network node):在计算机网络基础设施中,不是所有物理设备都能充当网络的节点。根据节点在网络中的位置与所担任的角色,可划分为以下几种类型。

a. 网络终端(network endpoint):位于网络边缘,可以作为网络通信端点的设备,包括服务器主机、用户的桌面计算机、笔记本、智能手机等设备。

b. 交换机(switch):作为网络中间节点的一类网络设备,负责将网络数据包在不同端口之间转发。它可工作在 OSI 模型的第 2 层或第 3 层。

c. 路由器(router):工作于网络层,是负责将数据包从源 IP 向目的 IP 转发的网络设备。

d. 中间盒(middle box):位于网络传输的非端点,是负责将信息在网络终端之间传输的设备,包括网络交换机、路由器、网关服务器等。

②网络链路(network link):连接相邻网络节点之间的设备,可以是同轴电缆、双绞线、光纤等有线介质,也可以是无线传输的抽象链路。

③网络拓扑(network topology):由网络节点和网络链路构成的有向图。

④路径(path):也称路由(route),指数据包从源网络终端发出到达目的网络终端的过程中经过的所有网络节点和链路。

⑤信道(channel):网络终端之间建立的逻辑上的网络连接。

⑥数据平面(data plane):网络系统中承载数据流量的抽象组件。

⑦控制平面(control plane):构建于数据平面之上,在网络系统中负责流量转发的逻辑控制的抽象组件。

⑧管理平面(management plane):构建于数据平面与控制平面之上,网络系统中直接面向网络管理人员操作的抽象接口组件。

⑨网络功能(network function):在网络系统中提供功能性服务的组件,通常具有定义良好的外部接口和明确的功能行为。实际应用中网络功能经常指网络中间盒所提供的逻辑功能。

8.6.2　网络虚拟化

互联网为人们的生活带来了各个方面的虚拟化。人们的工作场所可以是虚拟的,购物、教育、娱乐也可以是虚拟的。所有虚拟化推动的关键因素是互联网和各种计算机网络技术。事实证明,计算机网络本身必须被虚拟化。关于网络虚拟化,一些新的标准和技术已经被提出并被应用。

需要虚拟化资源的原因有很多,以下列举了最常见的 5 个原因。

(1)共享。

当资源对于单个用户来说太大时,最好将其分成多个虚拟部分,就像多核处理器一样。每个处理器可以运行多个虚拟机(VM),并且每台机器可以由不同的用户使用。这同样适用于高速链路和大容量磁盘。

(2)隔离。

共享资源的多个用户可能互不信任,因此在用户之间提供隔离很重要。使用一个虚拟组件的用户不应该监视或干扰其他用户的活动,即使不同的用户属于同一个组织,因为组织的不同部门(例如财务部和工程部)可能拥有需要保密的数据。

(3)聚合。

如果资源太小,可以构建一个大型虚拟资源,其行为类似于大型资源。存储就是这种情况,大量廉价、不可靠的磁盘可以用来组成能够存储海量数据的可靠存储。

(4)动态。

由于用户的移动性,资源需求经常很快变化,因此需要实现资源快速重新分配的方法。虚拟资源比物理资源更容易。

(5)管理便捷。

虚拟化最重要的原因是易于管理。虚拟设备更容易管理,因为它们是基于软件的,并通过标准抽象展现统一的界面。网络资源虚拟化能快速改变网络的行为,并快速部署新的功能。

1. 软件定义网络

软件定义网络(software defined network,SDN)是云计算中实现网络虚拟化的流行技术。依托于数据中心网络的云计算基础设施,为了能够不中断地持续向租户提供高效的服务,经常需要对网络的行为进行动态调整。从某种角度讲,也可以理解为是对网络进行自动化管理的需要。

构成网络的核心是交换机、路由器以及诸多的网络中间盒。而这些设备的制造规范大多被 Cisco、Broadcom 等通信厂商所垄断,并不具有开放性与扩展性。因此,长期以来,网络设备的硬件规范和软件规范都十分闭塞。尤其是对于路由协议等标准的支持,用户并没有主导权。对于新的网络控制协议的支持,需要通过用户与厂商沟通之后,经过长期的生产线流程,才能形成最终可用的产品。尽管对于网络的自动化管理已有 SNMP 等规范化的协议来定义,但这些网络管理协议并不能直接对网络设备的行为,尤其是路由转发策略等进行控制。为了能够更快速地改变网络的行为,软件定义网络的理念便应运而生。

2. 软件定义网络架构

经过 30 多年的高速发展,互联网已经从最初满足简单 Internet 服务的"尽力而为"网络,逐步发展成能够提供涵盖文本、语音、视频等多媒体业务的融合网络。网络功能的扩展与结构的复杂化,使得传统基于 IP 的简洁网络架构日益臃肿且越来越无法满足高效、灵活的业务承载需求。软件定义网络(SDN)技术是一种新型的网络解决方案,其将网络的控制平面与数据平面分离的理念为网络的发展提供了新的可能。SDN 通过将网络中的数据平面和控制平面分离开来,实现对网络设备的灵活控制。

开放式网络基金会(ONF)提出的 SDN 体系结构包括 3 个层次:SDN 的基础结构层(infrastructure layer)、SDN 的控制器层(controller layer)、SDN 的应用层(application layer),同时包含南向接口(控制器与基础结构层的网络设备进行通信)和北向接口(控制器与上层的应用服务进行通信)两个接口层次,如图 8.15 所示。

由于网络设备的所有控制逻辑已经被集中在 SDN 的中心控制器中,使得网络的灵活性和可控性得到显著增强,编程者可以在控制器上编写策略,例如负载均衡、防火墙、网络地址转换、虚拟专用网络等功能,进而控制下层的设备。可以说,SDN 本质上是通过虚拟化及其 API 暴露硬件的可操控成分,来实现硬件的按需管理,体现了网络管理可编程的思想和核心特性。因此,北向接口的出现繁荣了 SDN 中的应用。北向接口主要是指 SDN 中的控制器与网络应用之间进行通信的接口,一般表现在控制器为应用提供的 API 编程接口。北向接口可以将控制器内的信息暴露给 SDN 中的应用以及管理系统,它们就可以

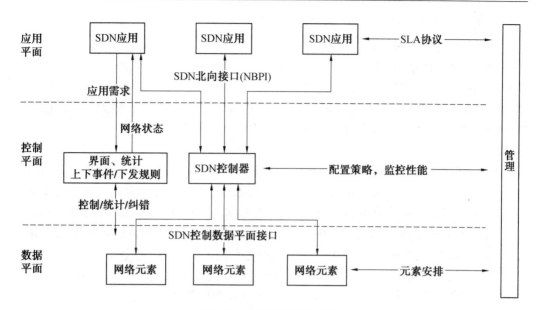

图 8.15　软件定义网络架构

利用这些接口进行如请求网络中设备的状态、请求网络视图、操纵下层的网络设备等操作。利用北向接口提供的网络资源，编程者可以定制自己的网络策略并与网络进行交互，充分利用 SDN 带来的网络可编程的优点。

8.6.3　覆盖网络

覆盖网络(overlay network)是一种在原有网络基础上构建的网络连接抽象及管理的技术。覆盖网络中的节点可以被认为是通过虚拟或逻辑链路相连，其中每个链路对应一条路径(path)。节点之间也可能通过下层网络中的多个物理连接相连。例如，P2P 网络或 Client/Server 应用这类分布式系统都可视为覆盖网络，因为它们的节点都运行在因特网之上。通常覆盖网络的实现方法是在原有网络的基础上构建隧道。目前常用于构建隧道的网络协议有如下几种。

1. GRE

通用路由封装协议(GRE)是一种对不同网络层协议数据包进行封装，并通过 IP 协议进行路由封装，其标准定义于 RFC 2784 中。

GRE 是作为隧道工具开发的，旨在通过 IP 网络传输的 OSI 模型第 3 层协议。GRE的实质是创建一个类似于虚拟专用网络(VPN)的专用的点对点的网络连接。

GRE 通过在外部 IP 数据包内封装有效载荷(即需要传递到目标网络的内部数据包)来工作。GRE 隧道端点经由中间 IP 网络路由封装的分组通过 GRE 隧道发送有效载荷，沿途的其他 IP 路由器不解析有效载荷(内部数据包)，它们仅在外部 IP 数据包转发给GRE 隧道端点时才解析外部 IP 数据包。到达隧道端点后，GRE 封装将被移除，并将有效负载转发到最终目的地。

与 IP 到 IP 隧道不同，GRE 隧道可以在网络之间传输多播和 IPv6 流量。GRE 隧道的优势有以下几点：

①GRE 隧道通过单协议骨干网封装多种协议。

②GRE 隧道为有限跳数的网络提供解决方法。

③GRE 隧道连接不连续的子网络。

④GRE 隧道允许跨越广域网(WAN)的 VPN。

虽然 GRE 提供了无状态的专用连接,但它并不是一个安全协议,因为它不使用 RFC 2406 定义的 IPSec 协议封装加密有效负载(ESP)等加密技术。

2. VLAN

虚拟局域网(VLAN)是一种对局域网(local area network,LAN)进行抽象隔离的隧道协议。VLAN 可能包含单个交换机上的端口子集或多个交换机上的端口子集。在默认情况下,一个 VLAN 上的系统不会看到与同一网络中其他 VLAN 上的系统关联的流量。

VLAN 允许网络管理员对其网络进行分区,以匹配其系统功能和安全要求,而无须运行新电缆或对当前网络基础架构进行重大更改。IEEE 802.1Q 是定义 VLAN 的标准,VLAN 标识符或标签由以太网帧中的 12 位组成,故在局域网上只能创建 4 096 个 VLAN。交换机上的端口可以分配给一个或多个 VLAN,从而允许将系统划分为逻辑组。例如,基于它们与哪个部门相关联,以及如何分离组中的系统进行彼此之间的通信。这些内容既简单实用(一个 VLAN 中的计算机可以看到该 VLAN 上的打印机,但该 VLAN 外部的计算机不能看到),又合乎规则(例如,交易部门中的计算机不能与零售银行中的计算机交互)。

3. VXLAN

虚拟可扩展局域网(VXLAN)是一种封装协议。它的提出是为了在现有的 OSI 3 层网络基础架构上构建覆盖网络。VXLAN 可以使网络工程师更轻松地扩展云计算环境,同时在逻辑上隔离云应用和租户。

对于一个多租户的网络环境,每个租户都需要自己的逻辑网络,而这又需要自己的网络标识。传统上,网络工程师使用虚拟局域网(VLAN)在云计算环境中隔离应用程序和租户,但 VLAN 规范只允许在任何给定时间分配多达 4 096 个网络 ID,这可能不足以满足大型云计算环境。

VXLAN 的主要目标是通过添加 24 位段 ID,将可用 ID 增加到 1 600 万个来扩展 VLAN 地址空间。每个帧中的 VXLAN 段 ID 区分了各个逻辑网络,因此数百万个隔离的第 2 层 VXLAN 网络可以共存于公共第 3 层基础架构之上。与 VLAN 一样,同一逻辑网络内只有虚拟机(VM)之间可以相互通信。

4. NVGRE

使用通用路由封装的网络虚拟化(NVGRE)是一种网络虚拟化方法,它使用封装和隧道为子网创建大量 VLAN,这些子网可以跨越分散的数据中心的第 2 层(数据链路层)和第 3 层(网络层)。其目的是启用可在本地和云环境中共享的多租户及负载平衡网络。

NVGRE 旨在解决由 IEEE 802.1Q 规范支持的 VLAN 数量有限而导致的问题,这些问题不适用于复杂的虚拟化环境,并且难以在分散的数据中心所需的长距离上扩展网段。

NVGRE 标准的主要功能包括识别用于解决与多租户网络相关问题的 24 位租户网络标识符(TNI),并使用通用路由封装(GRE)创建可能被限制隔离的虚拟第 2 层网络到单个物理第 2 层网络或跨越子网边界。NVGRE 还通过在 GRE 报头中插入 TNI 说明符来隔离每个 TNI。

NVGRE 规范由微软、英特尔、惠普和戴尔共同提出,它与另一种封装方法 VXLAN 存在竞争。

5. IPSec

IPSec 是用于网络或网络通信的分组处理层的一组安全协议的框架,通常与 VPN 等隧道技术相结合对报文进行隐私保护。

早期的安全方法已经在通信模型的应用层插入了安全性。IPSec 用于实现虚拟专用网络和通过拨号连接到专用网络的远程用户访问。IPSec 的优势是可以在不需要更改个人用户计算机的情况下处理安全性问题。思科公司一直提议将 IPSec 作为标准(或标准和技术的组合)的领导者,并且在其网络路由器中包含了对 IPSec 的支持。

IPSec 提供了两种安全服务选择:①允许数据发送者认证的认证报头(AH);②支持发送者认证和数据加密的封装安全有效负载(ESP)。IPSec 与这些服务中的每个相关联的特定信息都被插入 IP 报头后的包中,可以选择单独的密钥协议,例如 ISAKMP/Oakley 协议。

8.6.4　二层网络

大型 IT 企业(如微软、谷歌、亚马逊、百度、阿里、腾讯等)为了满足各自的业务需求,在全球范围的不同地理位置建立数据中心来管理它们的计算设备。为了便于管理和进行企业内部网络的流量调度,这些分布于不同地理位置的数据中心往往需要处于同一个二层网络之下,以保证它们的流量可以在网络层以下进行多路径路由及负载均衡等控制。因此,需要在原有数据中心网络互联的基础上,构建一张可以允许二层协议通信的覆盖网络。在数据中心互联领域,通常将这样的覆盖网络称为大二层网络。

引入大二层网络的另一个原因来自于所谓的规模可伸缩性(scalability)需求。因为在现代数据中心网络架构的设计中,对单个数据中心设备数量的支持是有上限的(关于这一问题的具体原因将在后续内容中讨论)。因此,即便没有地理位置分布的需要,当企业的设备规模增大时,也不得不通过建立新的数据中心来进行设备管理并提供服务。也就是说,企业对其内部网络的规模有着不断扩展的需求。

大二层网络在现代云计算网络的基础设施构建中是普遍存在的。因为单一的数据中心资源有限,且难以向不同地理位置的用户提供同等优质的网络服务。这就需要通过大二层网络将多个数据中心通过因特网进行互联。构建大二层覆盖网络的技术,通常由 VLAN、GRE、VXLAN 等实现。

计算机网络从主机中的网络接口卡(NIC)开始,连接到第 2 层(L2)网络(以太网、Wi-Fi 等)段。多个 L2 网段可以通过交换机(也称为桥)互联形成 L2 网络,L2 网络是第 3 层(L3)网络(IPv4 或 IPv6)中的一个子网。多个 L3 网络通过路由器(也称网关)连接形成因特网。一个数据中心可能有多个 L2/L3 网络,多个数据中心可以通过 L2/L3 交换机互联。因此需要虚拟化每个网络组件,如 NIC、L2 网络、L2 交换机、L3 网络、L3 路由器、数据中心和因特网。对于其中一些组件的虚拟化,已经有多个相互竞争的标准被提出,也有一些组件的虚拟化标准正在开发中。

当虚拟机从一个子网移动到另一个子网时,其 IP 地址必须更改,使路由变得复杂。众所周知,IP 地址既是定位器又是系统标识符,因此当系统移动时,其 L3 标识符会发生变化。尽管有了移动 IP 的支持,在一个子网内(在一个 L2 域内)移动系统仍比在子网之间移动系统要简单得多。这是因为在 L2 网络中使用的 TEEE 802 地址是系统标识符(不是定位器),在系统移动时不会改变。因此,当网络连接通过 L3 路由器跨越多个 L2 网络时,通常需要创建跨越整个网络的虚拟 L2 网络。从松散的角度看,几个 IP 网络一起显示为一个以太网网络。

8.6.5　租户网络

在云计算服务的供应关系中,接受云服务供应商直接提供服务的客户被称为租户(tenant)。租户向云服务供应商租用相应的虚拟化资源,并利用这些虚拟化资源来构建自己的软件服务,完成自身的业务需求。这些虚拟化资源除了包括传统的虚拟机实例作为计算资源及网络磁盘作为存储资源外,通常也会包括虚拟化的网络系统,来管理和调度不同虚拟设备之间的通信。这一虚拟化的网络系统被称为租户网络(tenant network)。由此引出两种不同的云计算服务架构,即单租户(single-tenancy)架构和多租户(multi-tenancy)架构,其区别在于同一套云计算的管理系统是否能够同时服务于多个租户。

8.6.6　数据中心网络架构

数据中心网络的拓扑设计是一个长期研究的课题。其核心挑战是一个简单的矛盾冲突,即建设成本、设备规模与资源利用率之间的矛盾。

构建数据中心网络是为了支撑数据中心服务器主机之间的东西流量和南北流量。数据中心能够提供服务的规模取决于服务器主机的数量,而构建一个数据中心的成本还需要考虑支撑其网络通信的交换机等设备的数量。如何设计数据中心的网络架构,用尽可能少的交换机和链路为尽可能多的服务器主机提供尽可能满足的资源利用率,并不是一个简单的问题。为了设计更加高效的数据中心网络,数据中心网络的拓扑结构也在不断地发生新的变化。

1. 传统树状网络设计的缺陷

传统的数据中心网络通常采用一种树状拓扑。这种树状拓扑由 2 层或 3 层的交换机或路由器构成,其中服务器作为树的叶子。在 3 层的树状拓扑中,树根往往由一个核心交换机构成,中间为若干个汇聚交换机,最底层为一系列边缘交换机直接与服务器相连。对于只有 2 层的树状拓扑,则没有汇聚交换机。在同层的交换机或不相邻层的交换机之间是没有链路的,因此,传统的数据中心网络是一个严格的树状网络。对于这样的树状网络,所能承载的服务器数量受到交换机端口数量的限制。

2. 基于 Clos 网络的设计(Fat Tree 结构)

为了解决传统数据中心树状网络设计所造成的成本过高、规模不足及网络带宽利用率低等问题,2008 年加利福尼业大学圣迭戈分校的穆罕默德·阿法瑞斯等人发表了基于 Clos 网络结构的规模可伸缩的数据中心网络,也就是现在为人所熟知的 Fat Tree 结构。

Clos 网络结构是 1953 年由查尔斯·克洛斯博士所提出的一种针对电路交换网络的多级网络结构,最早被应用于电话网络系统中。它的主要特征是用尽可能少的交换设备构建规模可伸缩的非阻塞电路交换网络。在这里"非阻塞"的含义是,当网络中两个空闲的终端想要建立通信连接时,网络总能在不终止任何已有通信连接的前提下,分配出空闲的链路为这两个终端建立通信路径。而电路交换网络的特征是,任何一个网络终端不能同时和两个网络终端建立连接,并且任何一条网络链路不能同时被两个连接所使用。因此,非阻塞保证了对于一个新的网络连接请求,交换网络在任何时刻都不会因资源不足而将其阻塞。

非阻塞根据其对已存在连接的影响强弱分为两种类型。

①严格非阻塞:不需要改变任何已建立的连接的链路,就可以通过未使用的链路为新的连接请求建立通信路径。

②可重排非阻塞:不要求总能通过未使用的空闲链路为新的连接请求建立通信路径,只要通过为已建立的连接重新分配链路,就能够保证新连接和已建立的连接都能通信。

计算机网络虽然不同于电路交换网络,但对资源的使用情况,既允许同一终端同时与多个终端建立连接,也允许多个连接复用同一条网络链路,但对网络链路的带宽资源却是不可复用的。因此,基于以上分析,从带宽分配的角度,计算机网络依然可以沿用 Clos 网络结构,从而保证带宽利用的非阻塞性质。

由于数据中心网络允许对服务器主机之间的路由进行灵活调度,为了节省构建成本,往往只需要满足可重排非阻塞的 Clos 网络即可。

一个经典的基于 Clos 网络的数据中心同样有 3 层网络结构。最顶层是核心层,有 $\left(\frac{k}{2}\right)^2$ 个核心交换机,每个核心交换机拥有 k 个端口,每个端口连接一个不同的 PoD (point of pielivery)。因此基于 Clos 网络的数据中心最多支持接入 k 个 PoD,每个 PoD 都拥有一个由 $\frac{k}{2}$ 个汇聚交换机组成的汇聚层和一个由 $\frac{k}{2}$ 个边缘交换机组成的边缘层。每个汇聚交换机和边缘交换机也都拥有 k 个端口。对于每个汇聚交换机,它需要用 $\frac{k}{2}$ 个端口和同一个 PoD 中的每个边缘交换机相连,而另外 $\frac{k}{2}$ 个端口则同核心交换机相连。因此对于每个核心交换机,最多还可以连接 $\frac{k}{2}$ 台服务器主机。这样,一个由拥有 k 个端口的交换机构成的 Clos 数据中心网络最多可以容纳 $k\left(\frac{k}{2}\right)^2$ 台服务器主机。对于目前常规的交换机规格,当 $k=48$ 时,数据中心可容纳的服务器数量为 27 648。而搭建这样的一个数据中心,所需的交换机数量为 2 880 台。

3. 基于 Expander 网络的设计

尽管研究人员为满足不断增长的需求做了广泛的努力,但今天的数据中心在网络利用率、故障恢复能力、成本效益、增量可扩展性等方面的表现远非最优性能。以上所提出的 Clos 网络在考虑成本效益的情况下,被证实存在严重的网络利用率不足的问题。

尽管 Clos 网络在理想状态下可以保证高效的网络利用率,但在实际部署中考虑到成本问题,往往会对 Clos 网络进行一些剪枝,即减少所部署的核心交换机数量。这样就无法保证每一个 PoD 的汇聚层交换机的上行端口都能被利用,因此就会产生一定的过量订购,而过量订购势必会影响网络的利用率。在这样的 Clos 网络中,即使仅减少一台核心交换机,当有某个 PoD 的所有主机都需要满带宽传输时,数据中心的网络也无法保证满带宽的需求。因此,网络的利用率会由于少量核心交换机的数量减少而显著下降。

如何设计出同时兼顾成本开销、网络利用率和规模可扩展性等诸多需求的数据中心网络结构,苏黎世联邦理工学院(简称 ETH Zirich)的 Asaf Valadarsky 等人于 2015 年在 HotNets 会议上提出了一种新的数据中心网络设计——Xpander。它是一种新颖的数据中心架构,可实现接近最佳的性能,并为现有数据中心设计提供切实可行的替代方案。Xpander 的设计思路源于大量图论文献中对最优扩展图的操作实践。ETH Zirich 的研究者们通过理论分析、大量模拟、网络仿真器实验以及支持 SDN 软件定义网络的网络测试平台的实施来评估 Xpander。结果表明,Xpander 显著优于传统数据中心设计。但当前 Xpander 网络的实际部署问题还面临很多挑战。这里仅简要介绍关于 Xpander 网络的基本概念与设计方案。

在图论中,扩展图是一种具有强连通性的稀疏图。Xpander 网络就是基于扩展图的网络设计。一个 Xpander 网络可以被认为由多个元节点组成,并具有以下特点:①每个元节点由相同数量的 ToR(top-of-rack)交换机构成;②每两个元节点通过相同数量的链路相连;③在同一个元节点内没有两个 ToR 交换机直接相连。Xpander 可以被自然地划分成更小的 Xpander(这里称为"Xpander-pods")且每个 Xpander-pod 不需要具有相同的大小。

目前,Xpander 网络设计的有效性已被证实。在使用同样规格交换机的前提下,Xpander 网络只需要构建 Clos 网络所需交换机数量的 80%,即用同等数量的服务器主机,Xpander 能提供更多的网络吞吐。

8.7 实践 OpenStack

8.7.1 OpenStack 概述

OpenStack 是一个旨在为公有云及私有云的建设与管理提供软件的开源项目。它的社区拥有众多企业及 1 350 位开发者,这些企业与个人将 OpenStack 作为基础设施即服务资源的通用前端。OpenStack 项目的首要任务是简化云的部署过程并为其带来良好的可扩展性。

OpenStack 为私有云和公有云提供可扩展的弹性的云计算服务,项目目标是提供实施简单、丰富、标准统一、可大规模扩展的云计算管理平台。

1. OpenStack 的起源

OpenStack 是一个开源的云计算管理平台项目,是一系列软件开源项目的组合,是美国航空航天局(National Aeronautics and Space Administration,NASA)和 Rackspace(美国的一家云计算厂商)在 2010 年 7 月共同发起的一个项目,旨在为公有云和私有云提供软件的开源项目,由 Rackspace 贡献存储源码(Swift)、NASA 贡献计算源码(Nova)。

经过几年的发展,OpenStack 现已成为一个广泛使用的业内领先的开源项目,提供部署私有云及公有云的操作平台和工具集,并且在许多大型企业支撑核心生产业务。

OpenStack 构架如图 8.16 所示。OpenStack 项目旨在提供开源的云计算解决方案以简化云的部署过程,实现类似于 AWS EC2 和 S3 的 IaaS。其主要应用场合包括 Web 应用、大数据、电子商务、视频处理与内容分发、大吞吐量计算、容器优化、主机托管、公有云和数据库等。

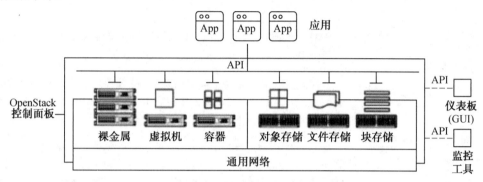

图 8.16 OpenStack 构架

Open 意为开放,Stack 意为堆栈或堆叠,OpenStack 是一系列软件开源项目的组合,包括若干个项目,每个项目都有自己的代号(名称),包括不同的组件,每个组件又包括若干个服务,一个服务意味着运行的一个进程。这些组件部署灵活,支持水平扩展,具有伸缩性,支持不同规模的云计算管理平台。

OpenStack 最初仅包括 Nova 和 Swift 两个项目,现在已经有数十个项目,其主要项目见表 8.3。这些项目相互关联,协同管理各类计算、存储和网络资源,提供云计算服务。

表 8.3 OpenStack 的主要项目

项目名称	服务	功能
Horizon	仪表板 (dashboard)	提供一个与 OpenStack 服务交互的基于 Web 的自服务网站,让最终用户和运维人员都可以完成大多数的操作,如启动虚拟机、分配 IP 地址、动态迁移等
Nova	计算机 (compute)	部署与管理虚拟机,并为用户提供虚拟服务,管理 OpenStack 环境中计算实例的生命周期,按需响应,包括生成、调试、回收虚拟机等操作
Neutron	网络 (networking)	为 OpenStack 其他服务提供网络连接服务,为用户提供 API 定义网络和接入网络,允许用户创建自己的虚拟网络并连接各种网络设备接口。它提供基于插件的架构,支持众多的网络提供商和技术

表8.3(续)

项目名称	服务	功能
Swift	对象存储 (object storage)	是一套用于在大规模可扩展系统中,通过内置冗余及高容错机制实现对象存储的系统,允许进行存储或者检索文件。可为 Glance 提供镜像存储,为 Clinder 提供存储卷备份服务
Clinder	块存储 (block storage)	为运行实例提供稳定的数据块存储服务,它的插件驱动架构有利于块设备的创建和管理,如创建卷、删除卷,以及在实例上挂载和卸载卷等
Keystone	身份服务 (identity service)	为 OpenStack 其他服务提供身份验证、服务规则和服务令牌的功能,管理 Domains、Projects、Users、Groups、Roles 等
Glance	镜像服务 (image service)	一套虚拟机镜像查找及检索系统,支持多种虚拟机镜像格式(如 AKI、AMI、ARI、ISO、QCOW2、RAW、VDI、VHD、VMDK 等),具有创建镜像、上传镜像、删除镜像、编辑镜像基本信息的功能
Ceilometer	测量 (metering)	像一个漏斗一样,能把 OpenStack 内部发生的几乎所有的事件都收集起来,并为计费和监控及其他服务提供数据支撑
Heat	部署编排 (orchestration)	提供一种通过模板定义的协同部署方式,实现云基础设施软件运行环境(计算、存储和网络资源)的自动化部署
Trove	数据库 (database)	为用户在 OpenStack 的环境中提供可扩展和可靠的关系及非关系数据库引擎服务
Sahara	数据处理 (data processing)	为用户提供简单部署 Hadoop 集群的能力,如通过简单配置迅速将 Hadoop 集群部署起来

作为免费的开源软件项目,OpenStack 由一个名为 OpenStack Community 的社区开发和维护,来自世界各地的云计算开发人员和技术人员共同开发、维护 OpenStack 项目。与其他开源的云计算软件相比,OpenStack 在控制性、兼容性、可扩展性、灵活性方面具备优势,它有可能成为云计算领域的行业标准。

①控制性。作为完全开源的平台,OpenStack 为模块化设计,提供相应的 API,方便与第三方技术集成,从而满足自身业务需求。

②兼容性。OpenStack 兼容其他公有云,方便用户进行数据迁移。

③可扩展性。OpenStack 采用模块化的设计,支持各主流发行版本的 Linux,可以通过横向扩展增加节点、添加资源。

④灵活性。用户可以根据自己的需要建立基础设施,也可以轻松地为自己的群集扩大规模。OpenStack 项目采用 Apache2 许可,意味着第三方厂商可以重新发布源代码。

⑤行业标准。众多 IT 领军企业都加入了 OpenStack 项目,意味着 OpenStack 在未来可能成为云计算行业标准。

2. OpenStack 版本的演变

2010 年 10 月,OpenStack 第一个正式版本发布,其代号为 Austin。第一个正式版本仅有 Swift 和 Nova(对象存储和计算)两个项目。起初计划每隔几个月发布一个全新的版本,并且以 26 个英文字母为首字母,以 A 到 Z 的顺序命名后续版本。2011 年 9 月,其第 4 个版本 Diablo 发布时,定为约每半年发布一个版本,分别是当年的春秋两季,每个版本不断改进,吸收新技术,实现新概念。

2020 年 5 月 13 日,其发布了第 21 个版本,即 Ussuri,如今该版本已经更加稳定、更加强健。近几年,Docker、Kubernetes、Serverless 等新技术兴起,而 OpenStack 的关注点不再是"谁是龙头",而是"谁才是最受欢迎的技术"。

OpenStack 不受任何一家厂商的绑定,灵活自由。当前可以认为它是云解决方案的首选方案。当前多数私有云用户转向 OpenStack,因为它使用户摆脱了对单个公有云的过多依赖。实际上,OpenStack 用户经常依赖于公有云,例如,对于 Amazon Web Services(AWS)、MicrosoftAzure 或 Google Compute Engine,多数用户基础架构是由 OpenStack 驱动的。

尽管 OpenStack 从诞生到现在已经日渐成熟,基本上能够满足云计算用户的大部分需求,但随着云计算技术的发展,OpenStack 必然需要不断地完善。OpenStack 已经逐渐成为市场上一个主流的云计算管理平台解决方案。

8.7.2　OpenStack 架构

在学习 OpenStack 的部署和运维之前,应当熟悉其架构和运行机制。OpenStack 作为一个开源、可扩展、富有弹性的云操作系统,其架构设计主要参考了 AWS 云计算产品,通过模块的划分和模块的功能协作,设计的基本原则如下:

①按照不同的功能和通用性划分不同的项目,拆分子系统。

②按照逻辑计划、规范子系统之间的通信。

③通过分层设计整个系统架构。

④不同功能子系统之间提供统一的 API。

1. OpenStack 的逻辑架构

OpenStack 的逻辑架构如图 8.17 所示。它展示了 OpenStack 云计算管理平台各模块(仅给出主要服务)协同工作的机制和流程。

OpenStack 通过一组相关的服务提供一个基础设施即服务的解决方案,这些服务以虚拟机为中心。虚拟机主要是由 Nova、Glance、Cinder 和 Neutron 4 个核心模块之间进行交互来支撑。Nova 为虚拟机提供计算资源,包括 vCPU、内存等;Glance 为虚拟机提供镜像服务,安装操作系统的运行环境;Cinder 为虚拟机提供存储资源,类似传统计算机的磁盘或卷;Neutron 为虚拟机提供网络配置以及访问云计算管理平台的网络通道。

云计算管理平台用户在经过 Keystone 认证授权后,通过 Horizon 创建虚拟机服务。创建过程包括利用 Nova 服务创建虚拟机实例,虚拟机实例采用 Glance 提供的镜像服务,使用 Neutron 为新建的虚拟机分配 IP 地址,并将其纳入虚拟网络,之后通过 Cinder 创建的卷为虚拟机挂载存储块。整个过程都在 Ceilometer 的监控下进行,Cinder 产生的卷

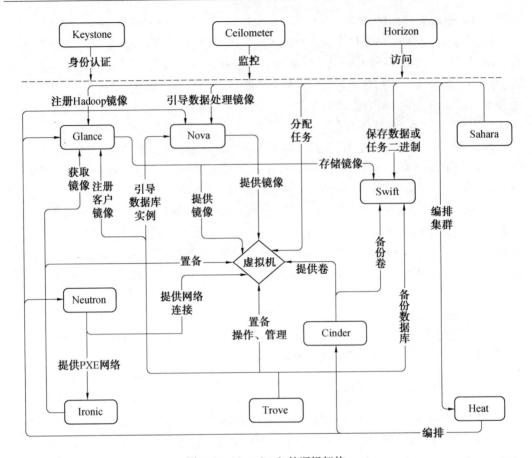

图 8.17　OpenStack 的逻辑架构

（volume）和 Glance 提供的镜像可以通过 Swift 的对象存储机制进行保存。

　　Horizon、Ceilometer、Keystone 分别提供访问、监控、身份认证（权限）等功能，Swift 提供对象存储功能，Heat 实现应用系统的自动化部署，Trove 用于部署和管理各种数据库，Sahara 提供大数据处理框架，而 Lronic 提供裸金属云服务。

　　云计算管理平台用户通过 Nova－API 等与其他 OpenStack 服务交互，而这些 OpenStack 服务守护进程通过消息总线（动作）和数据库（信息）来执行 API 请示。

　　消息队列为所有守护进程提供一个中心的消息机制，消息的发送者和接收者相互交换任务或数据进行通信，协同完成各种云计算管理平台功能。消息队列对各个服务进程解耦，所有进程可以任意地进行分布式部署，协同工作。

2. OpenStack 的物理架构

　　OpenStack 是分布式系统，必须从逻辑架构映射到具体的物理架构，将各个项目和组件以一定的方式安装到实际的服务器节点上，部署到实际的存储设备上，并通过网络将它们连接起来。这就形成了 OpenStack 的物理架构。

　　OpenStack 的部署分为单节点部署和多节点部署两种类型。单节点部署就是将所有的服务和组件都部署在一个物理节点上，通常用于学习、验证、测试或者开发；多节点部署就是将服务和组件分别部署在不同的物理节点上。OpenStack 的多节点部署如图 8.18 所示,常见的节点类型有控制节点(control node)、网络节点(network node)、计算节点(compute node)和存储节点(storage node)。

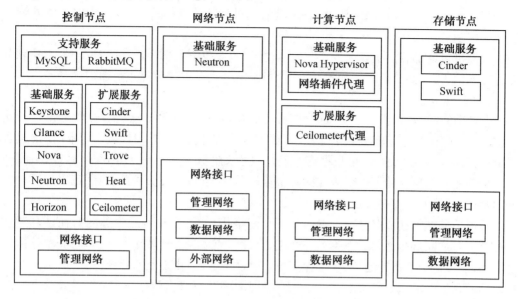

图 8.18　OpenStack 的多节点部署

(1)控制节点。

控制节点又称管理节点,可安装并运行各种 OpenStack 控制服务,负责管理、节制其余节点,执行虚拟机建立、迁移、网络分配、存储分配等任务。OpenStack 的大部分服务运行在控制节点上。

①支持服务。数据库服务,如 MySQL 数据库;消息队列服务,如 RabbitMQ。

②基础服务。运行 Keystone 认证服务、Glance 镜像服务、Nova 计算服务的管理组件,以及 Neutron 网络服务的管理组件和 Horizon 仪表板。

③扩展服务。运行 Cinder 块存储服务、Swift 对象存储服务、Trove 数据库服务、Heat 编排服务和 Ceilometer 计量服务的部分组件,这对于控制节点来说是可选的。

控制节点一般只需要一个网络接口,用于通信和管理各个节点。

(2)网络节点。

网络节点可实现网关和路由的功能,它主要负责外部网络与内部网络之间的通信,并将虚拟机连接到外部网络。网络节点仅包含 Neutron 基础服务,Neutron 负责管理私有网段与公有网段的通信、虚拟机网络之间的通信拓扑,以及虚拟机上的防火墙等。

网络节点通常需要 3 个网络接口,分别用来与控制节点进行通信,与除控制节点外的计算节点和存储节点进行通信,与外部的虚拟机和相应网络进行通信。

(3)计算节点。

计算节点是实际运行虚拟机的节点,主要负责虚拟机的运行,为用户创建并运行虚拟机,为虚拟机分配网络。计算节点通常包括以下服务。

①基础服务。Nova 计算服务的虚拟机管理器组件(Hypervisor),提供虚拟机的创建、运行、迁移、快照等各种围绕虚拟机的服务,并提供 API 与控制节点的对接,由控制节点下

发任务,默认计算服务使用的 Hypervisor 是 KVM;网络插件代理,用于将虚拟机实例连接到虚拟网络,通过安全组件为虚拟机提供防火墙服务。

②扩展服务。Ceilometer 计量服务代理,提供计算节点的监控代理,将虚拟机的情况反馈给控制点。

虚拟机可以部署多个计算节点,一个计算节点至少需要两个网络接口:一个与控制节点进行通信,受控制节点统一配置;另一个与网络节点及存储节点进行通信。

(4)存储节点。

存储节点负责对虚拟机的外部存储进行管理等,即为计算节点的虚拟机提供持久化卷服务,这种节点存储需要的数据包括磁盘镜像和虚拟机持久性卷。存储节点包含 Cinder 和 Swift 等基础服务,可根据需要安装共享文件服务。

块存储和对象存储可以部署在同一个存储节点上,也可以分别部署,无论采用哪种方式,都可以部署多个存储节点。

最简单的网络连接存储节点只需要一个网络接口,可直接使用管理网络在计算节点和存储节点之间进行通信。在生产环境中,存储节点最少需要两个网络接口:一个连接管理网络,与控制节点进行通信,接受控制节点下发的任务,由控制节点统一调配;另一个连接专门的存储网络(数据网络),与计算节点和网络节点进行通信,完成控制节点下发的各类数据传输任务。

8.7.3　OpenStack 实践

本节采用 OpenStack 快速部署工具 Devstack 来部署一个 All-in-One 版本的 OpenStack,即所有组件都部署在一个节点。这种部署方式不会在生产环境中使用,仅作为学习、开发阶段的部署方案。

1. 环境准备

(1)操作系统:Linux。

OpenStack 官网推荐使用 Ubuntu-20.04 LTS 进行安装 OpenStack,所以本节也以此版本为例。(不推荐使用其他版本,原因是出现错误较多,容易安装失败。)

(2)虚拟机软件:VirtualBox 或者 Vmware。

虚拟机的内存最好分配 8 GB 以上(至少 4 GB),若达不到也可以进行实验;硬盘分配 30 GB 以上即可;处理器内核总数设置为 4 个以上。本节以 Vmware 为例。

(3)Devstack。

(4)OpenStack:L 及以上版本。

2. 安装步骤

(1)安装必要工具。

①安装 vim 编辑器。

sudo apt-get install vim

②安装 git。

sudo apt-get install git

③安装 pip。

sudo apt-get install python3-pip

安装完成后可以使用：pip --version 及 git --version 来查看版本。

（2）更换 apt 源为阿里源。

sudo mv /etc/apt/sources. list /etc/apt/sources. list. bak

sudo vim /etc/apt/sources. list

使用 vim 打开 sources. list 并添加以下内容：（注意：该源只适于 ubuntu20.04，如用其他版本，Ubuntu 换源可以自行网上搜索。）

deb http://mirrors. aliyun. com/ubuntu/ focal main restricted universe multiverse

deb-src http://mirrors. aliyun. com/ubuntu/ focal main restricted universe multiverse

deb http://mirrors. aliyun. com/ubuntu/ focal-security main restricted universe multiverse

deb-src http://mirrors. aliyun. com/ubuntu/ focal-security main restricted universe multiverse

deb http://mirrors. aliyun. com/ubuntu/ focal-updates main restricted universe multiverse

deb-src http://mirrors. aliyun. com/ubuntu/ focal-updates main restricted universe multiverse

deb http://mirrors. aliyun. com/ubuntu/ focal-proposed main restricted universe multiverse

deb-src http://mirrors. aliyun. com/ubuntu/ focal-proposed main restricted universe multiverse

deb http://mirrors. aliyun. com/ubuntu/ focal-backports main restricted universe multiverse

deb - src http://mirrors. aliyun. com/ubuntu/ focal-backports main restricted universe multiverse

对以上内容进行保存，对源进行更新，执行以下命令：

sudo apt-get update　　　　　　　　//更新源

sudo apt-get upgrade　　　　　　　　//更新已安装的包

3. 设定时间同步

（1）安装时间同步工具。

sudo apt-get install ntpdate

（2）设定时区，选择 Asia、shanghai。

sudo dpkg-reconfigure tzdata

（3）与网络服务器同步时间并查看。

sudo ntpdate cn. pool. ntp. org

date

4. 更换 pip 为清华源

mkdir . pip

sudo vim . pip/pip. conf

使用 vim 添加以下内容：

[global]

index-url = https://pypi. tuna. tsinghua. edu. cn/simple

trusted-host = pypi. tuna. tsinghua. edu. cn

5. 创建 stack 用户

sudo useradd -s /bin/bash -d /opt/stack -m stack

6. 授予 stack 用户 sudo 权限

echo "stack ALL=(ALL) NOPASSWD：ALL" | sudo tee /etc/sudoers. d/stack

7. 切换至 stack 用户

sudo su-stack

8. 修改 hosts，添加成功后重启虚拟机

sudo vim /etc/hosts

使用 vim 添加以下内容：

#github

140. 82. 113. 4 github. com

199. 232. 5. 194 github. global. ssl. fastly. net

9. 下载 Devstack 至 devstack 文件夹

sudo git clone https://github. com/openstack-dev/devstack. git /opt/devstack

虽然修改了 hosts，但是可能还会存在下载较慢或失败的问题。若出现问题，则可以多尝试几次。若出现无法连接到 github 的问题，可以尝试将"https：//"修改为"git：//"。

10. 设置权限

sudo chown -R stack：stack /opt/devstack

sudo chmod -R 777 /opt/devstack

11. 创建 local. conf 配置文件(注意该文件需要在 devstack 目录下创建)

cd /opt/devstack

vim local. conf

使用 vim 创建 local. conf 文件，添加以下内容：

[[local|localrc]]

ADMIN_PASSWORD=admin

DATABASE_PASSWORD=admin

RABBIT_PASSWORD=admin

SERVICE_PASSWORD=admin

#Use mirror

GIT_BASE=http://git. trystack. cn

NOVNC_REPO=http://git. trystack. cn/kanaka/noVNC. git

SPICE_REPO=http://git. trystack. cn/git/spice/spice-html5. git

12. 切换至 stack 用户

sudo su-stack

13. 在 devstack 目录下运行脚本

./stack. sh

如果运行出现错误,请根据提示改正,再次执行./stack. sh 时需要先清理错误配置,命令如下:

./unstack. sh

./clean. sh

若运行脚本的时间较长(可能需要 3 h),在运行过程中未报错且结束,则安装成功。可以访问给定地址使用 OpenStack 服务。

习　　题

1. 云计算有哪些特征? 按照服务类型可以分为哪几类?

2. 虚拟化有几种实现方式? 其原理有何不同?

3. 什么是容器虚拟化? 它与传统虚拟化的不同之处是什么?

4. 什么是网络虚拟化? SDN 与网络虚拟化的关系是什么?

5. 根据 8.5.5 节内容,尝试安装 docker 服务并了解其基本使用方法。

6. 根据 8.7.3 节内容,尝试利用 devstack 安装 All-In-One 版本的 OpenStack。

参 考 文 献

[1]HAYES B. Cloud computing[J]. Communications of the Acm, 2008, 51(7):9-11.

[2]LUO J Z, JIA-HUI J, SONG A B, et al. Cloud computing: Architecture and key technologies[J]. Journal on Communications, 2011, 32(7):3-21.

[3] COULOURIS G. Distributed systems: concepts and design [M]. Reading: Addison-Wesley,2011.

[4]BLAIR G S. Distributed systems: concepts and design[J]. Programmable Controllers, 2000, 18(95):182 - 231.

[5]CHENG J. CUDA by example: an introduction to general-purpose gpu programming[M]. Reading:Addison-Wesley Professional, 2010.

[6]DEAN J,GHEMAWAT S. MapReduce: simplified data processing on large clusters[J]. Communications of the Acm, 2009, 10(7):17-21.

[7]CHANG F, DEAN J, GHEMAWAT S, et al. Bigtable: a distributed storage system for structured data[J]. Acm Transactions on Computer Systems, 2008, 26(2):1-26.

[8]BARROSO L A. Web search for a planet: the Google cluster architecture[J]. Micro. IEEE, 2003, 23(2):22-28.

[9]LAMPORT L. Paxos made simple[J]. Acm Sigact News, 2016, 32(4):128-133.

[10] CULLER D E, SINGH J P. Parallel Computer Architecture[C]. Morgan Kaufmann, 1999:537-538.

[11] DAGUM L, MENON R. OpenMP: an industry standard API for shared-memory programming[J]. IEEE Computational ENCE & Engineering, 1998, 5(1):46-55.

[12]VRENIOS A. Parallel programming in C with MPI and OpenMP [J]. IEEE Distributed Systems Online, 2004, 5(1):71-73.

[13]FORUM T M. MPI: a message passing interface[C]. Proceedings of the 1993 ACM/IEEE Conference on Supercomputing,1993.

[14]GILBERT S, LYNCH N. Brewer's conjecture and the feasibility of consistent, available, partition-tolerant web services[J]. Acm. Sigact. News, 2002, 33(2):51-59.

[15] KARGER D. Consistent hashing and random trees : distributed caching protocols for relieving hot spots on the world wide web[C]. Proc. ACM STOC '97,1997.

[16]GUSTAFSON J L. Reevaluating Amdahl's Law[C]. IEEE Computer Society,1995.

[17] AMDAHL G M. Validity of the single processor approach to achieving large scale computing capabilities[C]. Proc. AFIPS Spring Joint Computer Conference,1967.

[18]MICHAEL J. Some computer organizations and their effectiveness[J]. IEEE Transactions on Computers, 2009, 21(9):948-960.

[19] BIRRELL A D, NELSON B J. Implementing remote procedure calls[J]. Acm Sigops Operating Systems Review, 1983, 17(5):3.

[20] 布莱恩特. 深入理解计算机系统 [M]. 3 版. 龚奕利, 贺莲, 译. 北京:机械工业出版社, 2016.

[21] 黄铠. 云计算与分布式系统:从并行处理到物联网[M]. 武永卫, 译. 北京:机械工业出版社, 2013.

[22] 刘鹏. 云计算 [M]. 3 版. 北京:电子工业出版社, 2015.

[23] 王培麟. 云计算虚拟化技术与应用[M]. 北京:人民邮电出版社, 2019.

[24] THOMAS E R L, MAHMOOD Z, PUTTINI R. 云计算:概念、技术与架构[M]. 龚奕利, 贺莲, 胡创, 译. 北京:机械工业出版社, 2014.

[25] JUNQUEIRA F, REED B. ZooKeeper:分布式过程协同技术详解[M]. 谢超, 译. 北京:机械工业出版社, 2016.

[26] 倪超. 从 Paxos 到 ZooKeeper 分布式一致性原理与实践[M]. 北京:电子工业出版社, 2015.

[27] TUOMANEN B. GPU 编程实战 基于 Python 和 CUDA[M]. 韩波, 译. 北京:人民邮电出版社, 2022.

[28] COOK S. 并行程序设计:GPU 编程指南[M]. 苏统华, 李东, 李松, 泽. 北京:机械工业出版社, 2014.

[29] 罗比, 萨莫拉. 并行计算与高性能计算[M]. 殷海英, 译. 北京:清华大学出版社, 2022.

[30] 陈国良. 并行计算——结构·算法·编程[M]. 3 版. 北京:高等教育出版社, 2012.

[31] 陈云泉, 袁良. 并行计算:模型与算法[M]. 北京:机械工业出版社, 2016.

[32] 扎克内. Python 并行编程实战 [M]. 12 版. 苏钰涵, 译. 北京:中国电力出版社, 2020.

[33] 杨保华, 戴王剑, 曹亚仑. Docker 技术入门与实战[M]. 3 版. 北京:机械工业出版社, 2018.

[34] 韩健. 分布式协议与算法实战:攻克分布式系统设计的关键难题[M]. 北京:机械工业出版社, 2022.

[35] 胡建平, 胡凯. 分布式计算系统导论[M]. 北京:清华大学出版社, 2014.

[36] 唐伟志. 深入理解分布式系统[M]. 北京:电子工业出版社, 2022.

[37] 张晨. 云数据中心网络与 SDN:技术架构与实现[M]. 北京:机械工业出版社, 2018.

[38] 姚骏屏, 何桂兰. OpenStack 云计算平台搭建与管理[M]. 北京:人民邮电出版社, 2022.

[39] 林伟伟, 刘波. 分布式计算、云计算与大数据[M]. 北京:机械工业出版社, 2015.

[40] 孙宇熙. 云计算与大数据[M]. 北京:人民邮电出版社, 2017.